대한상공회의소 시행

최신 출제경향 반영

독학으로 합격이

가능한 필수교재

컴퓨터활용능력
(필기+실기) 한권으로 끝내기

· 독학으로 합격이 가능한 필수 교재   · 필기 실전문제+기출문제 수록

· 필기 합격에 필요한 핵심요약 정리   · 실기 출제 경향에 맞춘 실전 이론+문제 수록

2급

윤영혜 편저

동영상 강의 mainedu.co.kr

MAINEDU

오늘날 우리는 누구나 컴퓨터와 함께 생활하는 디지털 시대에 살고 있습니다.

　문서 작성, 데이터 관리, 업무 보고 등 거의 모든 일이 컴퓨터를 통해 이루어지는 만큼, 컴퓨터를 능숙하게 다룰 수 있는 능력은 현대 사회에서 꼭 필요한 기본 역량이 되었습니다. 그 중「컴퓨터활용능력 2급」자격증은 이러한 역량을 객관적으로 증명할 수 있는 대표적인 국가기술자격으로, 학생은 물론 직장인 모두에게 실질적인 도움이 되는 자격증입니다.

　처음 공부를 시작하면 생소한 용어나 기능들 때문에 막막하게 느껴질 수도 있습니다. 하지만 컴퓨터는 직접 다뤄볼수록 그 원리가 자연스럽게 이해되고, 문제 해결의 즐거움도 커집니다. 특히 실기 공부를 꾸준히 하다 보면 프로그램의 구조와 기능이 머릿속에 익혀지므로 필기시험에서도 훨씬 쉽게 개념을 잡을 수 있습니다.

　즉, 실기 학습을 충실히 하는 것이 필기 합격으로 이어지는 가장 좋은 길입니다. 꾸준히 연습하고 익숙해질 때까지 반복하다 보면, 어느새 자신감이 생기고 합격은 자연스럽게 따라올 것입니다.

　이 교재는 필기와 실기를 함께 익히며 실무 감각을 키울 수 있도록 단계적으로 구성되었습니다. 학습 과정에서 어려움이 느껴질 때마다 '처음의 목표'를 떠올려보세요. 하루에 조금씩이라도 꾸준히 연습하는 모습이 언젠가 합격의 기쁨으로 돌아올 것입니다.

　여러분의 도전을 진심으로 응원합니다.

"꾸준한 연습은 실력을 만들고, 실력은 자신감을, 자신감은 합격을 가져옵니다."

1. 컴퓨터활용능력 자격검정 : 누구나 컴퓨터를 사용할 줄 알고 접하는 정보화 시대에 개개인의 컴퓨터 활용능력을 객관적으로 검증하기 위하여 도입되었다. 2급은 컴퓨터에 관한 중급 숙련기능을 가지고 이와 관련된 업무를 신속, 정확하게 수행할 수 있는지의 능력을 평가한다.

2. 수행직무 : 사무환경에서 스프레드시트 응용 프로그램을 이용하여 정보를 수집 및 분석하여 실무에 적용하는 업무를 수행한다.

3. 실시기관명 : 대한상공회의소 (http://license.korcham.net)

4. 진로 및 전망 : 사무자동화의 필수 프로그램인 스프레드시트, 데이터베이스 등의 활용능력을 평가하는 자격시험으로서 기업입사시에도 유리하다. 또한, 공무원 시험시 가산점이 주어지며, 일반 기업체에서도 가산점 혜택을 확대 실시 중이다.

공무원 채용 가산점

- 소방공무원(사무관리직) : 컴퓨터활용능력1급(3%), 컴퓨터활용능력2급(1%)
- 경찰공무원 : 컴퓨터활용능력1급(2점), 컴퓨터활용능력2급(2점)
- 해양경찰공무원 : 컴퓨터활용능력1급(1점), 컴퓨터활용능력2급(1점)
- 학점은행 학점인정 : 컴퓨터활용능력1급(14학점), 컴퓨터활용능력2급(6학점)
- 공공기관 및 공기업 등 채용 및 승진 우대

컴퓨터활용능력2급 시험 정보

1. 응시자격 : 제한없음
   - 단, 실기시험은 필기 합격 후 2년 이내 있는 실기 시험 응시 가능

2. 컴퓨터활용능력2급 시험과목

시험방법	시험과목	출제형태	시험시간	합격기준
필기시험	컴퓨터 일반 스프레드시트 일반	객관식 (40문항)	40분	매 과목 100점 만점에 과목당 40점 이상이고, 평균 60점 이상
실기시험	스프레드시트 실무	컴퓨터 작업형 (5문항 이내)	40분	100점 만점에 70점 이상
실기프로그램	Windows10, MS Office 2021			

3. 원서접수 : 대한상공회의소(http://license.korcham.net)

4. 시험일정 : 매년 공고되는 대한상공회의소 자격검정 시험일정 참조

Contents

ConEEnES

1과목
컴퓨터 일반

1장 컴퓨터시스템의 개요

1. 컴퓨터시스템

1) 컴퓨터의 정의

EDPS,(electronic data processing system)란 즉 전자장치(디지털 컴퓨터와 그 부속품을 이용하여 조직의 자료를 처리하는 것)를 말한다. 즉, 컴퓨터로 자료를 전달·취급·저장하는 것을 말한다. 흔히 전자계산기인 컴퓨터를 의미한다.

2) 컴퓨터의 기능

입력기능 : 컴퓨터 내부로 처리할 데이터를 입력한다.
출력기능 : 입력된 데이터를 처리하여 출력한다.
저장(기억)기능 : 처리할 데이터와 처리된 데이터를 기억한다.
연산기능 : 사칙연산 및 산술연산, 논리연산을 수행한다.
제어기능 : 모든 장치들에 대해 제어 및 감독기능을 수행한다

2. 컴퓨터의 특징

컴퓨터의 특징에 대해 알아봅니다.

1) 컴퓨터의 특징

• 정확성: 기계에 의한 처리이므로 정확.
• 신속성: 전자계산기인 컴퓨터의 가장 큰 특징
• 자동성: 프로그램에 의한 처리
• 신뢰성: 신속정확한 처리이므로 신뢰됨
• 대량성: 수작업에 비해 대량의 데이터를 처리
• 범용성: 특정작업만을 고집하지 않음
• 호환성: 이기종간의 프로그램 및 데이터 공유

3. 세대별 컴퓨터

컴퓨터의 발전사 및 세대별 컴퓨터 특징을 알아봅니다.

1) 컴퓨터 발전사

* **기계식 수동 계산기**
  ① 파스칼의 계산기 : 1642년 톱니 바퀴의 원리를 이용하여 만들었으며 가감산이 가능한 최초의 기계식 계산기이다.
  ② 라이프니츠의 계산기 : 1671년 파스칼의 계산기를 개량하여 만들었으며 사칙연산이 가능하다.
* **전기 기계식 계산기**
  ① 베비지의 차분 기관 : 1812년 개발, 기억 장치, 연산 장치, 제어 장치 및 입출력 장치를 갖추고 있었으며 삼각 함수 계산기능이 있다.
  ② 베비지의 해석 기관 : 차분 기관을 개선하여 오늘날 디지털 컴퓨터의 원형.
  ③ 천공 카드 시스템 : 1889년 홀러리스가 개발. 일괄 처리 방식의 효시
  ④ 마크원 : 1944년 에이컨에 의해 개발된 최초의 전기기계식 자동 계산기이다.
* **전자식 계산기**
  에니악 : 1946년 미국 펜실베니아대학의 머클리와 에커드에 의해 개발된 세계 최초의 전자 계산기이다.

 참고 프로그램 내장 방식

- 미국의 수학자인 폰 노이만이 제창하였다.
- 프로그램을 컴퓨터 내의 기억 장치에 저장해두고 사용하는 방식. 에드삭이 최초로 도입
- 디지털 컴퓨터의 주요한 기본 원리이다.

2) 세대별 컴퓨터

① 1세대
  진공관을 기억 소자로 하여 과학 계산용으로 사용하였다.
  사용언어 : 기계어, 어셈블리어
  특징 : 일괄처리시스템
② 2세대
  트랜지스터가 기억 소자로 바뀌게 되며, FORTRAN, COBOL과 같은 고급 언어가 개발되었다.

사용언어 : FORTRAN, COBOL, ALGOL, LISP

특징

-하드웨어 중심에서 소프트웨어 중심으로 전환

-운영체제 등장, 다중프로그래밍

③ 3세대

기억소자로 집적 회로(IC : Integrated Circuit)가 트랜지스터 대신 사용되기 시작

사용언어 : BASIC,PASCAL,PL/1

특징

- OMR, OCR, MICR과 같은 입력 장치가 개발됨

- 시분할처리, 경영정보시스템

④ 4세대

기억소자로 고밀도 집적 회로(LSI) 사용

사용언어 : C언어, ADA, 문제중심지향언어

특징

- 최초의 개인용 컴퓨터와 슈퍼 컴퓨터가 등장

- 가상기억장치

⑤ 5세대

기억소자로 VLSI(초고밀도 집적회로) 사용

사용언어 : VISUAL C++, VISUAL BASIC, 자바 객체지향언어

특징

- 인공 지능(artificial intelligence), 병렬 처리 방식 등을 사용한다.

- 퍼지 이론, 인공지능, 의사결정시스템

4. 컴퓨터의 분류

데이터 처리별, 크기별, 처리능력별 컴퓨터의 분류를 알아봅니다.

1) 데이터처리에 따른 분류

① 디지털컴퓨터 : 디지털 데이터 취급, 논리회로로 구성

② 아날로그컴퓨터 : 아날로그데이터취급(연속데이타), 증폭회로사용

③ 하이브리드컴퓨터 : 디지털 데이터와 아날로그 데이터를 모두 처리가능한 컴퓨터

2) 처리능력에 따른 분류

① 슈퍼 컴퓨터:초고속처리기능의 컴퓨터
② 대형 컴퓨터 : 정부기관, 은행, 대학등의 기관에서 사용
③ 미니 컴퓨터 : 학교및 연구소 등에서 사용
④ 워크스테이션 : 개인용컴퓨터(PC)보다는 성능이 뛰어남
⑤ 마이크로 컴퓨터 : 흔히 말하는 개인용컴퓨터(PC)를 의미

3) 마이크로컴퓨터 분류

① 데스크탑(Desktop) 컴퓨터
② 탁상용컴퓨터
③ 랩탑(Labtop) 컴퓨터 : 무릎위에 올려놓고 사용할수 있는 크기의 컴퓨터
④ 노트북(Notebook) 컴퓨터 : 랩탑과 팜탑의 중간크기 컴퓨터
⑤ 팜탑 (Palmtop) 컴퓨터 : 손바닥위에 올려놓고 사용할 수 있는 크기의 컴퓨터

5. 하드웨어와 소프트웨어

1) 하드웨어

컴퓨터시스템의 기계적인 부분을 모두 한 단어로 하드웨어라한다.
크게 입력장치, 출력장치, 연산 제어 등의 처리기, 기억장치등 유형의 손으로 만질 수 있는
딱딱한 기계 덩어리라는 의미이다.

2) 소프트 웨어

컴퓨터 프로그램을 의미하며 그와 관련된 응용물들도 지칭한다.
소프트웨어는 크게 시스템소프트웨어(예, 운영체제)와 응용프로그램으로 나뉜다.

 **자료의 구성 단위, 수의 표현**

1. Data와 정보

- Data : 실제적인 측정값, 가공되지않은 데이타
- 정보(Information) : 측정된 데이터를 의사결정을 위해 처리(가공) 과정을 거친 것

2. Data 처리 방식

1) 일괄처리 시스템(batch 처리)

- 가장 기초적인 처리방식의 시스템
- 컴퓨터의 배치파일이 일괄처리를 위해 사용되는 파일임.
- 일정한 규칙에 의해 순서대로 진행하는 방식.
  > 예 OMR로 작성된 객관식 답안지를 모아서 한꺼번에 OMR 판독기를 통해 입력한 후 성적처리를 하는 경우

2) 시분할 처리시스템

- 한 컴퓨터를 여러 명의 사용자가 사용할 경우 사용 CPU의 시간 자원을 나누어 쓰는 것
- 메인 컴퓨터를 한 대를 두고, 여러 단말기를 붙여서 사용하는 방식으로 ,일정한 스케줄링에 의해서 CPU의 서비스 시간을 나누어 사용하는 방식의 처리시스템
- 사용자들은 마치 혼자서 컴퓨터를 사용하는 것처럼 느낀다.
- PC나 워크스테이션을 제외한 거의 모든 메인프레임 또는 미니컴퓨터들이 시분할 시스템으로 시분할 처리시스템을 이용함.

3) 분산처리 시스템

- 분산이란 의미는 네트워크를 의미함
- 시스템의 여러 부분들이 분산되어 있고, 네트워크를 연결하여 서로 통신을 수행하면서 각각 맡은 일들을 처리하는 시스템
- 각각의 분산된 자원들은 처리장치가 될 수도 있고, DB가 될 수도 있고, 프린터가 될 수도 있다.

- 각각이 분산되어 작업을 처리하기 때문에, 폭넓은 자료의 이용이 가능해지고, 높은 처리
  능력을 보일 수 있다.

4) 실시간 시스템

- 리얼타임(Real time) 시스템이라고도 한다.
- 실시간으로 처리가 가능해야 하기 때문에 보다 빠른 응용과 처리가 가능하다.
- 시스템 성능이 매우 뛰어나야 한다.
  예 항공기나 철도의 좌석 예약 시스템, 기상측정시스템, 은행의 예금업무, 방위시스템 등

3. 자료의 단위

비트(Bit) : 2진수(0 or 1)를 의미, 최소 정보 표현의 최소 단위

니블(Nibble) : 4비트 한 개의 니블 구성

바이트(Byte) : 8비트로 구성, 한 문자를 표현, 주소 지정의 최소 단위, 문자 표현의 최소 단위

워드(Word) : 명령을 처리하는 기본 단위(연산의 기본단위),

하프 워드(Half Word) : 2바이트

풀워드(Full Word) : 4바이트 더블워드(Double Word)-8바이트

필드(Field) : 파일 구성의 최소 단위, 열을 의미

레코드(Record) : 필드들의 모임, 자료 처리의 기본 단위

파일 : 서로 연관된 레코드들의 모임, 프로그램 구성의 기본 단위

데이터베이스 : 서로 연관된 파일들의 모임

4. 단위 표현

8bit = 1Byte

KB(Kilo Byte) = 1024 Byte

MB(Mega Byte) = 1024 * 1024 Byte

GB(Giga Byte) = 1024 * 1024 * 1024Byte

TB(Tera Byte) = 1024 * 1024* 1024 * 1024 Byte

PB(Peta Byte) = 1024 TB

EB(Exa Byte) = 1024 PB

ZB(Zeta Byte) = 1024 EB

YB(Yotta Byte) = 1024 ZB

5. 수의 표현

1) 자료의 표현방식

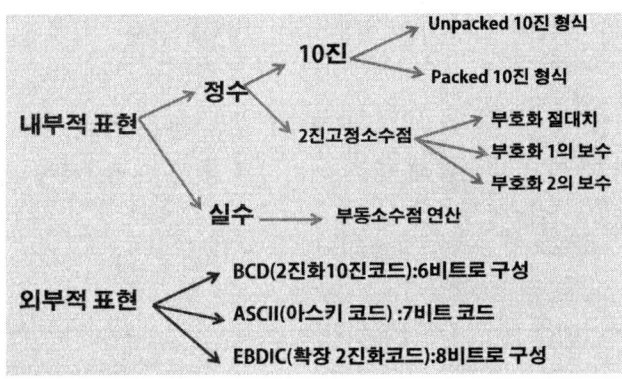

2) 외부적 표현방식

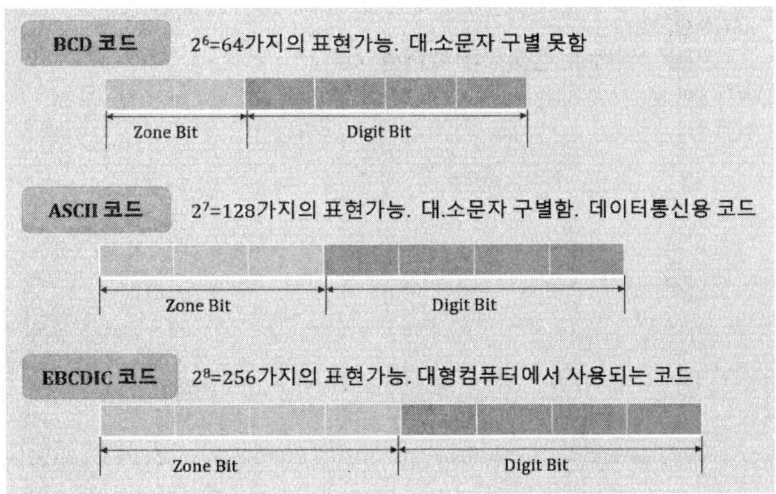

3) 에러검출 및 교정코드

① 패리티 체크 비트(Parity Check Bit)

- 원래의 데이터에 추가되는 1비트
- 에러 검출을 목적으로 함(교정은 불가능 함)
- 짝수 패리티 : 1의 개수가 짝수개인지 검사

- 홀수 패리티 : 1의 개수가 홀수개인지 검사
② 해밍 코드(Hamming Code)
  - 에러 검출 및 교정이 가능한 코드
  - 8421코드에 3비트 짝수 패러티를 추가해서 만듦
  - 2비트의 에러 검출 및 1비트의 에러 교정 가능
③ 순환 중복 검사(CRC)
  - 순환 중복 검사를 위해 미리 정해진 다항식을 적용하여 오류를 검출
④ 블록합 검사(BSC)
  - 패리티 검사의 단점을 보완한 방식, 두 개 비트 오류 시 오류 검출 가능
  - 프레임 내의 모든 문자의 같은 위치 비트들에 대한 패리티를 추가로 계산하여 블록의 맨 마지막에 추가 문자를 부가하는 방식

 참고 수의 진법

1) 이진법
   0과1 로만 표현하는 수 표현, 컴퓨터가 이해할 수 있는 코드,
   사용 DIGIT : 0,1

   > 예제) 2006년 1회 출제(2급)
   > **문제) 십진수 33.25를 이진수로 올바르게 표현한 것은?**
   >   ① 100001.01   ② 100010.1
   >   ③ 100101.01   ④ 11001.1

2) 8진법
   80이 되면 단위가 올라가는 수 표현, 2진법과 16진법으로 변환가능
   사용 DIGIT : 0,1,2,3,4,5,6,7

3) 16진법
   160이 되면 단위가 올라가는 수 표현. 2진법, 8진법과 16진법으로 변환가능
   사용 DIGIT : 0,1,2,3,4,5,6,7,8,9, A, B, C, D, E, F

컴퓨터의 주요 장치

1. 중앙처리장치(CPU)

1) 중앙처리장치의 개념

컴퓨터 부품 중 가장 중요한 역할을 하는 곳으로 사람의 뇌와 같은 역할을 하는 곳이다.
CPU는 Central Processing Unit의 약자이다.
컴퓨터의 모든 장치들에 대해 조정하고 제어하며 실행 명령을 내리는 곳이다.
중앙처리장치는 제어장치, 연산장치, 레지스터들로 구성된다.

2) 제어장치의 개념

컴퓨터에 있는 모든 장치들을 제어하는 역할을 수행한다.
주기억장치에서 명령을 읽어 들인다.
읽어 들인 명령을 해석하여 적합한 장치에게 제어신호를 전달한다.

3) 연산장치의 개념

연산장치(Arithmetic & Logic Unit)는 실제로 연산을 수행하는 장치이다.
이때의 연산은 제어장치의 제어신호에 의거한다.
연산은 산술연산, 논리연산, 관계연산, shift 등이 있다.
연산장치는 다시 가산기, 보수기 등으로 나눠지고 누산기(Accumulator) 레지스터를 이용한다.

4) 레지스터의 종류

① 누산기(Ac, Accumulator)
연산의 결과를 일시적으로 저장하는 역할을 한다.
② 명령레지스터(IR, Instruction Resister)
현재 수행하고 있는 명령을 저장하고 있는 역할을 한다.
③ 프로그램카운터(PC,Program Counter)
다음에 수행할 명령의 주소를 기억하는 역할을 수행한다.

④ 데이터 레지스터(Data Resister)

명령의 연산에 사용될 데이터를 기억하는 역할을 수행한다.

⑤ 상태 레지스터(Status Resister)

연산 중간에 상태(부호, 오버플로, 언더플로, 인터럽트)들을 기억하는 역할을 수행

⑥ 인덱스 레지스터(Index Resister)

여기에 기억되어 있는 내용에 의해서 실행하는 명령의 주소를 변경하기 위해서 사용되는 참조용 레지스터이다

⑦ 메모리주소 레지스터(MAR, Memory Address Resister)

다음 실행될 인스트럭션의 메모리 주소를 저장하는 레지스터이다

⑧ 메모리 버퍼 레지스터(MBR, Memory Buffer Resister)

주소에 데이터를 써넣거나 읽어내는 데이터를 저장하는 레지스터로 버퍼와 같은 역할을 수행

2. 주기억장치

(1) 주기억장치의 개념

주기억장치란, 컴퓨터의 부품 중 가장 중요한 부품 중 하나로 기억장치를 의미한다.
흔히 메모리라 하면 주기억장치를 의미한다.
RAM과 ROM으로 나뉘어진다.

(2) 기억장치의 분류

1) ROM

① ROM의 의미

Read Only Memory란, 읽을 수만 있는 메모리란 의미로 즉 쓰기 불가능하다.
전원이 꺼져도 기억된 내용이 사라지지 않는 비 휘발성 메모리이다.
ROM에 기억되는 주된 내용은 기본 입출력시스템(BIOS), 자가진단 프로그램등이다.

② ROM의 종류와 특징

-MASK ROM

공장에서 나올 때 내용을 미리 기록한 마스크 롬

-PROM(PROGRAMABLE ROM)

사용자가 롬 라이터를 이용하여 필요한 내용을 프로그래밍할 수 있는 롬

-EPROM(ERASABLE Programmable ROM)

강한 자외선이나 전기로 내용을 지운 다음 몇 번이고 새로 쓸 수 있는 롬

-EEPROM(Electrically EPROM)

전기적 방법으로 내용을 여러 번 수정.기록할수 있는 롬

2) RAM

① RAM의 개념

Random Access Memory는 자유롭게 접근할 수 있는 읽고 쓸 수 있는 메모리라는 의미이다.

Ram 이란 흔히 말하는 메모리를 의미하며, 현재 실행 중인 작업을 저장하고 있는 메모리이다.

전원이 꺼지면 기억하고 있는 내용을 모두 잃어버리는 휘발성 메모리이다.

주소로 접근하는 체계를 가지고 있다.

② RAM의 종류

ㄱ) 동적 램(Dynamic Ram)

-일정시간이 지나면 주기적으로 재충전이 필요함.

-전력소모가 적고, 느리며, 저가이나 집적도는 높다.

-일반적 주기억장치소자이다.

ㄴ) 정적 램(Static Ram)

-재충전이 필요하지 않음.

-전력소모 많고, 빠르며, 고가이나 집적도는 낮다.

-캐시메모리의 소자이다.

 참고 자기코어

마그네틱코어는 데이터를 읽으면 읽은 내용이 파괴되는 파괴메모리이다.

따라서, 지워진 내용을 기록하기 위한 재저장 시간이 필요하다.

마그네틱 코어는 코어 중심을 흐르는 전류의 방향에 따라 1 또는 0의 값을 갖는다.

큰 부피를 갖는 것에 비해 용량이 작고 값이 비싸 과거에 많이 사용된 메모리이고, 현재는 거의 사용되지 않는다.

두 개의 구동선 x, y 선과 센스선 1개, 금지선 1개로 구성되었다.

3) 기타메모리의 종류

① 캐시메모리

CPU와 주기억장치사이에 위치, 고속의 메모리

속도 빠른 S-RAM으로 구성됨

L1캐쉬, L2캐쉬로 구분, 버퍼역할수행

② 가상메모리(Virtual Memory)

주기억장치가 아닌 보조기억장치를 주기억장치로 인식해서 사용하게 하는 기법

주기억장치보다 큰 프로그램 수행 시 유용하게 쓰인다.

③ 버퍼 메모리(Buffer Memory)

임시로 기억하는 기억장치

속도차이를 극복하고자 할 때 유용

④ 연관메모리(Associative Memory)

주소가 아닌 내용으로 참조하는 메모리

연상기억장치라고도 한다.

내용으로 참조하므로 CAM(Content Addressable Memory)라고도 한다.

3. 보조기억장치

1) 보조기억장치의 개념

- 주기억장치의 가장 큰 특징중의 하나가 전원이 꺼지면 기억하고 있는 내용을 다 잃어버리는 휘발성 메모리이다.
- 이러한 주기억장치의 최대 단점을 보조하기 위해 등장한 것이 보조기억장치이다.
- 보조기억장치의 종류는 여러 가지가 있으나 그 중 가장 중요한 역할을 수행하는 것이 하드디스크이고 접근속도가 가장 빠르다.

2) 보조기억장치의 종류

① 자기 테이프

Magnetic Tape으로 자성의 원리를 이용해 데이터를 저장한다.

대용량의 백업 등의 용도로 많이 사용된다.

기록밀도는 BPI(Byte Per Inch)이다.

② 자기 디스크

Magnetic Disk로 자성의 원리로 데이터를 저장한다.

가장 작은 단위인 섹터, 트랙, 클러스터 등의 저장단위와 여러 장이 겹칠 때 실린더도
나타난다.

ㄱ) 플라피 디스크

Floppy Disk로 초기 휴대용 미니 디스크로 애용되었다.

5.25 인치와 3.5인치로 구분된다.

5.25 인치는 1990년대 말까지 사용되었고 3.5인치는 2000년대 중반까지 사용되다
가 이후 USB메모리로 대체된다.

ㄴ) 하드디스크

컴퓨터 내부에 장착되는 가장 주요한 유일한 보조기억장치이다.

최근에는 외장하드가 활발하게 사용됨.

대용량이며, 보조기억장치 중 접근속도가 가장 빠르다.

③ CD(Compact Disk)

CD는 Compact Disk의 약자임.

콤팩트 디스크(Compact Disk)의 머리 글자.

빛을 잘 반사하는 플라스틱 판에 레이저 빛을 쪼이면 홈과 평면의 반사율에 따라 빛의
세기가 다르게 나타나는데 이 신호 중 하나를 0이나 1로 정보를 저장

정보의 변형이나 손실이 거의 없이 재생이 가능하며, 반영구적으로 사용할 수 있다.

용량은 600MB, 700MB 이다.

④ DVD

'Digital Video Disc'의 준말로, DVD 포럼에선 'Digital Versatile Disc'로 정의한다.

DVD에는 싱글 레이어와 듀얼 레이어가 있다. 싱글 레이어는 용량이 4.7GB 이고, 듀얼
레이어는 8.5GB의 데이터를 저장할 수 있다.

종류로는 DVD-R, DVD+R, DVD-RW 등이 있다.

DVD는 CD에서 더 발전한 저장매체이다.

겉모습은 12cm나 8cm 지름의 원반으로서 CD와 같으나 다른 포맷으로 저장되며 높은
용량을 가지고 있다.

CD와 달리 모든 DVD는 UDF라는 형식으로 관리되는 파일로 저장되며, 이는 데이터를
담는 CD의 표준인 ISO 9660의 확장형이다.

⑤ USB 메모리

USB(Universal Serial Bus)란 컴퓨터와 주변기기 사이에 데이터를 주고받을 때 사용하
는 버스(bus: 데이터가 전송되는 통로) 규격 중 하나임.

1990년대 후반부터 대부분의 개인용 컴퓨터에 USB 장치를 꽂을 수 있게 되어 사용되
기 시작함.

USB와 플래시 메모리, 이 두 가지 요소를 결합해 하나의 제품으로 만든 것이 바로 'USB 플래시 드라이브(USB flash drive)', 흔히 말하는 'USB 메모리'다.

USB 메모리는 대개 손가락 하나 정도의 크기의 막대형 본체에 USB 커넥터가 노출된 형태다.

내부는 데이터를 저장하는 플래시 메모리 칩, 그리고 커넥터와 메모리 칩 사이에서 데이터 전송을 제어하는 컨트롤러(controller: 제어기)로 구성되어 있다.

⑥ 플래시 메모리

EEPROM의 일종이다.

비 휘발성이며, MP3플레이어, 디지털 카메라, 휴대전화에 사용되는 메모리이다.

예 USB 메모리, SD카드

 참고 SSD(Solid State Drive)

하드디스크는 플래터(platter)라고 하는 자기디스크를 물리적으로 회전시키며 데이터를 읽거나 저장한다. 자기디스크를 아무리 빨리 회전시킨다 해도 반도체의 처리 속도는 따라갈 수 없다. 이러한 하드디스크의 단점을 극복한 것이 SSD이다. SSD는 하드디스크와 달리 자기디스크가 아닌 반도체 메모리를 내장하고 있다는 것이 일반 하드디스크와의 차이점이다.

 참고 RAID

Redundant Arrary of Inexpensive Disk의 약어.
여러 개의 하드디스크를 하나의 하드디스크처럼 관리하는 기술.
서버에서 주로 사용하는 기술.
미러링과 스트라이핑 기술을 합쳐서 만든 기술.
미러링:동일한 데이터를 두개의 디스크에 저장하는 방식.
스트라이핑:데이터를 여러 개의 디스크에 나눠서 기록하는 방식.

4. 입출력장치

(1) 입력장치

1) 키보드

- 자판 · 글자판 · 글쇠판 이라고도 하는 입력장치로 한글, 영문자, 숫자, 특수문자와 12개의 기능키로 이루어져 있다
- 초기에는 키보드의 글자판이 83개, 84개였으나 기능이 확장되면서 101개, 103개, 106개

로 점점 늘어났다.

- 일반적으로 사용하는 키보드는 대부분 106개의 글자판이 있는 윈도우용이다.
- 키보드는 자판이 배열된 형태에 따라 한글 2벌식과 한글 3벌식, 영문 쿼티(qwerty)와 영문 드보락 자판으로 구분된다.

2) 마우스

- 마우스에 달린 긴 전기선 때문에 쥐(mouse)마우스라는 이름을 가지게 됨.
- 클릭, 더블클릭, 드래그 앤 드롭의 동작이 있음.
- 움직임 검출방식에 따라 볼 마우스, 광학마우스로 구분.
- 버튼의 종류에 따라 1버튼, 2버튼, 3버튼의 마우스가 있음.
- 컴퓨터 본체와 연결하는 단자모양의 종류는 시리얼 마우스, PS/2 마우스, USB 마우스와 선이 없는 무선마우스가 있다.

3) 판독기

① OMR(Optical Mark Reader) : 컴퓨터용 펜으로 마크한 OMR카드에 빛을 반사시켜 판독하는 장치. 객관식 답안지

② OCR(Optical Character Reader): 특정 글꼴로 인쇄된 문자에 빛을 반사시켜 판독하는 장치.지로용지에 사용

③ MICR(Magnetic Ink Character Reader)
자기잉크문자판독기. 자성을 띤 특수용 잉크로 인쇄된 문자,기호 등을 판독
수표, 어음 등에 사용

④ BCR(Bar Code Reader)
바코드리더기, Pos 시스템에서 사용

4) 스캐너, 디카, 디지타이저

- 스캐너(Scanner) : 데이터를 이미지화해서 파일로 저장하는 입력장치
- 디카 : 디지털 카메라. 플래시메모리 사용.
- 디지타이저: 도형이나 좌표를 컴퓨터에 입력하기 위한 장치, 태블릿장치 이용.

5) 터치패드, 트랙볼

- 터치패드 : 흔히 스마트폰에서 볼 수 있는 입력기, 노트북의 가운데에 있기도 하며 마우스대신 쓰인다
- 트랙 볼 : 마우스를 뒤집어 놓은 것처럼 생겼으며, 볼을 손으로 움직여 위치를 지정한다.

(2) 출력장치

1) 모니터

- CRT: CRT(Cathode Ray Tube)는 음극선관을 말하며 일명 브라운관이라고도 함. 장치의 부피를 줄이기 어렵다는 단점이 있다
- LCD: LCD은 핵심은 화면을 표현하는 소자인 액정(Liquid crystal)이다. 수많은 액정을 규칙적으로 배열한 패널을 전면에 배치한 뒤, 그 뒤쪽에 위치한 백라이트(back light: 후방조명)가 빛을 가하도록 한다.
- TFT LCD(Thin Film Transistor Liquid Crystal Display): 트랜지스터 액정 표시장치로서 두께와 무게가 10분의 1로 되고 소비전력도 4분의 1수준으로 낮아짐.
- PDP(Plasma Display Panel) : 이온화된 기체(플라즈마)는 외부의 전기 자극에 매우 민감하게 반응하며, 그 과정에서 강한 빛을 발하게 할 수 있는 원리를 이용

2) 프린터

- 도트 메트릭스 프린터

  헤드에 부착되어 있는 해머로 잉크리본에 때려서 용지에 닿게 하여 용지에 인쇄하는 인쇄 방식이다. 도트프린터라고도 한다. 소음이 심하며 출력속도가 비교적 느리다.

- 잉크젯 프린터

  활자로 찍어내지 않는(non impact) 인쇄기의 일종

  잉크를 가는 노즐에서 뿜어내어 보통 종이에 인쇄하는 인쇄기.

- 레이저 프린터

  레이저 프린터의 원리는 복사기와 거의 같다.

  감광 시키면 정전기에 의한 전자상을 만드는 드럼 위에 레이저 광선을 패턴에 따라 주사시킨다.

  드럼 위에는 프린트할 패턴에 대응한 정전기상이 생기므로, 그 정전기의 힘을 이용하여 토너라는 가루 상태의 잉크를 부착시켜 그것을 종이에 전사하여 열로써 고정하여 기록한다.

- 플로터(Plotter)

  프린터는 계속되는 행과 열의 형태만을 찍어낼 수 있는 것에 비하여 플로터는 X, Y 좌표 평면에 임의적으로 점의 위치를 지정할 수 있다.

  플로터의 종류를 크게 나누면 선으로 그려내는 벡터 방식과 그림을 흑과 백으로 구분하고 점으로 찍어서 나타내는 래스터 방식이 있다.

  플로터가 정보를 출력하는 방식에 따라 펜 플로터, 정전기 플로터, 사진 플로터, 잉크 플로터, 레이저 플로터 등으로 구분된다.

3) 스피커

전기 신호 형태의 음을 귀에 들리는 소리로 변환하는 장치.

진동판을 진동시켜 공기를 직접 진동시킨 것(콘 스피커 등)과 진동을 '혼(horn)'으로 받아들여 음을 내보내는 방식(혼 스피커)이 있다.

4장 **한글 윈도우**

1. 한글 윈도우의 특징

한글 윈도우는 검색 기능이 더욱 강화 되었으며 버전이 올라 갈수록 더욱 안전해진 보안기능과 더욱 화려해진 인터페이스를 보유하고 있다.

GUI 운영체제이며, 32bit, 64bit 운영체제이다.

NTFS화일 포맷시스템이며, 최대볼륨의 크기는 256TB이다.

255개의 긴 파일명을 지원하며, 공백도 허용

2. 한글 윈도우 사용법

1) 시작 버튼

[시작] 버튼에 마우스 포인터를 위치시킨 후 오른쪽 버튼을 누르면 [속성], [Windows 탐색기 열기] 메뉴가 나타난다.

[시작] 메뉴를 선택하는 방법은 [시작] 버튼을 클릭하거나 바로가기 키 CTRL + ESC를 누르면 선택된다.

2) 작업표시줄

현재 컴퓨터에서 실행중인 프로그램들이 표시되는 곳이다.

작업표시줄은 기본 위치가 바탕화면의 하단에 위치하며 위치변경은 가능하다.

작업표시줄은 실행되고 있는 프로그램 단추와 고정적으로 되어있는 프로그램 단추 등이 표시되는 곳이다.

작업표시줄의 구성은 시작단추, 고정 프로그램단추, 실행 프로그램단추, 입력도구, 알림영역, 바탕화면보기 단추로 구성된다.

작업표시줄에 놓인 실행단추위에 마우스를 가져다대면 작은창으로 미리보기가 가능하다.

3) 바로가기 아이콘

바로 가기 아이콘을 만들면 원본 파일에 대한 복사가 수행되는 것이 아니라, 실제 파일의 연결 정보만을 갖고 있는 것이다.

4) 휴지통

휴지통의 크기는 사용자가 다시 조절할 수 있다.(기본 : 하드디스크의 10%)
DOS 세션에서 삭제된 파일은 휴지통에 보관되지 않고 바로 삭제된다.

3. 한글 윈도우 단축키

단축키	기능
Alt+Tab	비 활성창을 활성창으로 전환, 창 전환시프로그램 목록을 아이콘으로 표시
Alt+Esc	열려있는창들간의작업전환
Alt+Enter	선택된 항목의 등록정보 표시 DOS 모드에서 창모드와 전체모드로 전환
Alt+Sapce Bar	활성창의 바로가기메뉴를 표시함
Alt+Print Screen	현재 활성화된 창을 클립보드에 복사
Print Screen	바탕화면 전체를 클립보드에 복사
Ctrl+Esc	시작메뉴 열기
Ctrl+A	모두 선택
Ctrl+마우스스크롤	바탕화면의 아이콘 크기를 변경 함
Ctrl+클릭	비연속적인 파일 선택
Shift+클릭	연속적인 파일 선택
Shift+CD삽입	CD의 자동실행 기능이 작동하지 않는다.
Shift+F10	마우스 오른쪽 버튼을 누를 때와 같은 단축 메뉴가 호출
Shift+Delete	휴지통을 거치지 않고 바로 삭제
Ctrl+Alt+Delete	프로그램이 응답하지 않는 경우 강제 종료
F2	선택된 항목의 이름 변경
F3	파일 또는 폴더 검색
F4	위치 목록 상자 열기
F5	새로 고침
윈도우키+L	컴퓨터를 잠그거나 사용자를 전환한다.
윈도우키+M	열려있는모든 창을 최소화시킨다.
윈도우키+R	실행창을 실행시킨다.
윈도우키+U	접근성 센터창을 나타낸다.
윈도우키+T	작업표시줄의 프로그램을 차례대로 선택한다.
윈도우키+스페이스바	열려있는창을 잠시 안 보이게하여 바탕화면을 보여준다.

윈도우키+HOME키	포커스가 있는 창을 제외하고는 모든 창을 최소화시킨다.
윈도우키+G	가젯을 차례로 실행한다.
윈도우키+TAB키	Aero 전환3D를 사용하여 현재 실행중인 프로그램을 입체적으로 보여준다.
윈도우키+Pause/Break키	제어판-시스템보안-시스템 창을 나타낸다.

5장 정보통신의 개요

1. 정보통신의 개념

원격지에 설치된 컴퓨터 상호간 또는 컴퓨터와 단말기간을 통신회선으로 접속하여 데이터를 송.수신, 제어, 저장, 처리하는 통신방식이다.

2. 전송 방식

① 단방향 (simplex) 방식
한 방향으로만 데이터를 전송하는 방식
예) 라디오방송, TV방송
② 반이중 (Half Duplex) 방식
양방향이 가능하나 한번에 한 방향으로만 데이터를 전송하는 방식, 예) 무전기
③ 전이중 (Full Duplex) 방식
양방향이 가능하며 동시에 양방향으로 데이터를 전송할 수 있는 방식 예) 전화, 핸드폰

3. 통신장비의 구성

① 성형(Star topology)
네트워크의 전체적 구조가 별모양처럼 생겼기 때문에 성형이라고 한다.
중앙집중방식으로 모든 컴퓨터가 중앙의 컴퓨터에 1:1로 연결되어 있다.
중앙의 컴퓨터가 작동되지 않을 때에 전체 통신이 마비되는 단점이 있다.
② 트리형(Tree topology)
계층형이라고 부르기도 한다.
트리구조로 네트워크가 연결되어 있는 구조
분산처리시스템을 구성하는 방식이기도 하다
③ 링형(Ring topology)
링(ring)의 구조로 이루어진 구조

인접한 컴퓨터와 단말기들이 서로 연결됨.

연결된 단말기중 하나라도 통신불능이 되면 네트워크 전체가 마비되는 단점이 있다.

네트워크의 변경이나 확장이 어렵다.

④ 버스형(Bus topology)

한 개의 통신회선에 여러 대의 컴퓨터와 단말기들이 연결되어 있는 구조.

설치 및 제거가 용이하고 단말기가 고장이 나더라도 전체 시스템에 영향을 미치지 않는다.

통신회선의 길이에 제한이 있다.

⑤ 망형(Mesh topology)

모든 컴퓨터와 단말기가 서로 연결되어 있는 그물(mesh)과 같은 구조의 통신망

응답시간이 빠르고 연결성이 높다.

구축비용이 비싸고 네트워크 관리가 어려운 단점이 있다.

4. 여러 가지 통신망

① 근거리통신망(LAN)

Local area network의 약어.

한 빌딩이나 비교적 가까운 거리 안에서의 통신망을 의미

② MAN

Metropolitan area network의 약어

구내 정보 통신망(LAN)과 광역 통신망(WAN)의 중간 정도의 지역을 망라하는 정보 통신망. 대도시 통신망이라고도 한다.

③ 광역통신망(WAN)

Wide Area Network의 약어. 광대역통신망

지역과 지역, 국가와 국가, 국가와 대륙, 전세계에 걸쳐 형성되는 통신망으로 지리적으로 멀리 떨어져 있는 넓은 지역을 연결하는 통신망을 말한다. 가장 큰 WAN은 인터넷이다.

④ 부가가치통신망(VAN)

공중전기통신사업자(common-carrier)로부터 임대한 전용선을 이용하여 회선을 실수요자에게 분할해서 재판매 하여 부가가치를 높이는 통신 서비스를 말한다.

⑤ ISDN

Integrated Services Digital Network의 약어.

종합정보통신망이라고 부른다.

하나의 통신망에 음성, 문자, 영상 등의 다양한 서비스를 종합적으로 제공하는 서비스.

⑥ B-ISDN

Broadband Integrated Services Digital Network의 약어.

광대역 종합정보통신망이라고 함.

종합정보통신망(ISDN)보다 더 광범위한 서비스를 제공하는 광대역 종합정보통신망이다.

음성통신 및 고속 데이터 통신, 정지화상 및 고해상도의 동영상 등의 다양한 서비스를 제공한다.

5. 통신장비

① 모뎀(MODEM)

디지털 신호를 아날로그 신호로 변환시켜 주는 것을 변조(MOdulation)라고 하고, 그 반대의 경우를 복조(DEModulation)라고 한다.

MODEM을 변복조기 혹은 변복조 장치라고 하며 변조기와 복조기의 합성어이다.

② 랜카드(Lan Card)

네트워크 어댑터, 네트워크 인터페이스 카드(NIC), 이더넷 카드라고도 한다.

맥 주소를 사용하여 낮은 수준의 주소 할당 시스템을 제공하고 네트워크 매개체로 물리적인 접근 가능하게 한다.

③ 허브(Hub)

통신망의 데이터를 여러 개의 통신장비로 뿌려주는 역할.

즉 네트워크의 확산장비이다.

④ 라우터(Router)

라우터는 동일한 전송 프로토콜을 사용하는 분리된 네트워크를 연결하는 장치로 네트워크 계층간을 서로 연결한다.

네트워크와 네트워크 간의 경로(Route)를 설정하고 가장 빠른 길로 트래픽을 이끌어주는 네트워크 장비다

⑤ 브리지(Bridge)

브리지(bridge)는 두 개의 근거리통신망(LAN)을 상호 접속할 수 있도록 하는 통신망 연결 장치로서 OSI 참조 모델의 데이터 링크 계층에서 동작한다.

⑥ 리피터(Repeater)

디지털신호는 전송거리가 멀수록 신호가 감쇄되는데, 리피터는 이러한 현상을 막기 위

해 일정한 간격마다 설치되어 감쇄되는 신호를 증폭시켜 목적지까지 신호가 도달할 수 있도록 해주는 네트워크 장비다

⑦ 게이트웨이(Gateway)

데이타 통신 프로토콜을 다른 통신망과 연결하기 위해서는 프로토콜 변환이 필요하며 이 프로토콜 변환기기를 게이트웨이라 한다.

6. OSI 7 계층

① 물리계층(physical layer)

규격화되지 않은 비트 전송을 위한 물리적 전송 매체의 기능을 정의

② 데이터링크계층(data link layer)

물리적인 특성을 이용하여 2개의 인접한 개방형 시스템 간에서 데이터 송수신을 하는 기능

데이터 링크 접속의 설정 해제 기능

③ 네트워크계층(network layer)

통신을 수행하는 응용 프로세스가 존재하는 시스템간의 데이터 교환 기능을 제공하는 기능

ITU-T의 X.25, 패킷 제어 순서를 권고

④ 전송계층(transport layer)

데이터 전송에 대한 오류 검출, 오류 복구, 흐름 제어를 행하는 계층

주소를 전송측에서만 사용

⑤ 세션계층(session layer)

세션 접속 설정, 데이터 전송, 세션 접속 해제 등의 기능을 수행

⑥ 표현계층(presentation layer)

데이터 압축, 암호화 단말기의 파일들을 네트워크 표준으로 변형

⑦ 응용계층(application layer)

시스템 작동을 지원하는 최상위 레벨 기능

단말기 제어 기능, 파일 관리 기능, 작업 조작 기능

6장 인터넷의 개요

1. 인터넷 정의

전세계 통신망을 하나로 묶는 네트워크의 네트워크

1969년 군사적 목적으로 시작된 ARPANET으로부터 시작.

TCP/IP를 기본으로 하는 가장 큰 WAN임

인터넷에서 이용할 수 있는 서비스는 전자우편(e-mail), telnet, 파일 전송(FTP), 유즈넷 뉴스(Usenet News), 인터넷 정보 검색, IRC, 전자 게시판(BBS), WWW(World Wide Web), 온라인 게임 등 다양

2. 인터넷 주소

① IP Address

인터넷 주소이며 전세계적으로 고유하다.

IP주소는 점으로 구분한 4개의 영역으로 나뉘며, 각 부분을 옥텟이라고 한다.

현재는 IPv4 체계를 사용하고 있으며, 8비트씩 4부분으로 나뉘어진 32비트 체계이다.

IPv4 체계의 주소가 고갈되어가므로 IPv6 시스템이 차세대 인터넷 주소로 개발되고 있다.

IPv6는 16비트씩 8부분으로 콜론(:)으로 구분한 128비트 주소 체계이다.

 참고   IP 주소 클래스

클래스	범위
A	1.0.0.0 ~ 127.255.255.255
B	128.0.0.0 ~ 191.255.255.255
C	192.0.0.0 ~ 223.255.255.255
D	224.0.0.0 ~ 239.255.255.255
E	240.0.0.0 ~ 247.255.255.255

② 도메인 네임

인터넷주소는 숫자로 구성된 IP주소인데, 숫자보다는 사람에게 친숙한 문자 주소가 등장

도메인 이름은 대소문자 구별이 없으며, 특수문자는 사용할 수 없다

2단계도메인(국가 도메인이 필요 없음)

예 www.naver.com

3단계도메인(국가 도메인이 필요함)

예 www.chosun.co.kr

③ URL

URL은 uniform resource locator 의미이다.

위치를 알려주는 주소체제이다.

형식은 다음과 같다.

프로토콜://서버.도메인/디렉토리/화일명[:포트]

프로토콜 별 기본포트

〈참고〉 well-known   port

http:80, ftp:21, telnet:23, Ghopher:70, News:119

3. 여러가지 프로토콜

① TCP/IP

TCP(transfer control protocol)와 IP(Internet protocol)로 구분된다.

1983년 처음으로 미국의 ARPA(Advanced Research Projects Agency) 패킷 스위칭 네트워크에 사용됨.

② HTTP

hyper text transfer protocol의 약어.

웹 서버와 사용자의 인터넷 브라우저 사이에 문서를 전송하기 위해 사용되는 통신 규약.

http는 1989년 팀 버너스 리(Tim Berners Lee)에 의하여 처음 설계됨.

웹상에서 하이퍼텍스트 즉, 텍스트, 그래픽이미지, 사운드, 비디오, 기타 멀티미디어 파일 등을 송·수신하는 데 필요한 통신 프로토콜을 의미하기도 함.

③ ICMP

Internet control message protocol의 약어.

TCP/IP 프로토콜에서 IP 네트워크의 IP 상태 및 오류 정보를 공유하게 하며 핑(ping) 명령시 사용된다.

호스트가 기본 게이트웨이로 사용할 수 있는 라우터의 주소를 결정할 수 있는 프로토콜

④ SNMP

simple network management protocol의 약어

원격지에 있는 통신망을 관리하도록 설계되었으며 "간이 망 관리 프로토콜"이라고 부른다

네트워크 장비를 관리 감시하기 위한 목적으로 UDP 상에 정의된 응용 계층 표준 프로토콜이다.

⑤ DHCP

Dynamic Host Configuration Protocol의 약어

DHCP 서버를 사용하여 IP 주소 및 관련된 기타 구성 세부 정보를 네트워크의 DHCP 사용 클라이언트에게 동적으로 할당하는 방법을 제공한다.

4. 인터넷 서비스

① WWW

world wide web의 약어.

1989년 스위스의 유럽 입자물리학연구소(CERN)의 Tim Berners Lee 등이 처음제안

클라이언트 서버와의 통신 프로토콜인 HTTP를 이용.

하이퍼텍스트를 이용하여 웹페이지를 제작한다.

웹페이지를 제작은 HTML을 이용하여 만든다.

② E-MAIL

이메일은 통신망을 통하여 전달되는 서신

편지와 달리 주고 받는데 시간이 걸리지 않는다는 점이다.

③ FTP

file transfer protocol의 약어

파일 송수신 프로토콜 이라는 의미

인터넷상에서 컴퓨터 사이의 파일을 전달하는 데 사용되는 프로토콜.

FTP를 사용하기 위해서는 FTP사이트의 계정을 알아야 하며 공개 사이트는 익명 계정인 anonymous를 사용하기도 한다

④ TELNET

TELe(멀리, 먼) + NETwork(통신)의 의미

멀리 떨어진 컴퓨터에 연결해 이쪽 컴퓨터를 그쪽에 연결된 터미널로 만들어 주는 인

터넷 표준 프로토콜이다.

⑤ USENET

User Network(사용자 네트워크)의 약어.

전세계 인터넷 사용자들이 정보를 교환하는 토론 그룹들의 모임이다.

각 토론 그룹은 취미, 오락, 수학, 철학, 컴퓨터, 생물학 등 특정 주제별로 구성되어 있다.

7장 정보 보호

1. 정의 : 정보보호는 유형, 무형의 정보를 내부 또는 외부의 위협으로부터 보호하는 것

2. 정보보호의 3요소

기밀성(Confidentiality), 무결성(Integrity), 가용성(Availability)이다.

3. 정보보호 기술

① 식별(Personal Identification)

② 인증(Authentication)

③ 접근통제기술

④ 권한부여

⑤ 부인봉쇄

4. 암호시스템 용어

① 평문(plaintext) : 암호화되기전의 문장.

② 암호문(ciphertext) : 암호화된 문장.

③ 암호화(encryption) : 평문을 암호문으로 바꾸는 것.

④ 복호화(decryption) : 암호문을 평문으로 바꾸는 것.

⑤ 키(key) : 암호화 알고리즘의 열쇠.(암호키,복호키)로 표현

⑥ 암호시스템(cryptosystem) : 암호의 체계

⑦ 송신자(sender) : 정보의 전송자

⑧ 수신자(receiver) : 정보의 수신자

⑨ 도청자(adversary) : 정보의 정당한 송신자, 수신자가 아님

5. 암호시스템의 종류

① 비밀키 암호시스템

암호화에 사용된 키와 복호화에 사용하는 키가 동일한 경우의 암호시스템

대칭키시스템 이라고도 한다. 예) DES 암호시스템

② 공개키 암호 시스템

　암호화에 사용된 키와 복호화에 사용하는 키가 서로 다른 경우의 암호시스템

　비대칭키시스템 이라고도 한다. 예) RSA 암호시스템

필기 1과목 총정리 문제

01 다음 중 컴퓨터 운영체제의 주요 기능으로 옳지 <u>않은</u> 것은?

① 자원의 효율적인 관리를 위해 자원을 스케줄링한다.
② 시스템과 사용자 간의 인터페이스를 제공한다.
③ 데이터 및 자원 공유 기능을 제공한다.
④ 시스템을 실시간으로 감시하여 바이러스 침입을 방지하는 기능을 제공한다.

02 다음 중 USB 인터페이스에 대한 설명으로 옳지 <u>않은</u> 것은?

① 직렬포트보다 USB 포트의 데이터 전송 속도가 더 빠르다.
② USB는 컨트롤러 당 최대 127개까지 포트의 확장이 가능하다.
③ 핫 플러그 인(Hot Plug In)과 플러그 앤 플레이(Plug &Play)를 지원한다.
④ USB 커넥터를 색상으로 구분하는 경우 USB 3.0은 빨간색, USB 2.0은 파란색을 사용한다.

03 다음 중 사물 인터넷(IoT)에 대한 설명으로 옳지 <u>않은</u> 것은?

① IoT 구성품 가운데 디바이스는 빅데이터를 수집하며, 클라우드와 AI는 수집된 빅데이터를 저장하고 분석한다.
② IoT는 인터넷 기반으로 다양한 사물, 사람, 공간을 긴밀하게 연결하고 상황을 분석, 예측, 판단해서 지능화된 서비스를 자율 제공하는 융복합 기술이다.
③ 사물을 단순히 연결시켜 주는 단계에서 수집된 데이터를 분석해 스스로 사물에 의사결정을 내리는 단계로 발전하고 있다.
④ IoT 네트워크를 이용할 경우 통신비용이 절감되는 효과가 있으며, 정보보안기술의 적용이 용이해진다.

04 다음 중 컴퓨터 소프트웨어에서 셰어웨어(Shareware)에 관한 설명으로 옳은 것은?

① 정상 대가를 지불하고 사용하는 소프트웨어이다.
② 특정 기능이나 사용 기간에 제한을 두고 무료로 배포 하는 소프트웨어이다.
③ 개발자 측에서 소스를 공개한 소프트웨어이다.
④ 배포 이전의 테스트 버전의 소프트웨어이다.

05 다음 중 모니터 화면의 이미지를 얼마나 세밀하게 표시할 수 있는가를 나타내는 정보로 픽셀수에 따라 결정되는 것은?

① 재생률(refresh rate)
② 해상도(resolution)
③ 색깊이(color depth)
④ 색공간(color space)

06 다음 중 Windows 운영체제에서 시스템의 속도가 느려진 경우 문제 해결 방법으로 가장 적절한 것은?

① [장치 관리자] 창에서 중복 설치된 해당 장치를 제거한다.
② 드라이브 조각 모음 및 최적화를 수행하여 하드 디스크의 단편화를 제거한다.
③ [작업 관리자] 창에서 시스템의 속도를 저해하는 Windows 프로세스를 찾아 '작업 끝내기'를 실행한다.
④ [시스템 관리자] 창에서 하드 디스크의 파티션을 재설정 한다.

07 다음 중 Windows의 방화벽 기능에 대한 설명으로 옳지 않은 것은?

① 통신을 허용할 프로그램 및 기능을 설정한다.
② 네트워크 및 인터넷 사용과 관련된 문제 해결 방법을 제공한다.
③ 바이러스의 감염을 인지하는 알림을 설정한다.
④ 네트워크 위치에 따른 외부 연결의 차단 여부를 설정한다.

08 다음 중 Windows의 사용자 계정에 대한 설명으로 옳지 <u>않은</u> 것은?

① 관리자 계정의 사용자는 다른 계정의 컴퓨터 사용 시간을 제어할 수 있다.
② 관리자 계정의 사용자는 다른 계정의 계정 유형과 계정 이름, 암호를 변경할 수 있다.
③ 표준 계정의 사용자는 컴퓨터 보안에 영향을 주는 설정을 변경할 수 있다.
④ 표준 계정의 사용자는 자신의 계정에 대한 암호 등을 설정할 수 있다.

09 다음 중 초고속 인터넷을 이용하여 동영상 콘텐츠, 정보서비스 등 기본 텔레비전 기능에 인터넷 검색이 가능하게 한 서비스는?

① VoIP   ② IPTV
③ IPv6   ④ TCP/IP

10 다음 중 컴퓨터 보안과 관련된 기술에 해당하지 <u>않은</u> 것은?

① 인증(Authentication)   ② 암호화(Encryption)
③ 방화벽(Firewall)   ④ 브리지(Bridge)

11 다음 중 정보 사회의 특징으로 적절하지 <u>않은</u> 것은?

① 처리하고자 하는 정보의 종류와 양이 증가하였다.
② 정보처리 기술의 발달로 사회의 변화 속도가 빨라졌다.
③ 사이버 공간상에 새로운 인간관계와 문화가 형성되었다.
④ 대중화 현상이 강화되고 개성과 자유를 경시하게 되었다.

12 다음 중 네트워크 구성 형태에 관한 설명으로 옳지 <u>않은</u> 것은?

① 망(Mesh)형은 응답 시간이 빠르고 노드의 연결성이 우수하다.
② 성형(중앙 집중형)은 통신망의 처리 능력 및 신뢰성이 중앙 노드의 제어장치에 좌우된다.
③ 버스(Bus)형은 기밀 보장이 우수하고 회선 길이의 제한이 없다.
④ 링(Ring)형은 통신회선 중 어느 하나라도 고장 나면 전체 통신망에 영향을 미친다.

13 다음 중 컴퓨터와 같은 정보기기를 사용하기 위해서 반드시 설치되어야 하는 프로그램으로 가장 대표적인 시스템 소프트웨어는?

① 컴파일러
② 운영체제
③ 유틸리티
④ 응용프로그램

14 다음 중 웹 브라우저의 기능에 관한 설명으로 옳지 <u>않은</u> 것은?

① 인터넷 옵션에서 멀티미디어 편집기를 선택할 수 있다.
② 전자 우편을 보낼 수 있다.
③ 웹 페이지를 사용자 컴퓨터에 저장하거나 인쇄할 수 있다.
④ 자주 방문하는 웹 사이트 주소를 관리할 수 있다.

15 다음 중 Windows에서 사용되는 휴지통에 관한 설명으로 <u>옳은</u> 것은?

① 휴지통은 하드 디스크 드라이브마다 한 개씩 만들 수 있다.
② 지정된 휴지통의 용량이 초과 되면 새로 삭제된 파일이나 폴더는 보관되지 않는다.
③ 휴지통에 보관된 파일이나 폴더의 이름을 변경할 수 있다.
④ 휴지통에서 원하는 파일이나 폴더를 선택하여 실행할 수 있다.

16 다음 중 JPEG 표준에 대한 설명으로 옳지 <u>않은</u> 것은?

① 손실압축기법과 무손실압축기법이 있지만 특허문제나 압축률 등의 이유로 무손실압축 방식은 잘 쓰이지 않는다.

② JPEG 표준을 사용하는 파일 형식에는 jpg, jpeg, jpe 등의 확장자를 사용한다.

③ 파일 크기가 작아 웹 상에서 사진 같은 이미지를 보관하고 전송하는데 사용한다.

④ 문자, 선, 세밀한 격자 등 고주파 성분이 많은 이미지의 변환에서는 GIF나 PNG에 비해 품질이 매우 우수하다.

17 다음 중 컴퓨터 바이러스의 예방법으로 가장 거리가 <u>먼</u> 것은?

① 최신 버전의 백신 프로그램을 사용한다.

② 다운로드 받은 파일은 작업에 사용하기 전에 바이러스 검사 후 사용한다.

③ 전자우편에 첨부된 파일은 다른 이름으로 저장하고 사용한다.

④ 네트워크 공유 폴더에 있는 파일은 읽기 전용으로 지정한다.

18 다음 중 네트워크 장비와 관련하여 라우터에 관한 설명으로 <u>옳은</u> 것은?

① 네트워크를 구성할 때 여러 대의 컴퓨터를 연결하여 각 회선을 통합 관리하는 장비이다.

② 네트워크 상에서 가장 최적의 IP 경로를 설정하여 전송하는 장비이다.

③ 다른 네트워크와 데이터를 보내고 받기 위한 출입구 역할을 하는 장비이다.

④ 도메인 네임을 숫자로 된 IP 주소로 바꾸어 주는 장비이다.

19 다음 중 인터넷을 수동으로 연결하기 위하여 지정해야 할 TCP/IP 구성요소로 옳지 <u>않은</u> 것은?

① IP 주소   ② 서브넷 마스크
③ 어댑터 주소   ④ DNS 서버 주소

20 다음 중 Windows에서 사용하는 바로 가기 키에 관한 설명으로 옳지 <u>않은</u> 것은?
(윈도우 10 검증 완료)

① 〈Ctrl〉 + 〈Esc〉 : 시작 메뉴를 표시
② 〈Shift〉 + 〈F10〉 : 선택한 항목의 바로가기 메뉴 표시
③ 〈Alt〉 + 〈Enter〉 : 선택한 항목 실행
④ 〈Windows 로고 키〉 + 〈E〉 : 탐색기 실행

21 다음 중 라디오와 같이 한쪽은 송신만, 다른 한쪽은 수신만 가능한 정보 전송 방식은?

① 단방향 통신　　　　　　② 반이중 통신
③ 전이중 통신　　　　　　④ 양방향 통신

22 다음 중 Windows Update가 속한 사용권에 따른 소프트웨어 분류 유형으로 가장 <u>적절한</u> 것은?

① 패치 버전　　　　　　② 알파 버전
③ 베타 버전　　　　　　④ 프리웨어

23 다음 중 차세대 웹 표준으로 텍스트와 하이퍼링크를 이용한 문서 작성 중심으로 구성된 기존 표준에 비디오, 오디오 등의 다양한 부가기능을 추가하여 최신 멀티미디어 콘텐츠를 ActiveX 없이도 웹 서비스로 제공할 수 있는 언어는?

① XML　　　　　　② VRML
③ HTML5　　　　　　④ ASP

24 다음 중 파일이나 폴더를 복사하거나 이동하는 방법으로 옳지 <u>않은</u> 것은?

① 폴더를 마우스로 선택한 후 동일한 드라이브의 다른 폴더로 끌어서 놓으면 이동이 된다.
② USB에 저장되어 있는 파일을 마우스로 선택한 후 바탕화면으로 끌어서 놓으면 복사가 된다.
③ 파일을 마우스로 선택한 후 〈Ctrl〉 키를 누른 채 같은 드라이브의 다른 폴더로 끌어서 놓으면 복사가 된다.
④ 폴더를 마우스로 선택한 후 〈Alt〉 키를 누른 채 같은 드라이브의 다른 폴더로 끌어서 놓으면 이동이 된다.

25 다음 중 정보 보안을 위협하는 유형에서 <u>가로채기</u>에 해당하는 것은?

① 데이터의 전달을 가로막아 수신자측으로 정보가 전달되는 것을 방해하는 행위
② 전송되는 데이터를 전송 도중에 도청 및 몰래 보는 행위
③ 전송된 원래의 데이터를 다른 내용으로 수정하여 변조하는 행위
④ 다른 송신자로부터 데이터가 송신된 것처럼 꾸미는 행위

26 다음 중 컴퓨터에서 사용되는 바이트(Byte)에 대한 설명으로 옳지 <u>않은</u> 것은?

① 1바이트는 8비트로 구성된다.
② 일반적으로 영문자나 숫자는 1Byte로 한 글자를 표현하고, 한글 및 한자는 2Byte로 한 글자를 표현한다.
③ 1바이트는 컴퓨터에서 각종 명령을 처리하는 기본단위이다.
④ 1바이트로는 256가지의 정보를 표현할 수 있다.

27 다음 중 인터넷 서비스를 위한 프로토콜로 웹페이지와 웹브라우저 사이에서 하이퍼 텍스트 문서를 전송하기 위한 것은?

① TCP/IP
② HTTP
③ FTP
④ WAP

28 다음 중 인터넷을 이용한 전자 우편(E-mail)에 관한 설명으로 옳지 <u>않은</u> 것은?

① 전자 우편에서는 SMTP, MIME, POP3 프로토콜 등이 사용된다.
② 전자 우편 주소는 "아이디@도메인 네임"으로 구성된다.
③ 한 사람이 동시에 여러 사람에게 동일한 전자 우편을 보낼 수 있다.
④ 받은 메일에 대해 작성한 답장만 발송자에게 전송하는 기능을 전달(Forward)이라 한다.

29 다음 중 컴퓨터에서 문자 데이터를 표현하는 방법으로 옳지 <u>않은</u> 것은?

① EBCDIC
② Unicode
③ ASCII
④ Parity bit

30 다음 중 프로그램이 실행될 때 발생하는 메인 메모리 부족 문제를 보완하기 위해 하드 디스크의 일부를 메인 메모리처럼 사용하게 하는 메모리 관리 기법을 의미하는 것은?

① 캐시 메모리
② 디스크
③ 연관 메모리
④ 가상 메모리

31

다음 중 인터넷에서 웹 서버와 사용자의 인터넷 브라우저 사이에 하이퍼텍스트 문서를 전송하기 위해 사용되는 통신 규약은?

① TCP
② HTTP
③ FTP
④ SMTP

32

다음 중 소형화, 경량화를 비롯해 음성과 동작 인식 등 다양한 기술이 적용되어 장소에 구애받지 않고 컴퓨터를 활용할 수 있도록 몸에 착용하는 컴퓨터를 의미하는 것은?

① 웨어러블 컴퓨터
② 마이크로 컴퓨터
③ 인공지능 컴퓨터
④ 서버 컴퓨터

33

다음 중 컴퓨터에서 사용하는 레이저 프린터에 관한 설명으로 옳지 <u>않은</u> 것은?

① 회전하는 드럼에 토너를 묻혀서 인쇄하는 방식이다.
② 비충격식이라 비교적 인쇄 소음이 적고 인쇄 속도가 빠르다.
③ 인쇄 방식에는 드럼식, 체인식, 밴드식 등이 있다.
④ 인쇄 해상도가 높으며 복사기와 같은 원리를 사용한다.

34

다음 중 컴퓨터에서 사용하는 캐시 메모리에 관한 설명으로 <u>옳은</u> 것은?

① 보조기억장치의 일부를 주기억장치처럼 사용하는 메모리이다.
② 기억된 정보의 내용 일부를 이용하여 주기억장치에 접근하는 장치이다.
③ EEPROM의 일종으로 비휘발성 메모리이다.
④ 중앙처리장치(CPU)와 주기억장치 사이에 위치하여 컴퓨터 처리 속도를 향상시키는 메모리이다.

35 다음 중 삭제된 파일이 [휴지통]에 임시 보관되어 복원이 가능한 경우는?

① 바탕 화면에 있는 파일을 [휴지통]으로 드래그 앤 드롭 하여 삭제한 경우
② USB 메모리에 저장되어 있는 파일을 〈Delete〉 키로 삭제한 경우
③ 네트워크 드라이브의 파일을 바로 가기 메뉴의 [삭제]를 클릭하여 삭제한 경우
④ [휴지통 속성]에서 최대 크기를 0 MB로 설정한 후 [내 문서] 폴더 안의 파일을 삭제한 경우

36 다음 중 Windows [제어판]의 [접근성 센터]에서 설정할 수 <u>없는</u> 기능은?

① 다중 디스플레이를 설정하여 두 대의 모니터에 화면을 확장하여 표시할 수 있다.
② 돋보기를 사용하여 화면에서 원하는 영역을 확대하여 크게 표시할 수 있다.
③ 내레이터를 사용하여 화면의 모든 텍스트를 소리내어 읽어 주도록 설정할 수 있다.
④ 키보드가 없어도 입력 가능한 화상 키보드를 표시할 수 있다.

37 다음 중 비트맵 이미지를 확대하였을 때 이미지의 경계선이 매끄럽지 않고 계단 형태로 나타나는 현상을 의미하는 용어는?

① 디더링(dithering)   ② 앨리어싱(aliasing)
③ 모델링(modeling)   ④ 렌더링(rendering)

38 다음 중 차세대 웹 표준으로 텍스트와 하이퍼링크를 이용한 문서 작성 중심으로 구성된 기존 표준에 비디오, 오디오 등의 다양한 부가기능을 추가하여 최신 멀티미디어 콘텐츠를 ActiveX 없이도 웹 서비스로 제공할 수 있는 언어는?

① XML   ② VRML
③ HTML5   ④ JSP

39 다음 중 정보사회의 문제점으로 적절하지 않은 것은?

① 정보기술을 이용한 컴퓨터 범죄가 증가할 수 있다.
② VDT증후군과 같은 컴퓨터 관련 직업병이 발생할 수 있다.
③ 정보의 편중으로 계층 간의 정보수준 차이가 감소할 수 있다.
④ 정보처리 기술로 인간관계의 유대감이 약화될 가능성도 있다.

40 다음 중 모든 사물을 네트워크로 연결하여 인간과 사물, 사물과 사물 간에 언제 어디서나 서로 소통할 수 있게 하는 새로운 정보통신 환경을 의미하는 것은?

① 클라우드 컴퓨팅(Cloud Computing)
② RSS(Rich Site Summary)
③ IoT(Internet of Things)
④ 빅 데이터(Big Data)

41 다음 중 운영체제의 주요 기능과 가장 거리가 먼 것은 무엇인가?

① 프로세스 및 자원 관리
② 사용자에게 편리한 인터페이스 제공
③ 컴퓨터 시스템의 하드웨어 자원 제어
④ 프로그램 소스 코드 자동 오류 수정

42 다음 중 아래에서 설명하는 그래픽 기법은?

> 컴퓨터 프로그램을 이용하여 3차원 애니메이션을 만드는 과정으로 사물 모형에 명암과 색상을 추가하여 사실감을 더해주는 작업

① 안티앨리어싱(Anti-Aliasing) 　　② 렌더링(Rendering)
③ 인터레이싱(Interlacing) 　　④ 메조틴트(Mezzotint)

43 다음 중 Windows의 [제어판]에서 [시스템]을 선택했을 때 확인할 수 있는 정보에 해당하지 <u>않는</u> 것은?

① 설치된 Windows 운영체제의 버전
② CPU의 종류와 설치된 메모리의 용량
③ 설치된 Windows 정품 인증 내용
④ 컴퓨터 이름과 현재 로그인한 사용자 계정

44 다음 중 Windows에서 파일을 선택한 후 <Ctrl> + <Shift> 키를 누른 채 다른 위치로 끌어다 놓은 결과는?

① 해당 파일의 바로가기 아이콘이 만들어진다.
② 해당 파일이 복사된다.
③ 해당 파일이 이동된다.
④ 해당 파일이 휴지통을 거치지 않고 영구히 삭제 된다.

45 다음 중 인터넷에서 사용하는 기본적인 프로토콜에 대한 설명으로 옳은 것은 무엇인가?

① SMTP는 웹 페이지를 전송하는 프로토콜이다.
② FTP는 파일을 전송하기 위한 프로토콜이다.
③ HTTP는 전자우편을 송수신하기 위한 프로토콜이다.
④ POP3는 원격 로그인 서비스를 제공하는 프로토콜이다.

46 다음 중 컴퓨터 소프트웨어에서 셰어웨어(Shareware)에 관한 설명으로 옳은 것은?

① 정상 대가를 지불하고 사용하는 소프트웨어이다.
② 특정 기능이나 사용 기간에 제한을 두고 무료로 배포 하는 소프트웨어이다.
③ 개발자가 소스를 공개한 소프트웨어이다.
④ 배포 이전의 테스트 버전의 소프트웨어이다.

47 다음 중 사물 인터넷(IoT)에 대한 설명으로 옳지 <u>않은</u> 것은?

① IoT 구성품 가운데 디바이스는 빅데이터를 수집하며, 클라우드와 AI는 수집된 빅데이터를 저장하고 분석한다.

② IoT는 인터넷 기반으로 다양한 사물, 사람, 공간을 긴밀하게 연결하고 상황을 분석, 예측, 판단해서 지능화된 서비스를 자율 제공하는 제반 인프라 및 융복합 기술이다.

③ 현재는 사물을 단순히 연결시켜 주는 단계에서 수집된 데이터를 분석해 스스로 사물에 의사결정을 내리는 단계로 발전하고 있다.

④ IoT 네트워크를 이용할 경우 통신비용이 절감되는 효과가 있으며, 정보보안기술의 적용이 용이해진다.

48 다음 중 컴퓨터의 기억 장치에 대한 설명으로 옳지 않은 것은 무엇인가?

① RAM은 휘발성 메모리로 전원이 꺼지면 내용이 사라진다.

② ROM은 비휘발성 메모리로 전원이 꺼져도 내용이 유지된다.

③ 보조기억장치는 CPU가 직접 접근하여 명령어를 실행할 수 있다.

④ 캐시 메모리는 CPU와 주기억장치 간 속도 차이를 줄이기 위해 사용된다.

49 다음 중 컴퓨터 운영체제의 주요 기능으로 옳지 <u>않은</u> 것은?

① 자원의 효율적인 관리를 위해 자원의 스케줄링을 제공한다.

② 시스템과 사용자간의 편리한 인터페이스를 제공한다.

③ 데이터 및 자원 공유 기능을 제공한다.

④ 시스템을 실시간으로 감시하여 바이러스 침입을 방지하는 기능을 제공한다.

50 다음 중 인터넷 전자우편에 관한 설명으로 옳지 않은 것은?

① 한 사람이 동시에 여러 사람에게 전자우편을 보낼 수 있다.

② 기본적으로 8비트의 EBCDIC 코드를 사용하여 메시지를 보내고 받는다.

③ SMTP, POP3, MIME 등의 프로토콜이 사용된다.

④ 전자우편 주소는 '사용자 ID@호스트 주소'의 형식이 사용된다.

51 다음 중 이기종 단말 간 통신과 호환성 등 모든 네트워크상의 원활한 통신을 위해 최소한의 네트워크 구조를 제공하는 모델로 네트워크 프로토콜 디자인과 통신을 여러계층으로 나누어 정의한 통신 규약 명칭은?

① ISO 7 계층　　　　　　　　　② Network 7 계층

③ TCP/IP 7 계층　　　　　　　　④ OSI 7 계층

52 다음 중 가상 메모리에 관한 설명으로 옳은 것은?

① EEPROM의 일종으로 디지털 기기에서 널리 사용되는 비휘발성 메모리이다.

② 주기억장치의 크기보다 큰 용량을 필요로 하는 프로그램을 실행해야 할 때 유용하게 사용된다.

③ 중앙처리장치와 주기억장치 사이에 위치하여 컴퓨터의 처리 속도를 향상시킨다.

④ 두 장치 간의 속도 차이를 해결하기 위해 사용되는 임시저장 공간으로 각 장치 내에 위치한다.

53 다음 중 인터넷의 표준 주소 체계인 URL(Uniform Resource Locator)의 형식으로 옳은 것은?

① 프로토콜://호스트 서버 주소[:포트번호][/파일 경로]

② 프로토콜://호스트 서버 주소[/파일 경로][:포트번호]

③ 호스트 서버 주소://프로토콜[/파일 경로][:포트번호]

④ 호스트 서버 주소://프로토콜[:포트번호][/파일 경로]

54 다음 중 데이터 보안 침해 형태 중 하나인 변조에 대한 설명으로 <u>옳은</u> 것은?

① 데이터가 정상적으로 전송되는 것을 방해하는 것이다.

② 데이터가 전송되는 도중에 몰래 엿보거나 정보를 유출 하는 것이다.

③ 전송된 데이터를 다른 내용으로 바꾸는 것이다.

④ 데이터를 다른 사람이 송신한 것처럼 꾸미는 것이다.

55 다음 중 정보 사회에서 발생할 수 있는 문제점으로 적절하지 <u>않은</u> 것은?

① 정보의 편중으로 계층 간의 정보차이를 줄일 수 있다.

② 중앙 컴퓨터 또는 서버의 장애나 오류로 사회적, 경제적으로 혼란을 초래할 수 있다.

③ 정보기술을 이용한 새로운 범죄가 증가할 수 있다.

④ VDT 증후군이나 테크노스트레스 같은 직업병이 발생할 수 있다.

56 다음 중 컴퓨터에서 사용하는 오디오 포맷인 웨이브 파일(WAV file)에 관한 설명으로 <u>옳지 않은</u> 것은?

① 파일의 확장자는 'WAV' 이다.

② 녹음 조건에 따라 파일의 크기가 가변적이다.

③ Windows Media Player로 파일을 재생할 수 있다.

④ 음높이, 음길이, 세기 등 다양한 음악 기호가 정의되어 있다.

57 다음 중 멀티미디어의 특징에 대한 설명으로 <u>옳지 않은</u> 것은?

① 다양한 아날로그 데이터를 디지털 데이터로 변환하여 통합 처리한다.

② 정보 제공자와 사용자 간의 상호 작용에 의해 데이터가 전달된다.

③ 미디어별 파일 형식이 획일화되어 멀티미디어의 제작이 용이해진다.

④ 텍스트, 그래픽, 사운드, 동영상 등의 여러 미디어를 통합 처리한다.

58 다음 중 Windows의 드라이브 최적화(디스크 조각모음) 기능에 관한 설명으로 옳지 않은 것은?

① 하드 디스크에 단편화되어 조각난 파일들을 모아준다.
② USB 플래시 드라이브와 같은 이동식 저장 장치도 조각화 될 수 있다.
③ 수행 후에는 디스크 공간의 최적화가 이루어져 디스크의 용량이 증가한다.
④ 일정을 구성하여 드라이브 최적화(디스크 조각 모음)를 예약 실행할 수 있다.

59 다음 중 유틸리티 프로그램에 대한 설명으로 적절하지 <u>않은</u> 것은?

① 다수의 작업이나 목적에 대하여 적용되는 편리한 서비스 프로그램이나 루틴을 말한다.
② 컴퓨터의 동작에 필수적이고, 컴퓨터를 이용하는 주 목적에 대한 일부 특정 작업을 수행하는 소프트웨어들을 가리킨다.
③ 컴퓨터 하드웨어, 운영 체제, 응용 소프트웨어를 관리하는 데 도움을 주도록 설계된 프로그램을 의미한다.
④ Windows에서 제공하는 유틸리티 프로그램으로는 메모장, 그림판, 계산기 등을 예로 들 수 있다.

60 다음 중 Windows의 시스템 복원 기능에 대한 설명으로 옳지 <u>않은</u> 것은?

① 컴퓨터 시스템에 문제가 생겼을 경우 복원 지점을 이용하여 정상적인 상태로 만드는 기능이다.
② 복원 지점은 시스템에 의해 자동으로 설정되지만 사용자가 임의로 복원 지점을 설정할 수도 있다.
③ 시스템 복원은 개인 파일을 백업하지 않으므로 삭제되었거나 손상된 개인 파일은 복구할 수 없다.
④ 시스템 복원 시 Windows Update에 의한 변경 사항은 복원되지 않는다.

61 다음 중 인터넷에서 사용하는 FTP 프로토콜에 관한 설명으로 옳지 <u>않은</u> 것은?

① FTP 서비스를 사용하기 위해서는 일반적으로 해당 사이트의 계정을 가지고 있어야 한다.

② 파일의 업로드, 다운로드, 삭제, 이름 변경 등의 작업을 할 수 있다.

③ FTP 서버에 있는 응용 프로그램들을 실행할 수 있다.

④ 데이터 전송을 위하여 Binary 모드와 ASCII 모드를 제공한다.

62 다음 중 플래시 메모리(Flash Memory)에 관한 설명으로 옳지 않은 것은?

① 정보의 입출력이 자유롭고, 전송속도가 빠르다.

② 비휘발성 기억장치이다.

③ 트랙 단위로 저장된다.

④ 전력 소모가 적다.

63 다음 중 컴퓨터의 하드웨어를 업그레이드할 때 수치가 작을수록 좋은 항목은?

① CPU 클럭 속도   ② 하드디스크 용량

③ RAM 접근 속도   ④ 모뎀 전송 속도

64 다음 중 컴퓨터 하드 디스크의 연결 방식인 SATA(Serial ATA)에 관한 설명으로 옳지 <u>않은</u> 것은?

① 병렬 인터페이스 방식이다.

② 핫 플러그인 기능을 지원한다.

③ CMOS에서 지정하면 자동으로 Master와 Slave가 지정된다.

④ 데이터 전송 속도가 빠르다.

65 다음 중 자료의 구성 단위에 대한 설명으로 옳지 <u>않은</u> 것은?

① 데이터베이스(Database)는 관련된 데이터 파일들의 집합을 말한다.
② 워드(Word)는 컴퓨터에서 한 번에 처리할 수 있는 명령 단위를 나타낸다.
③ 니블(Nibble)은 4개의 비트가 모여 1개의 니블을 구성한다.
④ 비트(Bit)는 정보의 최소 단위이며, 5비트가 모여 1바이트(Byte)가 된다.

66 다음 중 컴퓨터에서 사용하는 유니코드(Unicode)에 관한 설명으로 옳은 것은?

① 표현 가능한 문자 수는 최대 255자이다.
② 에러 검출과 교정이 가능한 코드이다.
③ 연산을 빠르게 수행하기 위하여 Zone 비트와 Digit 비트로 구성한다.
④ 데이터의 처리나 교환을 위하여 1개 문자를 16비트로 표현한다.

67 다음 중 컴퓨터 운영체제 운영방식에서 임베디드 시스템에 관한 설명으로 옳지 <u>않은</u> 것은?

① 제어가 필요한 시스템의 두뇌 역할을 하는 전자 시스템으로 TV, 냉장고 등의 가전제품에 많이 사용된다.
② 처리할 데이터를 일정량 또는 일정시간 동안 모아서 한꺼번에 처리한다.
③ 마이크로프로세서에 특정 기능을 수행하는 응용프로그램을 탑재하여 컴퓨터 기능을 수행한다.
④ 하드웨어와 소프트웨어가 하나로 결합된 제어 시스템이다.

68 다음 중 웹 브라우저의 기능에 관한 설명으로 옳지 <u>않은</u> 것은?

① 인터넷 옵션에서 멀티미디어 편집기를 선택할 수 있다.
② 전자 우편을 보내거나 FTP 서버에 접속할 수 있다.
③ 웹 페이지를 사용자 컴퓨터에 저장하거나 인쇄할 수있다.
④ 자주 방문하는 웹 사이트 주소를 관리할 수 있다.

69 다음 중 인터넷을 이용할 때 자주 방문하게 되는 웹 사이트로 전자우편, 뉴스, 쇼핑, 게시판 등 다양한 서비스를 통합하여 제공하는 사이트를 의미하는 것은?

① 미러 사이트 ② 포털 사이트
③ 커뮤니티 사이트 ④ 멀티미디어 사이트

70 다음 중 네트워크 구성 형태에 관한 설명으로 옳지 않은 것은?

① 망(Mesh)형은 응답 시간이 빠르고 노드의 연결성이 우수하다.
② 성형(중앙 집중형)은 통신망의 처리 능력 및 신뢰성이 중앙 노드의 제어장치에 좌우된다.
③ 버스(Bus)형은 기밀 보장이 우수하고 회선 길이의 제한이 없다.
④ 링(Ring)형은 통신회선 중 어느 하나라도 고장 나면 전체 통신망에 영향을 미친다.

71 다음 중 정보 사회의 특징으로 적절하지 않은 것은?

① 처리하고자 하는 정보의 종류와 양이 증가하였다.
② 정보처리 기술의 발달로 사회의 변화 속도가 빨라졌다.
③ 사이버 공간 상에 새로운 인간관계와 문화가 형성되었다.
④ 대중화 현상이 강화되고 개성과 자유를 경시하게 되었다.

72 다음 중 컴퓨터 범죄의 유형에 해당하지 않는 것은?

① 전산망을 이용한 개인 정보의 유출과 공개
② 컴퓨터 바이러스 백신의 제작과 유포
③ 저작권이 있는 웹 콘텐츠의 복사와 사용
④ 해킹에 의한 정보의 위/변조 및 유출

73 다음 중 멀티미디어 기법에 대한 설명으로 옳지 <u>않은</u> 것은?

① 안티앨리어싱(Anti-Aliasing)은 2차원 그래픽에서 개체색상과 배경 색상을 혼합하여 경계면 픽셀을 표현함으로써 경계면을 부드럽게 보이도록 하는 기법이다.

② 모델링(Modeling)은 컴퓨터 그래픽에서 명암, 색상, 농도의 변화 등과 같은 3차원 질감을 넣음으로써 사실감을 더하는 기법을 말한다.

③ 디더링(Dithering)은 제한된 색을 조합하여 음영이나 색을 나타내는 것으로 여러 컬러의 색을 최대한 나타내는 기법을 말한다.

④ 모핑(Morphing)은 한 이미지가 다른 이미지로 서서히 변화하는 과정을 나타내는 기법이다.

74 다음 중 Windows의 [키보드 속성] 창에서 설정할 수 있는 내용으로 옳지 <u>않은</u> 것은?

① 문자 반복을 위한 재입력 시간
② 포인터 자국 표시
③ 커서 깜박임 속도
④ 문자 반복을 위한 반복 속도

75 다음 중 Windows의 [메모장]에 대한 설명으로 옳지 <u>않은</u> 것은?

① 작성한 문서를 저장할 때 확장자는 기본적으로 .txt가 부여된다.
② 특정한 문자열을 찾을 수 있는 찾기 기능이 있다.
③ 그림, 차트 등의 삽입할 수 있고 밑줄을 설정할 수 있다
④ 현재 시간/날짜를 삽입하는 기능이 있다.

76 다음 중 컴퓨터 범죄 예방과 대책에 관한 설명으로 옳지 <u>않은</u> 것은?

① 해킹 여부를 정기적으로 검사한다.

② 의심이 가는 이메일은 열어서 내용을 확인하고 삭제한다.

③ 백신 프로그램을 설치하고 자동 업데이트 기능을 설정한다.

④ 회원 가입한 사이트의 패스워드를 주기적으로 변경한다.

77 다음 중 컴퓨터에서 사용하는 일반 하드디스크에 비하여 속도가 빠르고 기계적 지연이나 에러의 확률 및 발열 소음이 적으며, 소형화, 경량화할 수 있는 하드디스크 대체 저장 장치는?

① DVD   ② A drive

③ SSD   ④ ZIP drive

78 다음 중 인터넷 주소 체계인 IPv6에 대한 설명으로 <u>옳은</u> 것은?

① 주소는 8비트씩 16개 부분으로 총 128비트로 구성되어 있다.

② 주소를 네트워크 부분의 길이에 따라 A클래스에서 E클래스까지 총 5단계로 구분한다.

③ IPv4와의 호환성은 낮으나 IPv4에 비해 표현이 용이하다.

④ 주소의 단축을 위해 각 블록에서 선행되는 0은 생략할 수 있다.

79 다음 중 멀티미디어와 관련하여 동영상 전문가 그룹에 의해서 제안된 비디오 또는 오디오 압축에 관한 일련의 표준으로 <u>옳은</u> 것은?

① XML   ② SVG

③ HTML   ④ MPEG

80 다음 중 시스템 소프트웨어에 대한 설명으로 옳지 않은 것은?

① 컴퓨터와 사용자 사이에서 중계자 역할을 하는 소프트웨어이다.
② 운영체제의 도움을 받아 컴퓨터를 사용할 수 있게 하는 소프트웨어이다.
③ 컴퓨터 시스템을 효율적으로 운영해 주는 소프트웨어이다.
④ 시스템 소프트웨어는 제어 프로그램과 처리 프로그램으로 구분된다.

81 다음 중 Windows의 [작업 관리자]에서 설정할 수 있는 작업으로 옳지 않은 것은?

① 실행 중인 응용 프로그램을 [작업 끝내기]로 종료할 수 있다.
② 현재 실행 중인 프로세스와 프로세스에서 실행되는 서비스를 볼 수 있다.
③ CPU 사용정도와 CPU 사용현황을 확인할 수 있다.
④ 실행 중인 응용 프로그램의 실행 순서를 변경할 수 있다.

82 다음 중 컴퓨터에서 그래픽 데이터 표현 방식인 비트맵(Bitmap) 방식에 관한 설명으로 옳지 않은 것은?

① 점과 점을 연결하는 직선이나 곡선을 이용하여 이미지를 표현한다.
② 이미지를 확대하면 테두리가 거칠어진다.
③ 파일 형식에는 BMP, GIF, JPEG 등이 있다.
④ 다양한 색상을 사용하여 사실적 이미지를 표현할 수 있다.

83 다음 중 컴퓨터의 연산속도 단위로 가장 빠른 것은?

① 1ms　　　　　　　　　　② $1\mu s$
③ 1ns　　　　　　　　　　④ 1ps

84 다음 중 인터넷 서비스를 위한 프로토콜로 웹페이지와 웹브라우저 사이에서 하이퍼텍스트 문서를 전송하기 위한 것은?

① TCP/IP ② HTTP
③ FTP ④ WAP

85 다음 중 컴퓨터에서 사용되는 바이트(Byte)에 대한 설명으로 옳지 <u>않은</u> 것은?

① 1바이트는 8비트로 구성된다.
② 일반적으로 영문자나 숫자는 1Byte로 한 글자를 표현하고, 한글 및 한자는 2Byte로 한 글자를 표현한다.
③ 1바이트는 컴퓨터에서 각종 명령을 처리하는 기본단위이다.
④ 1바이트로는 256가지의 정보를 표현할 수 있다.

86 다음 중 추상화, 캡슐화, 상속성, 다형성 등의 특징을 지니고 있으며, 크고 복잡한 프로그램 구축이 어려운 절차형 언어의 문제점을 해결하기 위해 개발된 프로그래밍 기법은?

① 구조적 프로그래밍 ② 객체지향 프로그래밍
③ 하향식 프로그래밍 ④ 비주얼 프로그래밍

87 다음 중 Windows에서 [디스크 정리]를 수행할 때 정리 대상 파일에 해당하지 <u>않는</u> 것은?

① 임시 인터넷 파일
② usb에 저장된 파일
③ 휴지통에 있는 파일
④ 다운로드한 프로그램 파일

88 다음 중 폴더의 [속성] 창에 대한 설명으로 옳지 않은 것은?

① 폴더가 포함하고 있는 하위 폴더 및 파일의 개수를 알 수 있다.

② 폴더의 특정 하위 폴더를 삭제할 수 있다.

③ 폴더를 네트워크와 연결되어 있는 다른 컴퓨터에서 접근 할 수 있도록 공유시킬 수 있다.

④ 폴더에 '읽기 전용' 속성을 설정하거나 해제할 수 있다.

89 다음 중 정보통신에서 네트워크 관련 장비에 대한 설명으로 옳지 <u>않은</u> 것은?

① 라우터(Router): 정보 전송을 위한 최적의 경로를 찾아 통신망에 연결하는 장치

② 허브(Hub): 네트워크를 구성할 때 여러 대의 컴퓨터를 연결하고, 각 회선들을 통합 관리하는 장치

③ 브리지(Bridge): 네트워크를 구성할 때 디지털 신호를 아날로그 신호로 변환하여 전송하고 다시 수신된 신호를 원래대로 변환하기 위한 전송 장치

④ 게이트웨이(Gateway): 근거리통신망(LAN)에서 서로 다른 네트워크와 연결할 때 사용되는 장치

90 다음 중 Windows의 [명령 프롬프트] 창에서 사용하는 PING 서비스에 대한 설명으로 <u>옳은</u> 것은?

① 원격으로 다른 컴퓨터에 접속하는 서비스이다.

② 인터넷이 정상적으로 연결되었는지 확인하는 서비스이다.

③ 인터넷 서버까지의 경로를 추적하는 서비스이다.

④ 특정 시스템을 사용하고 있는 사용자 정보를 알아보는 서비스이다.

91 다음 중 사물에 전자 태그를 부착하고 무선 통신을 이용하여 사물의 정보 및 주변 상황 정보를 감지하는 센서 기술은?

① 텔레매틱스　　　　　　　② TCP

③ W-CDMA　　　　　　　④ RFID

92
다음 중 컴퓨터 사용 시 발생할 수 있는 바이러스 감염에 대한 예방법으로 적절하지 않은 것은?

① 방화벽을 설정하여 사용한다.
② 의심이 가는 메일은 열지 않고 삭제한다.
③ 백신 프로그램을 최신 버전으로 업데이트하여 실행한다.
④ 정기적으로 Windows의 백업를 실행한다.

93
다음 중 1TB(Tera Byte)에 해당하는 것은?

① 1024 Bytes
② 1024 × 1024 Bytes
③ 1024 × 1024 × 1024 Bytes
④ 1024 × 1024 × 1024 × 1024 Bytes

94
다음 중 컴퓨터 운영체제에 관한 설명으로 옳지 않은 것은?

① 운영체제는 컴퓨터가 작동하는 동안 하드 디스크에 위치하여 실행된다.
② 프로세스, 기억장치, 주변장치, 파일 등의 관리가 주요 기능이다.
③ 운영체제의 평가 항목으로 처리 능력, 응답시간, 사용 가능도, 신뢰도 등이 있다.
④ 사용자들 간의 하드웨어 공동 사용 및 자원의 스케줄링을 수행한다.

95
다음 중 PC의 BIOS(Basic Input Output System)에 관한 설명으로 옳지 않은 것은?

① 기본 입출력장치나 메모리 등 하드웨어 작동에 필요한 명령을 모아 놓은 프로그램이다.
② 전원이 켜지면 POST(Power On Self Test)를 통해 컴퓨터를 점검하고 사용 가능한 장치를 초기화한다.
③ RAM에 저장되며, 펌웨어라고도 한다.
④ 칩을 교환하지 않고도 업그레이드를 할 수 있다.

96 다음 중 Windows의 작업 표시줄에 대한 설명으로 옳지 <u>않은</u> 것은?

① 작업 표시줄 잠금을 설정하여 작업 표시줄의 위치나 크기를 변경하지 못하도록 할 수 있다.
② 마우스 포인터 위치에 따라 작업 표시줄이 표시되지 않도록 작업 표시줄 자동 숨기기를 설정할 수 있다.
③ 작업 표시줄의 오른쪽 끝에 있는 [바탕 화면 보기] 단추를 클릭하여 바탕 화면이 표시되도록 할 수 있다.
④ [아이콘 만들기] 기능을 이용하여 작업 표시줄의 바로 가기 아이콘을 바탕 화면에 설정할 수 있다.

97 다음 중 Windows에 포함되어 있는 백신 프로그램으로 스파이웨어 및 그 밖의 원치 않는 소프트웨어로부터 컴퓨터를 보호할 수 있는 것은?

① Windows Defender
② BitLocker
③ Archive
④ v3

98 다음 중 Windows 사용 시 메모리(RAM) 용량 부족 문제의 해결 방법으로 가장 적절하지 않은 것은?

① 불필요한 프로그램을 종료한다.
② 불필요한 자동 시작 프로그램을 삭제한다.
③ 시스템 속성 창에서 가상 메모리의 크기를 적절히 설정한다.
④ 휴지통에 있는 파일을 삭제한다.

99 다음 중 그래픽 데이터의 표현에서 벡터(Vector) 방식에 관한 설명으로 <u>옳은</u> 것은?

① 점과 점을 연결하는 직선 또는 곡선을 이용하여 이미지를 표현한다.
② 이미지를 확대하면 테두리에 계단 현상과 같은 앨리어싱이 발생한다.
③ 래스터 방식이라고도 하며 화면 표시 속도가 빠르다.
④ 많은 픽셀로 정교하고 다양한 색상을 표시할 수 있다.

100 다음 중 인터넷에 대한 설명으로 적절하지 <u>않은</u> 것은?

① URL은 인터넷 상에 있는 각종 자원의 위치를 나타내는 표준 주소 체계이다.

② 인터넷은 http 프로토콜을 통해 연결된 상업용 네트워크로 중앙통제기구인 InterNIC
에 의해 운영된다.

③ IP주소는 인터넷에 연결된 모든 컴퓨터 자원을 구분하기 위한 고유의 주소이다.

④ www는 웹 브라우저를 통해 인터넷을 효과적으로 사용할 수 있게 하는 서비스이다.

1	2	3	4	5	6	7	8	9	10
④	④	④	②	②	②	③	③	②	④
11	12	13	14	15	16	17	18	19	20
④	③	②	①	①	④	③	②	③	③
21	22	23	24	25	26	27	28	29	30
①	①	③	④	②	③	②	④	④	④
31	32	33	34	35	36	37	38	39	40
②	①	③	④	①	①	②	③	③	③
41	42	43	44	45	46	47	48	49	50
④	②	④	①	②	②	④	③	④	②
51	52	53	54	55	56	57	58	59	60
④	②	①	③	①	④	③	③	②	④
61	62	63	64	65	66	67	68	69	70
③	③	③	①	④	④	②	①	②	③
71	72	73	74	75	76	77	78	79	80
④	②	②	②	③	②	③	④	④	②
81	82	83	84	85	86	87	88	89	90
④	①	④	②	③	②	②	②	③	②
91	92	93	94	95	96	97	98	99	100
④	④	④	①	③	④	①	④	①	②

01 시스템을 실시간으로 감시하여 바이러스 침입을 방지하는 기능을 제공하는 것은 백신 프로그램의 기능이다.

02 일반적으로 Usb 3.0 포트는 파란색, Usb 2.0 포트는 검은색이다.

03 IoT 네트워크를 이용할 경우 통신비용이 올라가며, 정보보안기술의 적용이 더욱 어려워진다.

04 특정 기능이나 사용 기간에 제한을 두고 무료로 배포 하는 소프트웨어를 셰어웨어 (Shareware)라고 한다.

05 해상도(resolution)는 가로 픽셀 수 × 세로 픽셀 수 형태로 나타내며 디지털 디스플레이나 이미지의 선명도를 나타내는 용어로, 픽셀의 개수를 기준으로 표현합니다.

06 드라이브 조각 모음 및 최적화를 수행하여 하드 디스크의 단편화를 제거하면 속도가 빨라지게 된다.

07 Windows의 방화벽 기능에 알림 설정은 할 수 없다.

08 표준 계정의 사용자는 컴퓨터 보안에 영향을 주는 설정을 변경할 수 없다.

09 IPTV는 인터넷 프로토콜을 사용하여 소비자에게 디지털 텔레비전 서비스를 제공하는 시스템을 의미한다.

10 브리지(Bridge)는 네트워크 장비 중 하나이다.

11 개성과 자유를 중요시하게 되었다.

12 버스(Bus)형은 회선 길이의 제한이 있다.

13 윈도우즈와 같은 운영체제가 설치되어야 응용 프로그램을 사용할 수 있다.

14 웹브라우저에서 멀티미디어 편집기를 선택할 수 없다.

15 휴지통 용량이 초과되면 오래된 파일부터 삭제된다. 휴지통에 보관된 파일이나 폴더의 이름을 변경할 수 없다. 휴지통에서 원하는 파일이나 폴더를 선택하여 실행할 수 없다.

16 JPEG 형식이 GIF나 PNG에 비해 품질이 우수한 편은 아니다.

17 전자우편에 첨부된 파일은 다른 이름으로 저장하는 것은 바이러스 예방법과 무관하다.

18 라우터는 경로설정의 기능을 한다.

19 인터넷을 수동으로 연결하기 위하여는 IP 주소, 서브넷 마스크, DNS 서버 주소가 필요하다.

20 〈Alt〉+〈Enter〉
선택한 항목의 등록정보 표시, DOS모드에서 창모드와 전체모드의 전환

21 단방향 통신은 한쪽으로만 통신의 흐름이 고정되어 있다.

22 패치 버전은 문제해결을 위한 프로그램 버전을 의미한다.

23 차세대 웹 표준은 HTML5이다.

24 폴더를 마우스로 선택한 후 〈Alt〉 키를 누른 채 같은 드라이브의 다른 폴더로 끌어서 놓으면 이동이 되는 것이 아니라 바로가기 아이콘이 만들어 진다.

25 데이터를 전송 도중에 도청 및 몰래 보는 행위가 가로채기 이다.

26 컴퓨터에서 각종 명령을 처리하는 기본 단위는 1워드이다.

27 HTTP(Hyper Text Transfer Protocol)는 웹상에서 데이터를 주고받기 위한 프로토콜이다.

28 받은 메일에 대해 작성한 답장만 발송자에게 전송하는 기능을 회신이라 한다.

29 Parity bit은 오류 검출을 위한 비트이다.

30 가상메모리는 보조기억장치일부분을 주기억장치인것처럼 사용하는 기법을 의미한다.

31 웹에서 하이퍼텍스트 문서를 전송하기 위해 사용되는 통신 규약은 http이다.

32 장소에 구애받지 않고 컴퓨터를 활용할 수 있도록 몸에 착용하는 컴퓨터는 웨어러블컴퓨터이다.

33 레이저 프린터는 충격식, 비충격식 두 가지이다.

34 캐시메모리는 매우 빠른 속도의 CPU와 상대적을 느린 메모리 사이의 속도를 조절하기 위해 있게 된다.

35 보기 ②, ③, ④의 경우는 완전 삭제이다.

36 [접근성 센터]에서가 아니라 '설정 〉 시스템 〉 디스플레이'로 이동해서 설정할 수 있다.

37 계단 형태로 나타나는 현상을 의미하는 용어는 앨리어싱(aliasing)이다.

38 차세대 웹 표준으로 텍스트와 하이퍼링크를 이용한 문서 작성 중심으로 구성된 기존 표준에 비디오, 오디오 등의 다양한 부가기능을 추가하여 최신 멀티미디어 콘텐츠를 ActiveX 없이도 웹 서비스로 제공할 수 있는 언어는 HTML5이다

39 계층 간의 정보 수준 차이가 증가할 수 있다.

40 IoT(Internet of Things, 사물 인터넷)는 센서, 소프트웨어, 네트워크 연결 기능을 갖춘 다양한 물리적 객체(사물)들이 인터넷을 통해 서로 연결되어 데이터를 주고받으며 정보를 공유하고 상호작용하는 기술을 의미한다.

41 운영체제(OS)는 하드웨어 자원을 효율적으로 관리하고, 사용자와 하드웨어 간의 인터페이스 역할을 하며, 프로세스 · 메모리 · 입출력 장치 등을 제어하는 시스템 소프트웨어이다.
④ 프로그램 소스 코드 자동 오류 수정 → 이는 운영체제의 기능이 아니라 개발도구(Compiler, Debugger) 영역에 해당한다.

42 렌더링을 의미한다.

43 컴퓨터 이름과 현재 로그인한 사용자 계정은 제어판의 네트워크 및 인터넷에서 확인 할 수 있다.

44 〈Ctrl〉 + 〈Shift〉 키를 누른 채 다른 위치로 끌어다 놓으면 바로가기 아이콘이 만들어진다

45 ① SMTP(Simple Mail Transfer Protocol)는 전자메일 전송에 사용되므로 웹 전송과는 관련이 없다.
② FTP(File Transfer Protocol)는 원격 시스템 간에 파일을 송수신하기 위한 표준 프로토콜로 맞다.
③ HTTP(HyperText Transfer Protocol)는 웹 문서(Web Page) 전송에 사용되므로 이메일과는 관련이 없다.
④ POP3(Post Office Protocol version 3)는 전자메일 수신에 사용되는 프로토콜이며, 원격 로그인은 Telnet이나 SSH가 담당한다. 따라서 정답은 ②이다.

46 특정 기능이나 사용 기간에 제한을 두고 무료로 배포 하는 소프트웨어가 셰어웨어(Shareware)이다.

47 IoT 네트워크를 이용할 경우 통신비용이 절감되는 효과가 있다고 할수 없다.

48 보조기억장치(HDD, SSD 등)는 입출력 장치를 통해서만 CPU와 데이터를 주고받으며, CPU가 직접 명령어를 실행할 수 없다. CPU가 직접 실행할 수 있는 것은 주기억장치(RAM)에 적재된 프로그램뿐이다. 따라서 틀린 설명이다.

49 시스템을 실시간으로 감시하여 바이러스 침입을 방지하는 기능은 실시간 감시 기능 또는 안티바이러스 소프트웨어의 핵심 기능이다

50 전자우편은 7비트 또는 8비트 ASCII 코드, MIME 등을 사용하여 다양한 형태의

데이터를 전송할 수 있다.

51 OSI 7 계층은 네트워크 통신이 일어나는 과정을 7단계로 나눈 국제 표준화 기구(ISO)에서 정의한 네트워크 표준 모델로 아래부터 1계층(물리 계층) ~ 7계층(응용 계층)으로 구성되어 있다.

52 가상 메모리는 보조기억장치인데 EEPROM은 주기억장치이다. 중앙처리장치와 주기억장치 사이에 위치하여 컴퓨터의 처리 속도를 향상시키는 것은 캐시 메모리이다.

53 URL(Uniform Resource Locator)의 형식은 프로토콜://호스트 서버 주소[:포트번호][/파일 경로]이다.

54 변조는 신호를 전송하기 위해 정보에 따라 반송파(carrier)의 진폭, 주파수, 위상 등을 변경하는 것을 의미합니다. 즉, 전송하기 쉬운 형태로 신호를 바꾸는 것을 말한다.

55 정보 사회에서는 정보의 격차가 더욱 심해진다.

56 WAV 파일은 실제 녹음된 오디오 데이터(원음)를 저장하는 포맷이며, '음악 기호'를 담고 있지 않다. 이러한 기호는 음악 이론이나 MIDI(Musical Instrument Digital Interface) 같은 특수 포맷에서 정의된다. WAV는 단순히 음향 신호(소리 데이터)만을 표현한다.

57 미디어별 파일 형식이 획일화된 것이 아니라 더욱 다양해진다.

58 수행 후에는 디스크 공간의 최적화가 이루어져 디스크의 용량이 증가하는 것이 아니라 가용 공간이 증가하는 것이다

59 컴퓨터의 동작에 필수적이고, 컴퓨터를 이용하는 주 목적에 대한 일부 특정 작업을 수행하는 소프트웨어들은 운영체제이다.

60 시스템 복원 시 Windows Update에 의한 변경 사항은 복원된다.

61 FTP 서버에 있는 응용 프로그램들을 실행할 수 없다.

62 트랙 단위로 저장되는 것은 디스크의 저장방식이다.

63 RAM 접근 속도는 컴퓨터가 RAM에 데이터를 읽고 쓰는 속도를 의미하며, 빠를수록 좋다. RAM의 속도는 클럭 속도(MHz)와 캐시 지연 시간(ns)으로 측정된다. 일반적으로 RAM 속도가 빠를수록 컴퓨터 작업 속도가 향상된다.

64 SATA (Serial ATA)는 하드 드라이브, SSD와 같은 저장 장치를 컴퓨터의 메인보드에 연결하는 데 사용되는 직렬 인터페이스 방식이다. 기존의 병렬 ATA(PATA) 방식의 단점을 개선하여 데이터 전송 속도와 안정성을 높였다.

65 비트(Bit)는 정보의 최소 단위이며, 8비트가 모여 1바이트(Byte)가 된다.

66 유니코드는 전 세계의 모든 문자에 고유한 번호(코드 포인트)를 부여하는 문자 집합이며, UTF-8과 UTF-16은 이 유니코드 문자들을 컴퓨터가 저장하고 전송할 수 있도록 변환하는 인코딩 방식이다. UTF-8은 한 문자를 1~4바이트로 가변적으로 인코딩하며, 영문자는 1바이트, 한글은 3바이트로 표현된다. UTF-16은 한 문자를 2바이트(일부 문자는 4바이트)로 인코딩하며, 한글과 영어 모두 기본적으로 2바이트를 사용한다.

67 처리할 데이터를 일정량 또는 일정시간 동안 모아서 한꺼번에 처리하는 것은 batch process를 설명한 것이다.

68 인터넷 옵션에서 멀티미디어 편집기를 선택할 수 없다.

69 Portal Site 포털(Portal)은 현관문이라는 의미로, 인터넷 사용자들이 인터넷에 접속할 때 기본적으로 거쳐 가도록 만들어진 웹사이트를 말한다.

70 버스(Bus)형은 기밀 보장이 우수하고 회선 길이의 제한이 있다.

71 개인화 현상이 강화되고 개성과 자유를 중시하게 되었다.

72 컴퓨터 바이러스 백신의 제작과 유포는 적법행위이다.

73 모델링(Modeling)은 3차원 물체의 형태를 만드는 작업이고, 렌더링(Rendering)은 그 모델에 명암, 색상, 농도 등 시각적 효과를 적용해 실제처럼 보이게 하는 작업이다.
따라서, 질문에서 설명한 기법의 정답은 렌더링(Rendering)이다

74 포인터 자국 표시는 설정할 수 없다.

75 그림, 차트 등의 삽입할 수 없고 밑줄도 설정할 수 없다

76 의심이 가는 이메일은 열지 않고 삭제한다.

77 SSD는 반도체 메모리를 이용해 데이터를 저장하며, 움직이는 부품이 없어 하드디스크보다 훨씬 빠르고 내구성이 뛰어나다. 또한 저전력, 무소음, 작은 크기 등으로 노트북과 같은 휴대용 기기에 적합하며, 데이터 접근 속도가 매우 빠르다.

78 ① 주소는 8비트씩 16개 부분으로 총 128비트로 구성되어 있다. → 16비트씩 8개
② 주소를 네트워크 부분의 길이에 따라 A클래스에서 E클래스까지 총 5단계로 구분한다. → IPv4의 특징

79 동영상 전문가 그룹에 의해서 제안된 비디오 또는 오디오 압축에 관한 일련의 표준은 MPEG이다.

80 운영체제의 도움을 받아 컴퓨터를 사용할 수 있게 하는 소프트웨어는 유틸리티이다.

81 실행 중인 응용 프로그램의 실행 순서를 변경할 수 없다.

82 점과 점을 연결하는 직선이나 곡선을 이용하여 이미지를 표현하는 것은 벡터 방식이다.

83 ms(10의 -3승), μs(10의 -6승), ns(10의 -9승), ps(10의 -12승)

84 페이지와 웹브라우저 사이에서 하이퍼텍스트 문서를 전송하기 위한 프로토콜은 http이다.

85 컴퓨터에서 각종 명령을 처리하는 기본단위는 워드이며 기계마다 비트 수가 다르게 된다.

86 추상화, 캡슐화, 상속성, 다형성 등의 특징을 지니고 있으며, 크고 복잡한 프로그램 구축이 어려운 절차형 언어의 문제점을 해결하기 위해 개발된 프로그래밍 기법은 객체지향프로그래밍이다.

87 usb에 저장된 파일은 디스크정리의 대상이 아니다.

88 속성창에서 폴더의 특정 하위 폴더를 삭제할 수 없다.

89 네트워크를 구성할 때 디지털 신호를 아날로그 신호로 변환하여 전송하고 다시 수신된 신호를 원래대로 변환하기 위한 전송 장치는 MODEM이다.

90 PING 명령은 인터넷이 정상적으로 연결되었는지 확인하는 서비스

91 RFID는 무선 주파수를 이용하여 물체나 사람을 식별하는 자동 인식 기술이다. 이는 전자태그(Tag)와 판독기(Reader)를 통해 정보를 주고받아, 비접촉 방식으로 사물을 인식하고 관리할 수 있도록 해준다.

92 백업 실행과 바이러스 방지는 무관하다

93 ① 1024 Bytes → Kilo
② 1024 × 1024 Bytes → Mega
③ 1024 × 1024 × 1024 Bytes → Giga
④ 1024 × 1024 × 1024 × 1024 Bytes → Tera

94 실행되는 모든 프로그램은 주기억장치로 로드되어야 한다.

95 ROM에 저장되며, 펌웨어라고도 한다.

96 작업 표시줄의 바로 가기 아이콘을 바탕화면에 설정할 수 없다.

97 Windows Defender는 Microsoft에서 제공하는 Windows 운영 체제용 기본 제공 바이러스 백신 및 맬웨어 방지 솔루션이다. 바이러스, 스파이웨어, 랜섬웨어 및 기타 악성 소프트웨어와 같은 다양한 위협으로부터 컴퓨터를 보호하는 데 도움을 준다.

98 휴지통에 있는 파일은 디스크에 있는 파일이다.

99 ②, ③, ④ 는 비트맵 방식의 설명이다

100 인터넷은 http 프로토콜을 통해 연결된 상업용 네트워크로 중앙통제기구인 InterNIC에 의해 운영된다. → TCP/IP 프로토콜을 통해 연결된 비상업용 네트워크로 중앙통제 기구가 없다.

2과목
스프레드시트 일반

데이터입력의 기본

(1) 엑셀의 화면 구성

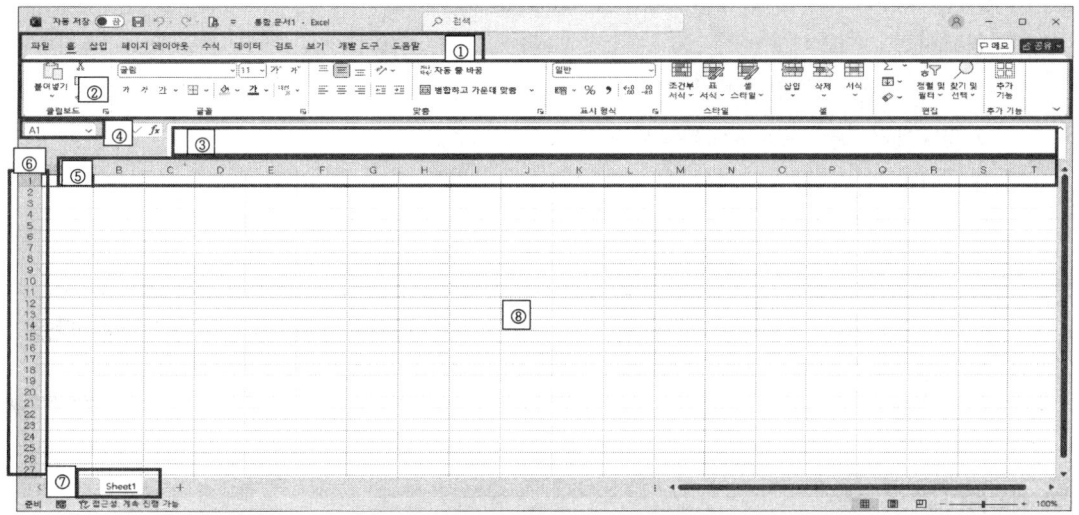

① 메뉴탭

각 메뉴를 탭형식으로 나타내고 있는 엑셀의 기본 메뉴이다.

② 리본메뉴

[홈],[삽입],[페이지레이아웃] 등등의 메뉴로 시작되며 각각의 개체를 선택할때마다 [서식][디자인]등의 추가 메뉴들이 활성화된다.

각 탭은 관련 있는 명령들을 묶어서 그룹으로 구성되어있다.

각 그룹의 [추가옵션] 버튼을 클릭하여 추가옵션을 설정할 수도 있다.

③ 수식입력줄

현재 셀포인터가 있는 선택된 셀의 데이터나 수식이 표시되는 곳이다.

수식입력줄을 이용해 선택한 셀의 데이터나 수식을 입력, 수정할 수도 있다.

④ 이름상자

현재 셀포인터가 있는 선택된 셀의 셀주소, 이름을 나타내는 곳이다.

⑤ 열머리글

열을 나타내기위한 문자(알파벳)가 표시되는 곳이다.

열은 세로 방향으로 A에서 XFD까지 16,384개의 열이 존재한다.

⑥ 행머리글

행(줄)을 나타내는 숫자가 표시되는 곳이다.

행의 번호는 1부터 시작해서 1,048,576까지 있다.

⑦ 시트탭

워크시트의 이름이 탭형식으로 나타나는 곳이다.

⑧ 워크시트

엑셀의 실질적인 작업공간이다.

16,384개의 열과 1,048,576개의 행으로 구성되었다.

데이터를 입력하거나 계산이 이루어진다.

 참고

셀과 셀포인터 : 격자 공간 하나 하나를 셀이라고 셀에 데이터를 입력하려면 클릭해 셀포인터를
위치 시켜야 한다.

(2) 데이터입력의 기본

1) 데이터 입력

입력할 셀에 셀포인터를 위치시킨 후 데이터를 입력하고 마무리는 반드시 엔터키를 입력
한다.

한 셀에 여러 줄의 데이터를 입력할 때는 Alt + enter 키를 누른다.

여러셀을 블록으로 잡고 데이터입력 후 Ctrl+enter 키를 누르면 한꺼번에 내용을 입력할
수 있다.

여러셀을 블록으로 잡고 엔터키를 누르면 블록잡은 영역안에서만 이동가능하다.

2) 문자 데이터

문자데이터는 기본적으로 왼쪽정렬한다.

한글, 영문, 특수문자 등을 문자 데이터로 취급한다.

입력한 데이터가 셀의 길이를 벗어날 때는 오른쪽 셀이 비어있는 경우는 연속해서 보이고
비어있지 않는 경우는 잘려져 보인다.

열 머리글의 두셀 사이를 더블클릭하면 한 셀의 데이터가 필요한 만큼의 길이로 변경된다.

수자 데이터를 문자데이터로 인식시키기 위해서는 '(홑따옴표)를 시작으로하고 입력하면 된다.

3) 수치 데이터

수치데이터는 기본적으로 오른쪽으로 정렬한다.

입력한 데이터가 한 셀의 길이보다 긴 경우 지수형식으로 나타나며 지수형식을 나타내기에도 좁은 경우는 ###등의 형식으로 나타난다.

0~9의 수자, 통화, 백분율, 지수 등의 형식으로 입력된 데이터를 의미한다.

4) 날자/시간 데이터

하이픈(-)이나 슬래시(/)를 이용하여 입력한다.

시/분/초는 콜론(:)을 이용하여 구분한다.

24시간제가 기본값이나 12시간제로 하기위해서는 AM/PM 을 입력하면 된다.

시스템의 입력된 오늘 날자를 입력하기 위한 단축키는 Ctrl+; 이다.

시스템의 입력된 현재시간을 입력하기 위한 단축키는 Ctrl+Shift+; 이다.

5) 한자 입력

한글을 먼저 입력한 후 [한자]키를 눌러나온 한자 목록에서 알맞은 한자를 선택한다.

여러 글자는 전체를 감싸거나 커서를 단어의 앞 또는 뒤에 놓고 한자키를 누른다.

6) 특수문자

기본적으로 한글의 자음과 한자키를 눌러 입력한다.

7) 메모 입력

셀에 입력된 데이터에 메모를 남기기 위한 입력이다.

기본적으로 숨김으로 되어있고, 마우스를 가져가면 메모가 활성화된다.

8) 채우기 핸들

연속된 데이터를 입력하기 위한 강력한 기능이다.

채우기핸들 포인터에 마우스를 대면 마우스 포인터가 가는 십자가로 바뀌는데 이때 드래그앤드롭을하면 데이터가 채워진다.

① 숫자데이터 : 한 셀을 잡으면 복사되고 두 셀을 잡으면 차이만큼 채워진다.(CTRL키를 누르면 연번으로 채워진다.)

② 문자데이터 : 데이터가 복사된다.

③ 날짜데이터 : 1일 단위로 증가하고 두 셀을 잡으면 차이만큼 증가한다.

④ 숫자+문자 : 문자는 복사되고, 숫자는 1씩 증가한다.

2장 > 셀, 워크시트 편집

1. 셀편집

1) 셀 삽입,삭제

① 셀삽입

[홈]탭 [셀] 그룹의 삽입 아이콘을 누르면 삽입대화상자가 나타난다.

② 셀삭제

[홈]탭 [셀] 그룹의 삭제 아이콘을 누르면 삭제대화상자가 나타난다.

2) 행/열 삽입,삭제

[홈]탭 [셀] 그룹의 삽입 아이콘을 누르면 삽입대화상자에서 [시트행삽입] 메뉴를 누른다.
[홈]탭 [셀] 그룹의 삽입 아이콘을 누르면 삽입대화상자에서 [시트열삽입] 메뉴를 누른다.

3) 통합문서 작성, 저장, 열기, 닫기

엑셀을 실행 후 실행된 엑셀의 워크시트에 데이터를 입력하고 입력이 끝나면 [파일] 탭을 눌러 저장하기를 누르거나 '빠른실행 도구모음'의 저장 아이콘을 눌러 저장하고 닫기버튼을 눌러 파일을 닫는다.

4) 내보내기

[파일] 탭을 눌러 내보내기 메뉴를 선택하면 통합문서를 PDF 형식이나 다른 형식으로 저장할 수 있다.

2. 하이퍼링크

텍스트나 그래픽 개체에 하이퍼링크를 연결시킬 수 있다
연결대상은 기존파일/웹페이지, 현재문서, 새문서만들기, 전자메일주소이다.
하이퍼링크를 누르면 다른 시트나 파일로 이동하게 만드는 기능이다.
하이퍼링크를 실행하는 바로가기키는 ctrl+K이다.

[삽입]-[링크]-[링크]를 눌러 하이퍼링크를 삽입 할 수 있다.

3. 찾기/바꾸기

[찾기]는 특정 내용을 찾는 기능으로 숫자, 특수문자, 수식, 메모, 서식 등도 찾을 수 있다.
워크시트 전체 또는 범위를 지정하여 찾을 수도 있다.
[홈]-[편집]-[찾기및 선택]-[찾기]를 눌러 실행할 수 있다.
단축키는 CTRL+F 이다.

4. 셀포인터 이동

home : A열로 이동
ctrl+home : A1셀로 이동
ctrl+방향키 : 데이터 범위의 상,하,좌,우의 끝으로 이동
pgup, pgdn :한 화면 위 아래로 이동

날짜시간 함수

1) 수식의 개념

수식은 일반 데이터와는 달리 등호(=),더하기(+),빼기(-) 기호로 시작된다.

문자열은 큰따옴표" "로 묶는다.

함수식도 수식이므로 =부터 시작한다.

Ctrl+~키를 누르면 워크시트의 모든 수식을 확인할 수 있다.

2) 연산자

1) 산술연산자	2) 비교연산자	3) 기타연산자
+: 더하기 -: 빼기 / : 나누기 *: 곱하기 %: 백분율 ^: 지수승	=: 같다 >: 크다 <: 작다 <>: 같지않다 >=:크거나 같다 <=:작거나 같다	&: 두 문자열 연결 연산자 :(콜론) :범위연산자 ,(콤마) 나열

3) 셀참조

① 상대참조

A1+B1 의 수식이 입력된 셀을 복사하면 이동한만큼 상대적으로 수식이 바뀌어 복사된다.

② 절대참조

셀주소를 고정시켜 사용하는 방법이다.

셀주소에 $(달러기호)를 붙여 셀주소를 고정시킨다. (예, $A$1)

단축키가 F4이다.

③혼합참조

절대참조와 상대참조를 혼합한 방식이다.

ex) =$A$1+$B1

4) 함수의 개념

① 엑셀에서 미리 정의된 수식을 의미한다.

② 함수마법사

리본메뉴 수식 탭의 함수삽입 아이콘을 눌러 실행할 수 있다.

③ 날짜 시간 함수

- Year(날자문자열) : 날자문자열의 년도만 구한다.

- Month(날자문자열) : 날자문자열의 월만 구한다.

- Day(날자문자열) : 날자문자열의 일만 구한다.

- Hour(시간문자열) : 시간문자열의 시간만 구한다.

- Minute(시간문자열) : 시간문자열의 분만 구한다.

- Second(시간문자열) : 시간문자열의 초만 구한다.

- Today() : 시스템에 설정된 오늘 날자를 구해준다.

Ctrl+; 을 눌러도 동일한 결과가 출력된다.

- Now() : 시스템에 설정된 오늘 날자와 시간을 구해준다.

Ctrl+shift+; 을 누르면 시간만 출력된다.

- Date(연,월,일) : 매개변수인 연, 월, 일로 날자를 만든다.

- Time(시,분,초) : 매개변수인 시, 분, 초로 시간을 만든다.

- weekday(날자, 반환유형) : 요일을 구한다.

반환유형

	일	월	화	수	목	금	토
1:	1	2	3	4	5	6	7
2:	7	1	2	3	4	5	6
3:	6	0	1	2	3	4	5

- Days360(시작일, 종료일, 방식)

방식 : false, 생략(US식), true(유럽식)

1년을 360일 가정하고 두 날자 사이의 일수를 구한다.

4장 논리함수, 문자열함수

1) 논리함수

① If() 함수

=If(조건, 참인경우의 값, 거짓인경우의 값)

조건을 만족하는 경우 참인 경우의 값을 취하고 그렇지 않으면 거짓인 경우의 값을 취한다.

- If문의 유형 1

if문의 결과가 2가지(A, B인 경우)

=if(조건, A, B)

if문의 결과가 3가지(A, B, C인 경우)

=if(조건1, A, if(조건2, B, C))

- If문의 유형 2

조건이 하나인 경우

=if(조건, A, B)

조건이 두 개인 경우

=if(AND(조건1, 조건2), A, B)

=if(OR(조건1, 조건2), A, B)

② And() 함수

=And(조건1, 조건2,…) 함수

모든 조건의 논리 and연산을 수행한다.

③ Or()함수

=Or()함수

모든 조건의 논리 or연산을 수행한다.

④ Not() 함수

=Not(논리식) 함수

논리식의 결과를 반대로 만들어준다.

⑤ False(), True() 함수

False(), True() 함수는 논리 값 False, True을 구한다.

⑥ Iferror() 함수

Iferror(수식, 값)

수식에서 에러가 발생한 경우, 지정한 값을 반환하고, 그렇지 않으면 수식의 결과를 반환한다.

2) 문자열함수

① left(), mid(), right()함수

=left(문자열,숫자) 함수 : 문자열의 왼쪽에서 숫자 개수만큼 추출해준다.

=mid(문자열,인덱스, 숫자) 함수 : 문자열의 인덱스에서 숫자 개수만큼 추출해준다

=right(문자열, 숫자)함수 : 문자열의 오른쪽에서 숫자 개수만큼 추출해준다

② Lower(), Upper(), Proper()함수

대소문자가 존재하는 영문자에 해당하는 함수들이다.

Lower() 함수 : =Lower(문자열):문자열을 모두 소문자로 만든다

Upper() 함수 : =Upper(문자열):문자열을 모두 대문자로 만든다

Proper()함수 : =Proper(문자열):문자열의 첫 글자를 대문자로 만든다.

③ Trim()함수

=trim(문자열) : 문자열의 단어 사이의 1칸의 공백을 제외하고는 모든 공백을 삭제시킨다.

④ Replace()함수

=Replace(문자열1, 인덱스, 숫자, 문자열2)

문자열1의 인덱스로부터 숫자만큼의 개수를 문자열2로 바꾸어준다.

⑤ Substitute()함수

=Substitute(문자열1, 문자열2, 문자열3)

문자열1에서 문자열2를 찾아 문자열3으로 대치한다.

⑥ Len()함수

=Len(문자열) : 문자열의 길이를 구해주는 함수

⑦ Find()함수

find(찾을 텍스트, 찾을 텍스트를 포함한 문자열)

대/소문자를 구분하여 찾을 텍스트를 포함한 문자열에서 찾을 텍스트의 시작 인덱스 반환

⑧ search()함수

search(찾을 텍스트, 찾을 텍스트를 포함한 문자열)

왼쪽에서 오른쪽으로 검색하여 문자 또는 문자열이 처음 시작되는 곳에서의 문자 개수를 구함.

5장 수학삼각함수, 통계함수

1) 수학삼각함수

① Sum() 함수, Sumif() 함수

=Sum(영역) : 영역 안의 합계를 구해준다.

=Sumif(조건을 따질영역, 조건, 합계를 구할영역)

조건을 따질영역에서 조건을 만족하는 값만을 골라 그에 해당하는 합계를 구할 영역의 합계를 구한다.

② Round(), Roundup(), Rounddown()함수

=Round(값,숫자) 함수 : 값의 소수점자리수를 반올림하여 숫자만큼 표현한다.

=Roundup(값,숫자) 함수 : 값의 소수점자리수를 올림하여 숫자만큼 표현한다.

=Rounddown(값,숫자) 함수 : 값의 소수점자리수를 내림하여 숫자만큼 표현한다.

③ Abs() 함수, Int() 함수

- Abs() 함수

=Abs(숫자) : 숫자를 절대값으로 나타내준다.

- Int() 함수

=Int(숫자) : 숫자를 넘지않는 가장 가까운 정수를 구해준다.

④ Rand() 함수, Mod() 함수

- Rand() 함수

=Rand() : 0이상 1이하의 난수(random number)를 발생시킨다.

- Mod() 함수

=Mod(값,숫자) : 값을 숫자로 나눈 나머지를 구해준다.

⑤ Sqrt(), Fact()함수

- Sqrt(숫자) 함수 : 숫자의 양의 제곱근을 구함.

예) Sqrt(9) -> 3

- Fact(숫자) :숫자의 계승값을 구함 예)fact(3) -> 6 (=1*2*3)

⑥ Power(), EXP()함수

- Power(인수1,인수2) :인수1을 인수2만큼 거듭제곱한 값을 구함.

예) Power(2,5) -> 32(2*2*2*2*2)

- EXP(숫자)

자연로그 밑수인 e(e=2.7182182)를 수치만큼 거듭제곱한 값으로 계산

⑦ PI()함수,Trunc() 함수

- PI() : 원주율을 구한다.

- Trunc()

Trunc(인수,자릿수) : 인수에서 자릿수 부분을 버리고 정수로 한다.

⑧ Sumifs() 함수

Sumifs(합계를 구할 영역, 조건범위1, 조건1, 조건범위2, 조건2,...)

여러 조건을 만족하는 셀의 합계를 구함.

2) 통계함수

① count(), counta(), countblank()

공통점 모두 영역안의 개수를 구해준다.

=count(영역) : 영역안의 숫자의 개수를 구해준다.

=counta(영역) : 영역안의 모든 데이타의 개수를 구해준다.

=countblank(영역) : 영역안의 빈셀의 개수를 구해준다.

② countif()함수

=countif(영역,조건) : 영역안에서 조건에 맞는 셀의 개수를 구해준다.

③ averageif()함수, averageifs()함수

averageif(조건을 따질 영역, 조건, 평균을 구할 영역)

averageifs()함수(평균을 구할 영역, 조건1영역,조건1, 조건2 영역, 조건2)

④ countifs() 함수

countifs(조건범위1, 조건1, 조건범위2, 조건2,...)

여러영역에 걸쳐 조건을 적용하고, 모든 조건을 만족하는 셀의 개수를 구한다.

⑤ maxa() 함수

=maxa(값1,값2,...) : 숫자, 텍스트, 논리 값 등의 인수목록에서 최대값을 구한다.

⑥ Max(), Min()

- Max(영역) : 영역안에서 최대값을 구한다.

- Min(영역) : 영역안에서 최소값을 구한다.

⑦ Large(), Small()

Large(), Small() 함수는 Max(), Min()함수와 비슷하지만 몇 번째로 큰 값, 몇 번째로 작은 값을 의미하는 인수를 넣을 수 있는 것이 차이점이다.

- Large() : Large(영역, k):영역안에서 k번째로 큰 값을 구함

- Small() : Small(영역, k):영역안에서 k번째로 작은 값을 구함

⑧ Average()

영역 안의 평균을 구해주는 함수이다.

=Average(영역)

⑨ Median()

=Median(영역) 함수는 영역 안의 중간값을 구한다.

⑩ Mode.sngl()

=Mode.sngl(영역) 함수는 영역안의 최빈값을 구한다.

최빈값이란, 가장 많이 나타나는 값을 의미한다.

⑪ Rank.eq()

=Rank.eq()함수는 순위를 구하는 함수이다.

=Rank.eq(순위를 구할셀, 순위를 구할 영역, order)

Order : 내림차순(0 또는 생략), 오름차순(0이 아닌 값, 주로 1)

① VLookup() 함수

=VLookup(찾을값, 찾을영역, 열번호, 옵션)

찾을영역의 가장 왼쪽에서 값을 찾아 그 행의 열번호의 위치에 있는 값을 결과로 한다.

옵션: true(비슷한 값), false(정확한 값)

② HLookup() 함수

=HLookup(찾을값, 찾을영역, 행번호, 옵션)

찾을영역의 가장 위쪽에서 값을 찾아 그 열의 행번호의 위치에 있는 값을 결과로 한다.

옵션: true(비슷한 값), false(정확한 값)

③ Choose() 함수

=Choose(인덱스, 값1, 값2, 값3, …)

인덱스 위치에 있는 값을 결과로 한다.

④ Index() 함수

=Index(범위, 행번호, 열번호)

⑤ Match() 함수

=Match(찾을값, 찾을영역, 유형)

찾을 영역에서 찾을 값을 정확히, 아니면 부정확히 찾아준다.

유형:

1 :검사값보다 작거나 같은 값중에서 최대값(단, 오름차순 정렬시)

0: 검사값과 같은 첫번째 값

-1:검사값보다 크거나 같은 값중에서 최소값 찾음(단, 내림차순 정렬시)

⑥ Column(), Columns()함수

- Column(참조) 함수 : 참조의 열번호를 반환함

Column(D11) -〉 4 (D는 4번째 열임)

- Columns(참조)함수

참조의 열수를 반환함

Columns(A1:C1) -〉 3(A,B,C 3열임)

⑦ Row(),Rows() 함수

　Row(참조) : 참조의 행번호를 반환한다.

　- Rows(참조) 함수 : 참조의 행수를 반환한다.

7장 데이터베이스 함수

* 개요
  -데이타베이스 함수들의 구성 형식
  ① 함수 이름이 D로 시작한다.
  ② 대부분의 함수가 조건을 따져서 값을 구한다.
  ③ 조건 영역은 대부분이 데이터베이스와 따로 둔다.

1) Dsum() 함수

Dsum(데이터베이스, 필드, 조건범위)
데이터베이스에서 조건을 만족하는 필드의 값을 누적 값을 구한다.

2) Daverage() 함수

Daverage(데이터베이스, 필드, 조건범위)
데이터베이스에서 조건을 만족하는 필드의 값을 평균 값을 구한다.

3) Dcount(), Dcounta() 함수

- Dcount(데이터베이스, 필드, 조건범위)
데이터베이스에서 조건을 만족하는 필드의 숫자 개수를 구해준다.
- Dcounta(데이터베이스, 필드, 조건범위)
데이터베이스에서 조건을 만족하는 필드의 숫자, 문자 개수를 구해준다.

4) Dmax() 함수, Dmin() 함수

- Dmax(데이터베이스, 필드, 조건범위)
데이터베이스에서 조건을 만족하는 필드의 값의 최대값을 구한다.
- Dmin(데이터베이스, 필드, 조건범위)
데이터베이스에서 조건을 만족하는 필드의 값의 최소값을 구한다.

5) Dget() 함수

Dget(데이터베이스, 필드, 조건범위)
조건에 맞는 특정 데이터를 추출한다.

1) 목표값 찾기

목표값 찾기는 결과값은 알고 있고, 그 결과를 도출하기 위한 입력값을 알고자 할 때 사용하는 기능이다.

최소한 1개의 수식 셀을 입력으로 하고, 1개 값을 구하고자 하는 것이 시나리오와 다른 점이다.

사용자가 원하는 데이터를 직접 입력한다.

리본메뉴의 [데이터]-[가상분석]-[목표값찾기]를 이용해 만든다.

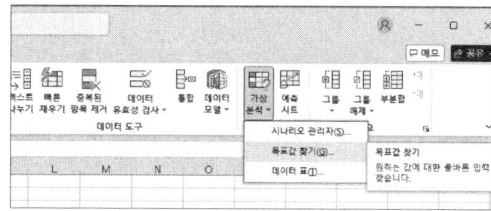

2) 시나리오

시나리오는 여러 가지 상황에 따른 변수값, 결과값의 변화를 예측할 수 있게 해주는 기능이다.

결과에 대해 셀주소 절대 참조형으로 나타나므로 셀이름을 먼저 정의해주는 것이 좋다.

시나리오의 결과는 요약보고서나 피벗테이블 보고서로 만들 수 있다.

리본메뉴의 [데이터]-[가상분석]-[시나리오관리자]를 이용해 만든다.

3) 데이터 표

복잡한 형태로 참조 되는 수식을 보다 효율적으로 편리하게 작성 가능하게 한 기능이다.

행 입력 셀, 열 입력 셀을 이용하여 쉽게 입력 값을 구할 수 있다.

리본메뉴의 [데이터]-[가상분석]-[데이터표]를 이용해 만든다.

4) 데이터 통합

여러 개로 분산된 데이터를 하나의 표로 통합하고자 할 때 사용하는 기능이다.

[표1], [표2], [표3]의 내용이 분산되어 있어서 [표4]에 하나로 통합하기 위해 사용할 수 있다.

리본메뉴의 [데이터]-[통합]을 이용해 만든다.

5) 부분합

부분합은 관심있는 항목에 대해 Grouping한 후 Grouping한 데이터에 대해, 합계, 평균, 최대, 최소등의 통계함수를 적용하는 기능으로 의사결정을 위해 사용된다.
부분합을 하기위해서는 먼저 Grouping하고자하는 항목으로 정렬이 되어 있어야 한다.
같은 자료에 대해 여러 개의 함수를 중복으로 다중 부분합을 만들수도 있다.
부분합을 실행하면 자동으로 윤곽선이 나타난다.
[데이터]그룹에 부분합 아이콘을 눌러 부분합을 실행할 수 있다.

6) 피벗테이블

피벗테이블은 많은 양의 데이터를 쉽게 한눈에 들어올 수 있도록 요약, 분석해 준다
원본데이터의 행이나 열의 위치를 변경하여 여러 가지 형태로 표를 재배치할 수 있다
각 항목에 조건을 설정할 수 있고 그룹별로 통계치를 적용할 수도 있다.
피벗테이블 삽입은 리본메뉴 [삽입]탭의 [피벗테이블]을 눌러 사용한다.

9장 매크로, 차트

1) 매크로

바로 가기 키나 명령단추 등을 이용해서 여러 가지 작업들을 묶어 한번에 실행할 수 있도록 한 기능을 매크로라고 한다.

작업과정을 기록해서 만들 수도 있다.

리본 메뉴에 [개발도구] 탭이 삽입되어 있어야 한다.

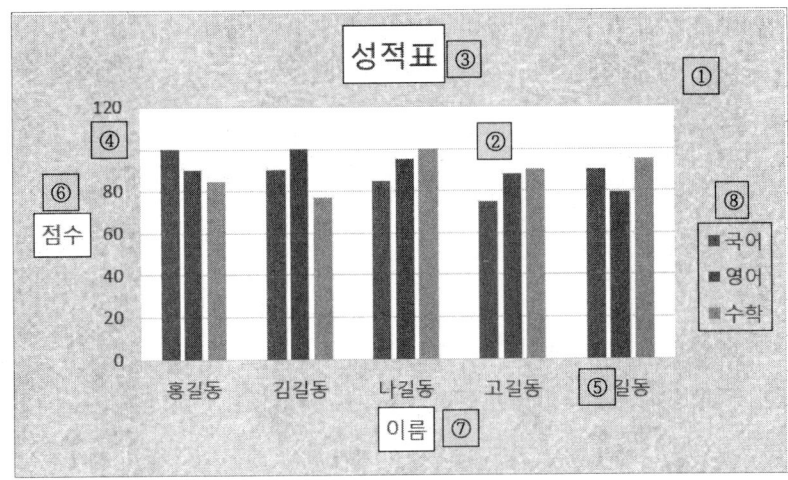

2) 차트

*차트용어

① 차트영역 : 차트의 전체적인 영역. 차트 전체를 인식

② 그림영역 : 실제 차트의 그래프가 그려지는 영역

③ 차트제목

④ 값축

⑤ 항목축

⑥ 값축 제목

⑦ 항목축제목

⑧ 범례

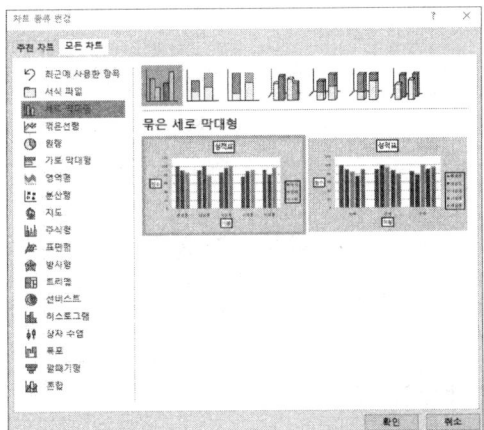

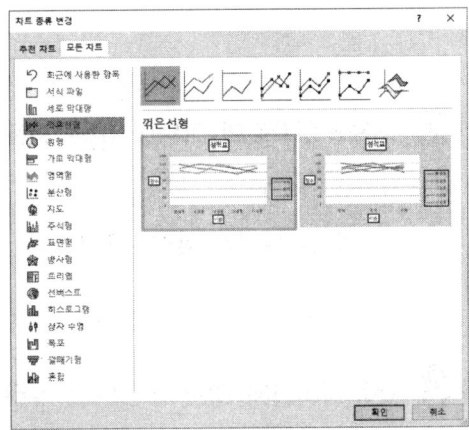

01 엑셀에서 행과 열이 교차되면서 만들어지는 사각 공간을 무엇이라고 하는가?

① 셀(Cell)   ② 셀포인터
③ 행머리글   ④ 열머리글

02 스프레드시트의 기능이 <u>아닌</u> 것은?

① 문서작성   ② 수치계산
③ 데이터베이스 작성, 관리   ④ 차트작성, 매크로

03 문자데이터에 대한 설명으로 <u>잘못된</u> 것은?

① 문자데이터는 오른쪽정렬을 기본으로 한다.
② 한글,영문, 특수문자, 등을 문자 데이터를 취급한다.
③ 입력한 데이터가 셀의 길이를 벗어날 때는 오른쪽 셀이 비어있는 경우는 연속해서 보이고 비어 있지 않는 경우는 잘려져 보인다.
④ 열 머리글의 두 셀 사이를 더블클릭하면 한 셀의 데이터가 필요한 만큼의 길이로 변경된다.

04 하이퍼링크에 대한 설명으로 <u>잘못된</u> 것은?

① 텍스트나 그래픽 개체에 하이퍼링크를 연결시킬 수 있다.
② 하이퍼링크를 누르면 다른 시트나 파일로 이동하게 만드는 기능이다.
③ 단추, 도형이나 그림 워드아트 등 그래픽 개체는 하이퍼링크를 지정할 수 있다.
④ 하이퍼링크를 실행하는 바로가기키는 ctrl+K이다.

05 다음 중 범위 지정에 대해 <u>잘못된</u> 설명은?

① 연속된 셀:선택할 영역을 마우스로 드래그, shift를 눌러 처음셀과 마지막셀 지정, shift를 누른 상태에서 방향키 누름
② 떨어진 셀 : 한 셀을 클릭 후 이후는 ctrl키와 함께 누름
③ 행과 열 : 해당 행머리글이나 열 머리글을 클릭
④ 행 전체: ctrl+spacebar , 열 전체: shift+spacebar

06 비교연산자의 의미가 <u>잘못</u> 연결된 것은?

① A >= B : A가 B보다 크거나 같다.
② A < B : A가 B보다 작다
③ A != B : A가 B와 같지 않다.
④ A = B : A가 B와 같다.

07 Today()와 Now() 함수에 대한 설명이 <u>잘못된</u> 것은?

① Today() :시스템에 설정된 오늘 날짜를 빠르게 구해준다.
② Today() : Ctrl+; 을 눌러도 동일한 결과가 출력된다.
③ Now(): 시스템에 설정된 시간을 빠르게 구해 준다.
④ Now(): Ctrl+shift+; 을 누르면 시간만 출력된다.

08 Year(date(2025,01,15))의 결과는?

① 2025
② 1
③ 15
④ 2025.01.15

09 다음 수식의 결과가 잘못된 것은?

① =AND(10>5,5>2)   => true

② =AND(10>20,5>2)   => false

③ =OR(10<20,5>2)   => true

④ =OR(10>5,5<2)   => false

10 실기와 필기 점수가 각각 70, 90인 경우 다음 수식의 결과가 올바른 것은?

① =if(and(실기 >=80, 필기 >=80) ,"합격","불합격") → 합격

② =if(and(실기 >70, 필기 >70),"합격","불합격") → 합격

③ =if(or(실기>=80, 필기>=80),"합격","불합격") → 합격

④ =if(or(실기 >=80, 필기 >=80),"합격","불합격") → 불합격

11 다음 중 범주가 논리함수가 아닌 함수는?

① Iferror() 함수

② sumif() 함수

③ And() 함수

④ True()함수

12 수식 =mid("computer",2,3)의 결과는?

① com

② omp

③ put

④ ter

13 다음 함수에 대한 설명 중 <u>잘못된</u> 것은?

① =Abs(숫자) : 숫자를 절대값으로 나타내준다.

② =Int(숫자) : 숫자를 넘는 가장 가까운 정수를 구해준다.

③ =Power(인수1,인수2) : 인수1을 인수2만큼 거듭제곱한 값을 구함.

④ =EXP(숫자) : 자연로그 밑수인 e(e=2.7182182)를 수치만큼 거듭제곱한 값으로 계산

14 다음 설명이 <u>잘못된</u> 것은?

① =count() : 영역안의 모든 데이타의 개수를 구해준다.

② =countblank() : 영역안의 빈셀의 개수를 구해준다.

③ =countif() : 영역안에서 조건에 맞는 셀의 개수를 구해준다.

④ =countifs() : 영역안에서 조건에 맞는 셀의 개수를 구해준다.

15 VLookup()함수에 대해 <u>잘못된</u> 것은?

① =VLookup(찾을값,찾을영역,열번호,옵션)

② 찾을 영역의 가장 왼쪽에서 값을 찾아 그 행의 열 번호의 위치에 있는 값을 결과로 한다.

③ 옵션: true은 비슷한 값을 찾아주고 false는 정확한 값을 찾아준다.

④ 찾을 영역의 가장 위쪽에서 값을 찾아 그 열의 행 번호의 위치에 있는 값을 결과로 한다.

16 데이타베이스 함수들의 구성 형식 설명에 대해 <u>잘못된</u> 것은?

① 함수 이름이 D로 시작한다.

② 대부분의 함수가 조건을 따져서 값을 구한다.

③ 조건 영역은 대부분이 데이타베이스와 함께 둔다.

④ D함수이름(데이타베이스,필드,조건범위)

17 다음 중 설명이 잘못된 것은?

① 목표값 찾기는 결과값은 알고 있고, 그 결과를 도출하기 위한 입력값을 알고자 할 때 사용하는 기능이다.

② 최소한 1개의 수식 셀을 입력으로 하고, 1개 값을 구하고자 하는 것이 시나리오와 다른점이다.

③ 사용자가 원하는 데이터를 직접 입력한다.

④ 리본메뉴의 [홈]-[가상분석]-[목표값찾기]를 이용해 만든다.

18 시나리오에 대한 설명이 잘못된 것은?

① 시나리오는 여러 가지 상황에 따른 변수 값, 결과값의 변화를 예측할 수 있게 해주는 기능이다.

② 결과에 대해 셀주소 절대 참조형으로 나타나므로 셀이름을 먼저 정의 해주는 것이 좋다.

③ 시나리오의 결과는 요약보고서나 피벗테이블 보고서로 만들 수 있다.

④ 시나리오 보고서는 현재 작업 워크시트 뒤에 생성된다.

19 다음 중 분석 도구 중 여러 개로 분산된 데이터를 하나의 표로 통합하고자 할 때 사용하는 기능은?

① 시나리오   ② 데이터통합
③ 매크로   ④ 목표값 찾기

20 다음 설명이 잘못된 것은?

① 부분합은 관심 있는 항목에 대해 Grouping 한 후 Grouping 한 데이터에 대해, 합계, 평균, 최대, 최소 등의 통계함수를 적용하는 기능으로 의사결정을 위해 사용된다.

② 부분합을 하기 위해서는 먼저 Grouping 하고자 하는 항목으로 정렬이 되어 있어야 한다.

③ 같은 자료에 대해 여러 개의 함수를 중복으로 다중 부분합을 만들 수 없다.

④ 부분합을 실행하면 자동으로 윤곽선이 나타난다.

21 피벗테이블에 대한 설명이 <u>잘못된</u> 것은?

① 피벗테이블은 많은 양의 데이터를 쉽게 한눈에 들어 올 수 있도록 요약.분석해 주는 기능을 제공하는 분석도구이다.

② 원본데이터의 행이나 열의 위치를 변경하여 여러 가지 형태로 표를 재배치할 수 있는 기능을 제공한다.

③ 피벗테이블은 엑셀목록, 데이터베이스,외부데이터,다른 피벗테이블의 데이터를 참조할 수 없다.

④ 각 항목에 조건을 설정할 수 있고 그룹별로 통계치를 적용할 수도 있다.

22 피벗테이블의 기본함수를 바꿀 수 있는 항목은?

① 보고서필터로이동 ② 행 레이블로 이동
③ 열 레이블로 이동 ④ 값필드 설정

23 ( ) 안에 알맞은 용어는?

바로 가기 키나 명령단추 등을 이용해서 여러 가지 작업들을 묶어 한번에 실행할 수 있도록 한 기능을 (   )라고 한다.

① 매크로 ② 차트
③ 시나리오 ④ 피벗테이블

24 매크로 기록 대화상자에 대해 <u>잘못</u> 설명한 것은?

① 매크로를 작성할 수 있는 대화 상자이다. 매크로이름과 바로 가기 키를 지정할 수 있다.

② 바로 가기 키는 영문 대소문자 조합이 가능하다.

③ 바로 가기 키는 영문소문자+Ctrl키로 조합 가능하다.

④ 매크로는 양식 버튼에만 연결할 수 있다.

25 매크로작성 작업을 하기 위해서 반드시 추가되어야 하는 탭은?

① 개발도구 탭　　　　　　　② 매크로 탭
③ 디자인 탭　　　　　　　　④ 서식 탭

26 전체영역, 특정 영역을 비교할 때 유리한 차트이며, 시간에 따른 각 값을 비교할 때도 유리한 차트는?

① 꺾은 선형　　　　　　　　② 영역형
③ 세로막대형　　　　　　　④ 방사형

27 많은 데이터 계열의 값을 나타내고자 할 때 효과적이며, 차트 가운데를 축으로 해서 뻗어 나오는 값을 그래프적으로 나타내는 차트는?

① 꺾은 선형　　　　　　　　② 영역형
③ 세로막대형　　　　　　　④ 방사형

28 다음 중 매크로 이름으로 지정할 수 없는 것은?

① 매크로_1　　　　　　　　② Macro_2
③ 3_Macro　　　　　　　　④ 평균구하기

29 다음 중 시트 탭에 관한 설명으로 옳지 않은 것은?

① 시트 탭의 색을 변경할 수 있으나 각 시트의 색은 반드시 다른 색으로 설정해야 한다.
② 시트 탭을 더블클릭하여 시트 이름을 변경할 수 있다.
③ 시트 탭의 바로 가기 메뉴에서 [모든 시트 선택]을 클릭하여 전체 시트를 그룹 설정할 수 있다.
④ 시트 탭의 바로 가기 메뉴에서 [삭제]를 클릭하여 시트를 삭제할 수 있다.

30 다음 중 수식의 결과가 다른 셋과 <u>다른</u> 것은?

① =SEARCH("A","Automation")

② =SEARCH("a","Automation")

③ =FIND("a","Automation")

④ =FIND("A","Automation")

31 다음 중 워크시트에 대한 설명으로 옳지 <u>않은</u> 것은?

① 여러 개의 시트를 한 번에 선택하면 제목 표시줄의 파일명 뒤에 [그룹]이 표시된다.

② 선택된 시트의 왼쪽에 새로운 시트를 삽입하려면 〈Shift〉 + 〈F11〉 키를 누른다.

③ 작업이 시트 삭제인 경우 빠른 실행 도구 모음의 '실행 취소' 명령을 클릭하여 되살릴 수 있다.

④ 동일한 통합 문서 내에서 시트를 복사하면 원래의 시트 이름에 '(일련번호)' 형식이 추가되어 시트 이름이 만들어진다.

32 다음 중 근무기간이 10년 이상이면서 나이가 50세 이상인 직원의 데이터를 조회하기 위한 고급 필터의 조건으로 옳은 것은?

①

근무기간	나이
>=10	>=50

②

근무기간	나이
>10	>50

③

근무기간	나이
>=10	
	>=50

④

근무기간	나이
>10	
	>50

33 스프레드시트에서 수식 입력 시, 셀 참조 방식에 대한 설명으로 옳지 <u>않은</u> 것은?

① 절대 참조는 $A$1과 같이 입력한다.

② 혼합 참조는 A$1 또는 $A1과 같이 입력한다.

③ 상대 참조는 A1과 같이 입력한다.

④ 절대 참조는 수식 복사 시 참조가 변한다.

34 다음 중 함수의 사용법이 올바른 것은?

① =SUM(A1,A5)

② =IF(A1>10, "참", "거짓")

③ =VLOOKUP(A1, B1:C10, 2, 0)

④ 모두 올바르다

35 다음 중 데이터 유효성 검사에서 '목록' 기능을 사용할 때 올바른 방법은?

① 직접 값을 입력해야만 한다.

② 셀 범위를 참조할 수 없다.

③ 쉼표로 구분하여 여러 값을 입력할 수 있다.

④ 숫자만 입력 가능하다.

36 아래 중 피벗 테이블의 특징으로 옳지 <u>않은</u> 것은?

① 데이터 요약 및 분석에 사용된다.

② 원본 데이터가 변경되어도 자동으로 갱신된다.

③ 필드를 행, 열, 값, 필터 영역에 배치할 수 있다.

④ 드래그 앤 드롭으로 레이아웃을 변경할 수 있다.

37 다음 중 '정렬' 기능에 대한 설명으로 옳지 <u>않은</u> 것은?

① 여러 열을 기준으로 정렬할 수 있다.
② 오름차순, 내림차순 모두 지원한다.
③ 정렬하면 원본 데이터가 변경된다.
④ [데이터] 탭의 예측 그룹에 있다

38 아래 중 조건부 서식의 적용 예시로 옳지 <u>않은</u> 것은?

① 특정 값 이상인 셀에 색상 적용
② 셀 값에 따라 글꼴 변경
③ 수식 결과에 따라 셀 숨기기
④ 데이터 막대, 아이콘 집합 사용

39 다음 중 '자동 채우기' 기능의 올바른 활용 예는?

① 1, 2, 3, ... 연속된 수 채우기
② 요일, 월 등 패턴 채우기
③ 수식 복사
④ 모두 해당된다

40 다음 중 '함수 마법사'(함수 삽입 대화상자)의 장점으로 옳지 <u>않은</u> 것은?

① 함수의 인수를 쉽게 입력할 수 있다.
② 함수의 결과 미리보기가 가능하다.
③ 모든 함수의 사용법을 자동으로 설명해준다.
④ 함수 목록에서 원하는 함수를 선택할 수 있다.

41 아래 중 '수식 오류'로 표시되는 경우가 아닌 것은?

① 0으로 나누기
② 참조 셀 삭제
③ 함수 인수 누락
④ 값이 너무 커서 셀에 표시 불가

42 다음 중 '이름 정의' 기능의 장점으로 옳지 <u>않은</u> 것은?

① 수식의 가독성이 높아진다.
② 범위 참조가 쉬워진다.
③ 이름 정의 후에는 셀 참조가 불가능하다.
④ 여러 셀을 하나의 이름으로 지정할 수 있다.

43 아래 중 '찾기 및 바꾸기' 기능에 대한 설명으로 옳지 <u>않은</u> 것은?

① 전체 시트에서 특정 값을 찾을 수 있다.
② 서식까지 포함하여 찾을 수 있다.
③ 수식 내의 값도 바꿀 수 있다.
④ 찾기 기능은 반드시 대소문자를 구분한다.

44 다음 중 셀 참조에 대한 설명으로 옳지 <u>않은</u> 것은?

① 수식 복사 시 상대 참조는 자동으로 변경된다.
② 절대 참조는 항상 동일한 셀을 참조한다.
③ 혼합 참조는 행과 열 중 한 쪽만 고정할 수 있다.
④ 혼합 참조는 수식 복사 시 항상 변하지 않는다.

45 아래 중 수식 입력 시 발생할 수 있는 오류 메시지와 그 원인의 연결이 옳지 <u>않은</u> 것은?

① #DIV/0! - 0으로 나누기
② #REF! - 잘못된 셀 참조
③ #VALUE! - 잘못된 인수 또는 데이터형
④ #NAME? - 셀 병합 오류

46 아래 중 '자동 필터' 기능에 대한 설명으로 <u>옳은</u> 것은?

① 필터링된 데이터만 인쇄할 수 없다.
② 여러 조건을 동시에 지정할 수 있다.
③ 필터링된 데이터만 복사할 수 있다.
④ 필터는 한 번만 적용할 수 있다.

47 다음 중 '피벗 테이블'에서 필드의 역할이 <u>잘못</u> 연결된 것은?

① 행 필드 - 데이터의 행 그룹화
② 열 필드 - 데이터의 열 그룹화
③ 값 필드 - 데이터의 집계
④ 필터 필드 - 차트 종류 선택을 위한 것

48 다음 중 '고급 필터'와 '자동 필터'의 차이로 옳지 <u>않은</u> 것은?

① 고급 필터는 복수 조건을 지정할 수 있다.
② 자동 필터는 조건 범위를 따로 지정하지 않는다.
③ 고급 필터는 결과를 다른 위치에 복사할 수 있다.
④ 자동 필터는 결과를 다른 시트에 복사할 수 있다.

49 아래 중 '정렬' 기능 사용 시 주의할 점으로 옳지 <u>않은</u> 것은?

① 데이터 전체를 선택하지 않으면 일부 데이터가 꼬일 수 있다.
② 정렬 기준은 한 개만 지정할 수 있다.
③ 사용자 지정 목록으로 정렬할 수 있다.
④ 정렬 후 데이터의 순서가 바뀐다.

50 다음 중 '데이터 통합' 기능에 대한 설명으로 <u>옳은</u> 것은?

① 여러 시트의 데이터를 하나로 합칠 수 있다.
② 집계 함수는 사용할 수 없다.
③ 통합 시 원본 데이터는 삭제된다.
④ 통합 결과는 자동으로 갱신된다.

51 아래 중 '차트'의 요소에 해당하지 <u>않는</u> 것은?

① 차트 제목   ② 데이터 계열
③ 셀 병합   ④ 범례

52 다음 중 스프레드시트에서 '수식'의 특징으로 옳지 <u>않은</u> 것은?

① 셀 참조를 이용해 동적으로 계산한다
② 수식 입력 시 =로 시작한다
③ 수식 결과는 셀에 표시한다
④ 수식 입력 시 반드시 함수만 사용한다

53 다음 중 셀 서식의 '숫자' 표시 형식에 대한 설명으로 옳지 <u>않은</u> 것은?

① 천 단위 구분 기호를 사용할 수 있다.
② 소수점 이하 자리수를 지정할 수 있다.
③ 날짜 형식은 숫자 표시 형식에 포함된다.
④ 음수 값에 대해 색상을 지정할 수 있다.

54 아래 중 수식 입력 시 '수식 자동 완성' 기능의 설명으로 옳지 <u>않은</u> 것은?

① 함수 이름을 입력하면 목록이 표시된다.
② 인수 입력 시 도움말이 제공된다.
③ 수식 입력 시 오타가 자동으로 수정된다.
④ 괄호가 닫히지 않으면 오류가 표시된다.

55 다음 중 '이름 관리자' 기능의 활용 예로 옳지 <u>않은</u> 것은?

① 이름의 범위 수정
② 이름의 삭제
③ 이름의 중복 허용
④ 이름의 새로 만들기

56 다음 중 '데이터 유효성 검사'에서 오류 메시지 설정의 효과로 <u>옳은</u> 것은?

① 잘못된 값 입력 시 안내 메시지 표시
② 입력값을 자동으로 수정
③ 셀 배경색 자동 변경
④ 입력값을 삭제

57 아래 중 '피벗 테이블'에서 그룹화 기능의 설명으로 옳지 <u>않은</u> 것은?

① 날짜 데이터를 월별로 그룹화할 수 있다.
② 숫자 데이터를 범위별로 그룹화할 수 있다.
③ 텍스트 데이터는 그룹화할 수 없다.
④ 그룹화된 데이터는 필드로 표시된다.

58 아래 중 '정렬' 기능에서 사용자 지정 목록을 활용하는 예로 옳지 않은 것은?

① 요일 순서대로 정렬
② 월별 순서대로 정렬
③ 알파벳 역순 정렬
④ 부서명 순서대로 정렬

59 다음 중 '고급 필터'의 특징으로 옳지 <u>않은</u> 것은?

① 조건 범위를 별도로 지정
② 결과를 다른 시트에 복사
③ 필터링 결과를 덮어쓰기
④ 여러 조건의 조합 가능

60 아래 중 '데이터 통합'에서 지원하지 <u>않는</u> 기능은?

① 합계 계산
② 평균 계산
③ 최대값 계산
④ 조건부 합계 계산

61 다음 중 '이름 정의' 시 사용할 수 <u>없는</u> 문자는?

① 밑줄(_) ② 숫자
③ 공백 ④ 영문자

62 다음 중 '조건부 서식'에서 아이콘 집합을 사용할 수 <u>없는</u> 경우는?

① 텍스트 데이터 ② 숫자 데이터
③ 날짜 데이터 ④ 백분율 데이터

63 다음 중 [페이지 설정] 대화상자의 [시트] 탭에 대한 설명으로 옳은 것은?

① '메모'는 셀에 설정된 메모의 인쇄 여부를 설정하는 것으로 '없음'과 '시트에 표시된 대로' 중 하나를 선택하여 인쇄할 수 있다.
② 워크시트의 셀 구분선을 그대로 인쇄하려면 '눈금선'에 체크하여 표시하면 된다.
③ '간단하게 인쇄'를 체크하면 설정된 글꼴색은 모두 검정으로, 도형은 테두리 색만 인쇄하여 인쇄 속도를 높인다.
④ '인쇄 영역'에 범위를 지정하면 특정 부분만 인쇄할 수 있으며, 지정한 범위에 숨겨진 행이나 열도 함께 인쇄된다.

64 다음 중 매크로의 바로 가기 키에 대한 설명으로 옳지 <u>않은</u> 것은?

① 매크로 생성 시 설정한 바로 가기 키는 [매크로] 대화 상자의 [옵션]에서 변경할 수 있다.
② 기본적으로 바로 가기 키는 〈Ctrl〉 키와 조합하여 사용하지만 대문자로 지정하면 〈Shift〉 키가 자동으로 덧붙는다.
③ 바로 가기 키의 조합 문자는 영문자만 가능하고, 바로가기 키를 설정하지 않아도 매크로를 생성할 수 있다.
④ 엑셀에서 기본적으로 지정되어 있는 바로 가기 키는 매크로의 바로 가기 키로 지정할 수 없다.

65 다음 중 데이터 통합에 관한 설명으로 옳지 <u>않은</u> 것은?

① 데이터 통합은 위치를 기준으로 통합할 수도 있고, 영역의 이름을 정의하여 통합할 수도 있다.

② '원본 데이터에 연결' 기능은 통합할 데이터가 있는 워크시트와 통합 결과가 작성될 워크시트가 같은 통합 문서에 있는 경우에만 적용할 수 있다.

③ 다른 원본 영역의 레이블과 일치하지 않는 레이블이 있는 경우에 통합하면 별도의 행이나 열이 만들어진다.

④ 여러 시트에 있는 데이터나 다른 통합 문서에 입력되어 있는 데이터를 통합할 수 있다.

66 다음 중 [셀 서식] 대화상자에서 [맞춤] 탭의 기능으로 옳지 <u>않은</u> 것은?

① '셀 병합'은 선택 영역에서 데이터 값이 여러 개인 경우 마지막 셀의 내용만 남기고 모두 지운다.

② '셀에 맞춤'은 입력 데이터의 길이가 셀의 너비보다 긴 경우 글자 크기를 자동으로 줄인다.

③ '방향'은 데이터를 세로 방향으로 설정하거나 가로의 회전 각도를 지정하여 방향을 설정한다.

④ '텍스트 줄 바꿈'은 텍스트의 길이가 셀의 너비보다 긴 경우 자동으로 줄을 나누어 표시한다.

67 다음 중 셀에 데이터를 입력하는 방법에 대한 설명으로 옳지 <u>않은</u> 것은?

① [C5] 셀에 값을 입력하고 〈Esc〉 키를 누르면 [C5] 셀에 입력한 값이 취소된다.

② [C5] 셀에 값을 입력하고 오른쪽 방향키를 누르면 [C5] 셀에 값이 입력된 후 [D5] 셀로 셀 포인터가 이동한다.

③ [C5] 셀에 값을 입력하고 〈Enter〉 키를 누르면 [C5] 셀에 값이 입력된 후 [C6] 셀로 셀 포인터가 이동한다.

④ [C5] 셀에 값을 입력하고 〈Home〉 키를 누르면 [C5] 셀에 값이 입력된 후 [C1] 셀로 셀 포인터가 이동한다.

68 다음 중 매크로 이름을 정의하는 규칙으로 옳지 <u>않은</u> 것은?

① '?', '/', '-' 등의 문자는 매크로 이름에 사용할 수 없다.
② 기존의 매크로 이름과 동일한 이름을 사용하면 기존의 매크로를 새로 기록하려는 매크로로 바꿀 것인지를 선택할 수 있다.
③ 매크로 이름의 첫 글자는 반드시 문자로 지정해야 한다.
④ 매크로 이름에 사용되는 영문자는 대소문자를 구분한다.

69 '직무'가 90 이상이거나, '국사'와 '상식'이 모두 80 이상이면 '평가'에 "통과"를 표시하고 그렇지 않으면 공백을 표시하는 [E2] 셀의 함수식으로 옳은 것은?

	A	B	C	D	E
1	이름	직무	국사	상식	평가
2	홍길동	88	91	85	

① =IF(AND(B2>=90, OR(C2>=80, D2>=80)), "통과", "")
② =IF(OR(AND(B2>=90, C2>=80), D2>=80)), "통과", "")
③ =IF(OR(B2>=90, AND(C2>=80, D2>=80)), "통과", "")
④ =IF(AND(OR(B2>=90, C2>=80), D2>=80)), "통과", "")

70 다음 중 차트에 대한 설명으로 옳지 <u>않은</u> 것은?

① 기본적으로 워크시트의 행과 열에서 숨겨진 데이터는 차트에 표시되지 않는다.
② 차트 제목, 가로/세로 축 제목, 범례, 그림 영역 등은 마우스로 드래그하여 이동할 수 있다.
③ 〈Ctrl〉 키를 누른 상태에서 차트 크기를 조절하면 차트의 크기가 셀에 맞춰 조절된다.
④ 사용자가 자주 사용하는 차트 종류를 차트 서식 파일로 저장할 수 있다.

71 다음 중 페이지 나누기에 대한 설명으로 옳지 <u>않은</u> 것은?

① 페이지 나누기는 워크시트를 인쇄할 수 있도록 페이지 단위로 나누는 구분선이다.
② [페이지 나누기 미리 보기] 상태에서 마우스로 페이지 나누기 구분선을 클릭하여 끌면 페이지를 나눌 위치를 조정할 수 있다.
③ 행 높이와 열 너비를 변경해도 자동 페이지 나누기 구분선의 위치는 변경되지 않는다.
④ [페이지 나누기 미리 보기] 상태에서 파선은 자동 페이지 나누기를 나타내고 실선은 사용자 지정 페이지 나누기를 나타낸다.

72 다음 중 찾기/참조 함수에 대한 설명으로 옳지 <u>않은</u> 것은?

① VLOOKUP 함수의 네 번째 인수를 'FALSE'로 사용하는 경우 참조 표의 첫 열의 값은 반드시 오름차순 정렬되어 있어야 한다.
② HLOOKUP 함수는 참조 표의 첫 행에서 값을 찾을 때 대/소문자를 구분하지 않는다.
③ INDEX 함수는 표나 범위에서 값 또는 값에 대한 참조를 반환한다.
④ CHOOSE 함수의 첫 번째 인수는 1에서 254 사이의 숫자를 나타내는 숫자나 수식, 셀 참조 등을 사용한다.

73 다음 중 셀 또는 셀 범위에 대한 이름 정의 시 구문규칙에 대한 설명으로 <u>옳은</u> 것은?

① 이름은 최대 255자까지 지정할 수 있다.
② 이름의 첫 자는 반드시 문자나 밑줄(_) 또는 슬래시(/)로 시작해야 한다.
③ 이름의 일부로 공백을 사용할 수 있다.
④ Excel에서는 이름의 대문자와 소문자를 구별한다.

74 다음 중 워크시트의 화면 작업에 대한 설명으로 옳지 <u>않은</u> 것은?

① 범위를 선택한 후 값을 입력하고 〈Alt〉+〈Enter〉 키를 누르면 선택된 범위에 같은 값이 입력된다.
② 〈Ctrl〉 키를 누른 상태에서 마우스 휠을 돌리면 화면이 확대/축소된다.
③ 〈Enter〉 방향키가 아래쪽일 때 〈Shift〉+〈Enter〉 키를 누르면 셀 포인터가 위쪽 셀로 이동된다.
④ 〈ScrollLock〉 키를 누른 후 방향키를 누르면 셀 포인터는 고정된 상태로 화면만 이동된다.

75 다음 중 아래와 같이 설정된 [매크로 기록] 대화상자에 대한 설명으로 옳지 <u>않은</u> 것은?

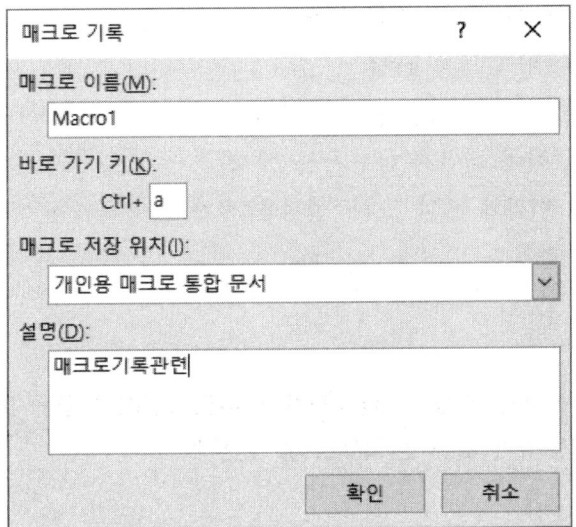

① 매크로 이름은 Macro1이며, 변경하고자 할 경우 [매크로]대화상자에서만 변경할 수 있다.

② 작성된 'Macro1' 매크로는 'Personal.xlsb'에 저장된다.

③ 설명은 일종의 주석으로 반드시 지정해 주지 않아도 된다.

④ 작성된 'Macro1' 매크로는 〈Ctrl〉+〈a〉키를 눌러 실행 할 수 있다.

76 다음 중 채우기 핸들에 대한 설명으로 <u>옳은</u> 것은?

① 문자와 숫자가 혼합된 셀의 채우기 핸들을 〈Ctrl〉 키를 누른 채 드래그하면 동일한 내용으로 복사된다.

② 숫자가 입력된 첫 번째 셀과 두 번째 셀을 범위로 설정 한 후 채우기 핸들을 드래그하면 두 번째 셀의 값이 복사된다.

③ 숫자가 입력된 셀에서 〈Ctrl〉 키를 누른 채 채우기 핸들을 오른쪽으로 드래그하면 숫자가 1씩 감소한다.

④ 사용자 정의 목록에 정의된 목록 데이터의 첫 번째 항목을 입력하고 〈Ctrl〉 키를 누른 채 채우기 핸들을 드래그하면 목록 데이터가 입력된다.

77 다음 중 이미 부분합이 계산되어 있는 상태에서 새로운 부분합을 추가하고자 할 때 수행해야 할 작업으로 옳은 것은?

① [모두 제거] 단추를 클릭
② '새로운 값으로 대치' 설정을 해제
③ '그룹 사이에 페이지 나누기'를 설정
④ '데이터 아래에 요약 표시' 설정을 해제

78 다음 중 [페이지 설정] 대화상자에서 워크시트에 포함된 메모의 인쇄 여부 및 인쇄 위치를 지정하기 위해 선택해야 할 탭은?

① [페이지] 탭
② [여백] 탭
③ [머리글/바닥글] 탭
④ [시트] 탭

79 다음 중 날짜 및 시간 데이터에 관한 설명으로 옳지 않은 것은?

① 날짜 데이터를 입력할 때 년도와 월만 입력하면 일자는 자동으로 해당 월의 1일로 입력된다.
② 셀에 '4/9'을 입력하고 〈Enter〉키를 누르면 셀에는 '04월 09일'로 표시된다.
③ 날짜 및 시간 데이터의 텍스트 맞춤은 기본 왼쪽 맞춤으로 표시된다.
④ 〈Ctrl〉 + 〈;〉키를 누르면 시스템의 오늘 날짜, 〈Ctrl〉 + 〈Shift〉 + 〈;〉키를 누르면 현재 시간이 입력된다.

80 다음 중 시스템의 현재 날짜에서 년도를 구하는 수식으로 옳은 것은?

① =DAYS360(YEAR())
② =DAY(YEAR())
③ =YEAR(TODAY())
④ =YEAR(DATE())

81 다음 중 [시나리오 추가] 대화 상자에 대한 설명으로 옳지 <u>않은</u> 것은?

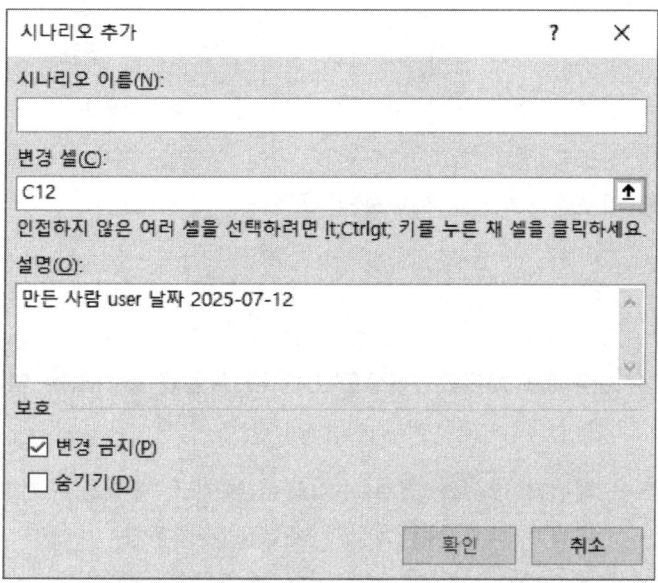

① [데이터]-[데이터 도구]-[가상 분석]-[시나리오 관리자]대화상자에서 [추가] 단추를 클릭하면 표시되는 대화 상자이다.

② '변경 셀'은 변경 요소가 되는 값의 그룹이며, 하나의 시나리오에 최대 32개까지 지정할 수 있다.

③ '설명'은 시나리오에 대한 추가적인 설명으로 반드시 입력해야 한다.

④ '보호'의 체크 박스들은 [검토]-[변경 내용]-[시트 보호]를 설정한 경우에만 적용되는 항목들이다.

82 다음 중 차트의 범례 설정에 대한 설명으로 옳지 <u>않은</u> 것은?

① 범례 위치는 [범례 서식] 대화상자나 [레이아웃]탭 [레이블] 그룹에서 쉽게 변경할 수 있다.

② 차트에서 범례 또는 범례 항목을 클릭한 후 〈Delete〉 키를 누르면 범례를 쉽게 제거할 수 있다.

③ 기본적으로 범례의 위치는 차트의 다른 구성요소와 겹치지 않게 표시된다.

④ 마우스로 범례를 이동하거나 크기를 변경하면 그림 영역의 크기 및 위치는 자동으로 조정된다.

83 스프레드시트에서 셀을 복사할 때 상대 참조와 절대 참조의 차이에 대한 설명으로 올바른 것은?

① 상대 참조는 수식 복사 시 참조 위치가 자동으로 바뀐다.
② 절대 참조는 수식 복사 시 참조 위치가 항상 바뀐다.
③ 상대 참조와 절대 참조는 수식 복사에 영향을 주지 않는다.
④ 절대 참조는 $기호를 사용하지 않는다.

84 스프레드시트에서 차트를 만들 때 데이터 계열을 추가하는 방법으로 적절하지 않은 것은?

① 차트의 데이터 범위를 직접 수정하여 데이터 계열을 추가한다.
② 차트 마법사를 이용하여 데이터 계열을 추가한다.
③ 차트에 셀 병합을 이용하여 데이터 계열을 추가한다.
④ 원본 데이터에 새로운 열을 추가하여 차트에 반영한다.

85 고급 필터와 자동 필터의 차이점에 대한 설명으로 올바른 것은?

① 고급 필터는 조건 범위를 별도로 지정할 수 있다.
② 자동 필터는 결과를 다른 시트로 복사할 수 있다.
③ 고급 필터는 한 번에 한 조건만 사용할 수 있다.
④ 자동 필터는 복수 조건을 지정할 수 없다.

86 이름 정의 기능의 장점에 대한 설명으로 올바른 것은?

① 이름 정의를 사용하면 수식의 가독성이 높아진다.
② 이름 정의를 하면 셀 참조가 불가능하다.
③ 이름 정의는 한 번에 한 셀에만 사용할 수 있다.
④ 이름 정의는 데이터 유효성 검사에서 사용할 수 없다.

87 찾기 및 바꾸기 기능의 활용 예로 올바른 것은?

① 특정 텍스트를 찾아서 다른 텍스트로 일괄 변경할 수 있다.
② 찾기 및 바꾸기는 수식 내 참조 셀을 변경할 수 없다.
③ 찾기 및 바꾸기는 한 번에 한 셀만 변경할 수 있다.
④ 찾기 및 바꾸기는 서식이 적용된 셀만 검색할 수 있다.

88 셀 병합 기능 사용 시 주의할 점으로 올바른 것은?

① 병합된 셀은 한 번에 하나의 값만 가질 수 있다.
② 병합된 셀은 여러 개의 값을 동시에 가질 수 있다.
③ 병합된 셀은 정렬 시 오류가 발생하지 않는다.
④ 병합된 셀은 피벗 테이블 생성에 영향을 주지 않는다.

89 다음 중 조건부 서식의 서식 스타일에 해당하지 <u>않는</u> 것은?

① 데이터 막대　　　　② 색조
③ 아이콘 집합　　　　④ 그림

90 다음 중 [찾기 및 바꾸기] 대화상자에서 [찾기] 탭의 기능에 대한 설명으로 옳지 <u>않은</u> 것은?

① 대/소문자를 구분하여 찾을 수 있다.
② 수식이나 값에서 찾을 수 있지만, 메모 안의 텍스트는 찾을 수 없다.
③ 이전 항목을 찾으려면 〈Shift〉키를 누른 상태에서 [다음 찾기] 단추를 클릭한다.
④ 와일드 카드 문자인 '*' 기호를 이용하여 특정 글자로 시작하는 텍스트를 찾을 수 있다.

91 다음 중 데이터 편집에 대한 설명으로 옳지 <u>않은</u> 것은?

① [홈] 탭 [셀] 그룹의 [삭제]를 클릭하면 현재 선택되어 있는 셀 자체를 삭제하는 것이다.
② 셀을 선택하고 〈Delete〉키를 누르면 셀에 입력된 데이터 내용만 지워진다.
③ 클립보드는 임시 저장소로 한 번에 하나의 데이터만 저장할 수 있기 때문에 추가로 다른 데이터가 저장되면 이전에 저장된 데이터는 사라진다.
④ [선택하여 붙여넣기] 기능을 이용하면 데이터가 입력되어 있는 표의 행과 열을 바꾸어 붙여 넣을 수 있다.

92 다음 중 작성된 매크로를 실행하는 방법으로 옳지 <u>않은</u> 것은?

① 매크로를 지정한 도형을 클릭하여 실행한다.
② 매크로 대화상자에서 매크로를 선택하여 실행한다.
③ 매크로를 기록할 때 지정한 바로 가기 키를 이용하여 실행한다.
④ 매크로를 지정한 워크시트의 셀 자체를 클릭하여 실행한다.

93 다음 중 매크로에 대한 설명으로 옳지 <u>않은</u> 것은?

① 매크로 이름은 대소문자를 구분하지 않으며, 공백이나 마침표를 포함하여 매크로 이름을 설정할 수 있다.
② 매크로를 실행할 〈Ctrl〉키 조합 바로 가기 키는 매크로가 포함된 통합 문서가 열려 있는 동안 이와 동일한 기본 엑셀 바로 가기 키를 무시한다.
③ 매크로를 기록하는 경우 실행하려는 작업을 완료하는데 필요한 모든 단계가 매크로 레코더에 기록되며, 리본에서의 탐색은 기록에 포함되지 않는다.
④ 엑셀을 사용할 때마다 매크로를 사용할 수 있게 하려면 매크로 기록 시 매크로 저장 위치 목록에서 '개인용 매크로 통합 문서'를 선택한다.

94 다음 중 함수식에 대한 결과가 옳지 <u>않은</u> 것은?

① =MOD(9,2) → 1
② =COLUMN(C5) → 3
③ =TRUNC(8.73) → 8
④ =POWER(5,2) → 10

95 다음 중 입력한 수식에서 발생한 오류 메시지와 그 발생원인으로 옳지 <u>않은</u> 것은?

① #VALUE! : 잘못된 인수나 피연산자를 사용했을 때
② #DIV/0! : 특정 값(셀)을 0 또는 빈 셀로 나누었을 때
③ #NAME? : 함수 이름을 잘못 입력하거나 인식할 수 없는 텍스트를 수식에 사용했을 때
④ #REF! : 숫자 인수가 필요한 함수에 다른 인수를 지정 했을 때

96 다음 중 엑셀에서 기본 오름차순 정렬 순서에 대한 설명으로 옳지 <u>않은</u> 것은?

① 날짜는 가장 이전 날짜에서 가장 최근 날짜의 순서로 정렬된다.
② 논리값의 경우 TRUE 다음 FALSE의 순서로 정렬된다.
③ 숫자는 가장 작은 음수에서 가장 큰 양수의 순서로 정렬된다.
④ 빈 셀은 오름차순과 내림차순 정렬에서 항상 마지막에 정렬된다.

97 다음 중 아래 워크시트에서 [A1:A2] 영역을 선택한 후 <Ctrl>키를 누른 채 채우기 핸들을 아래쪽으로 드래그 하는 경우 [A4] 셀에 입력되는 값은?

	A
1	10
2	8

① 4   ② 16
③ 8   ④ 10

98 다음 중 셀 서식의 표시 형식에 대한 설명으로 옳지 <u>않은</u> 것은?

① 일반 형식으로 지정된 셀에 열 너비 보다 긴 소수가 '0.123456789'와 같이 입력될 경우 셀의 너비에 맞춰 반올림한 값으로 표시된다.
② 통화 형식은 숫자와 함께 기본 통화 기호가 셀의 왼쪽 끝에 표시되며, 통화 기호의 표시 여부를 선택할 수 있다.
③ 회계 형식은 음수의 표시 형식을 별도로 지정할 수 없고, 입력된 값이 0일 경우 하이픈(-)으로 표시된다.
④ 숫자 형식은 음수의 표시 형식을 빨강색으로 지정할 수 있다.

99 다음 중 조건부 서식 설정을 위한 [새 서식 규칙] 대화상자의 '규칙 유형 선택' 항목에 해당하지 <u>않는</u> 것은?

① 임의의 날짜를 기준으로 셀의 서식 지정
② 셀 값을 기준으로 모든 셀의 서식 지정
③ 다음을 포함하는 셀만 서식 지정
④ 고유 또는 중복 값만 서식 지정

100 다음 중 차트에 대한 설명으로 옳지 <u>않은</u> 것은?

① 표면형 차트는 두 개의 데이터 집합에서 최적의 조합을 찾을 때 사용한다.
② 방사형 차트는 분산형 차트의 한 종류로 데이터 계열간의 항목 비교에 사용된다.
③ 분산형 차트는 데이터의 불규칙한 간격이나 묶음을 보여주며 주로 과학이나 공학용 데이터 분석에 사용된다.
④ 이중 축 차트는 특정 데이터 계열의 값이 다른 데이터 계열의 값과 현저하게 차이가 나거나 데이터의 단위가 다른 경우 주로 사용한다.

정답 및 해설

1	2	3	4	5	6	7	8	9	10
①	③	①	③	④	③	③	①	④	③
11	12	13	14	15	16	17	18	19	20
②	②	②	①	④	③	④	④	②	③
21	22	23	24	25	26	27	28	29	30
③	④	①	④	①	②	④	③	①	③
31	32	33	34	35	36	37	38	39	40
③	①	④	④	③	②	④	③	④	③
41	42	43	44	45	46	47	48	49	50
④	③	④	④	④	③	④	④	②	①
51	52	53	54	55	56	57	58	59	60
③	④	③	③	③	①	③	③	③	④
61	62	63	64	65	66	67	68	69	70
③	①	②	④	②	①	④	④	③	③
71	72	73	74	75	76	77	78	79	80
③	①	①	①	①	①	②	④	③	③
81	82	83	84	85	86	87	88	89	90
③	④	①	③	①	①	①	①	④	②
91	92	93	94	95	96	97	98	99	100
③	④	①	④	④	②	①	②	①	②

01 행과 열이 교차되면서 만들어지는 사각 공간을 cell(셀)이라고 한다.

02 데이터베이스 작성, 관리는 엑셀의 기능을 오버한다.

03 문자 데이터는 왼쪽정렬을 기본으로 한다.

04 도형이나 그림 워드아트 등 그래픽 개체는 하이퍼링크를 지정할 수 있으나 단추에는 하이퍼링크를 지정할 수 없다.

05 워크시트 전체를 선택하려면, 하나의 행이 선택된 상태에서는 ctrl+spacebar, 하나의 열이 선택된 상태에서는 shift + spacebar를 누른다

06 "A가 B와 같지 않다."는 〈〉 이다

07 시스템에 설정된 오늘 날자와 시간을 빠르게 구해준다.

08 Year()는 연도를 반환하는 함수이다.

09 OR는 둘 중 하나만 true여도 true가 된다.

11 sumif() 함수는 수학삼각 함수의 범주이다.

12 =mid(문자열, 시작인덱스, 개수)의 문법을 갖는다.

13 =Int(숫자) : 숫자를 넘지 않는 가장 가까운 정수를 구해준다.

14 =count() : 영역안의 숫자 데이타의 개수를 구해준다.

15 찾을영역의 가장 위쪽에서 값을 찾아 그 열의 행번호의 위치에 있는 값을 결과로 한다. → Hlookup()을 의미한다.

16 조건 영역은 대부분이 데이터베이스와 다른 곳에 둔다.

17 리본메뉴의 [데이터]-[가상분석]-[목표값 찾기]를 이용해 만든다.

18 시나리오 보고서는 현재 작업 워크시트 앞에 생성된다.

19 데이터를 하나의 표로 통합하고자 할 때 사용하는 기능은 데이터 통합이다.

20 같은 자료에 대해 여러 개의 함수를 중복으로 다중 부분합을 만들 수 있다.

21 피벗테이블은 엑셀목록, 데이터베이스,외부데이터,다른 피벗테이블의 데이터를 참조할 수 있다.

22 값필드 설정에서 기본 함수를 바꿀 수 있다.

23 매크로의 정의를 묻고 있다.

24 매크로는 양식 버튼과 도형에도 연결할 수 있다.

25 개발도구 탭을 추가하여야 매크로 작업을 할 수 있다.

26 영역형 차트의 특징이다.

27 방사형 차트의 특징이다.

28 이름을 숫자로 시작할 수 없다.

29 시트탭의 색상이 같아도 된다.

30 =FIND("a","Automation") 만 6이 나오고 나머지는 모두 1이 나온다.

31 작업이 시트 삭제인 경우 빠른 실행 도구 모음의 '실행 취소' 명령을 클릭하여 되살릴 수 없다.

32 동시에 만족해야 하므로 같은 줄에 표현되어야 한다.

33 절대 참조는 수식 복사 시 참조가 절대 변하지 않는다.

34 모두 바르게 사용됨

35 ① 직접 값을 입력해야만 한다. → 데이터가 있는 곳을 드래그해도 된다
② 셀 범위를 참조할 수 없다. → 있다
④ 숫자만 입력 가능하다. → 문자도 입력 가능

36 원본 데이터 변경 시 자동 변경 되지 않는다

37 [데이터] 탭의 정렬 및 필터 그룹에 있다

38 수식 결과에 따라 셀 숨기기는 없다.

39 모두 채우기 핸들로 자동채우기가 된다.

40 모든 함수의 사용법을 자동으로 설명해주는 기능이 아니라 입력을 편리하게 도와준다.

41 값이 너무 커서 셀에 표시 불가한 것이 아니라 지수 표기법(예: 1.23E+10)으로 변환하여 표시한다.

42 정의된 이름으로 셀참조를 하게 된다

43 찾기 기능은 대소문자를 구분하지 않는다.

44 ④ 혼합 참조는 수식 복사 시 항상 변하지 않는다.-) 절대 참조만 절대 변하지 않음

45 #NAME? 오류는 함수 이름이나 정의되지 않은 이름을 잘못 입력했을 때 발생한다.

46 자동 필터를 사용하면 필터링된(보이는) 데이터만 선택하여 복사할 수 있다.

47 필터 필드는 데이터의 일부만 보고자 할 때 사용하며, 차트 종류 선택과는 무관하다.

48 자동 필터는 결과를 현재 시트에서만 볼 수 있고, 고급 필터만 결과를 다른 시트나 위치에 복사할 수 있다.

49 정렬 기준은 여러 개(예: 부서-이름-점수 등) 지정할 수 있다.

50 데이터 통합은 여러 시트 또는 범위의 데이터를 하나로 합칠 수 있다.

51 셀 병합은 차트의 요소가 아니다.

52 함수가 아닌 일반 수식도 가능하다

53 '날짜' 라는 표시형식이 존재한다.

54 수식 입력 시 오타가 자동으로 수정되지는 않는다.

55 이름은 중복이 허용되지 않는다.

56 '오류 메시지 설정'은 잘못된 값 입력 시 안내 메시지 표시를 위한 것이다.

57 텍스트 데이터는 그룹화할 수 있다.

58 알파벳 역순 정렬은 내림차순으로 할 수 있다.

59 필터링 결과를 덮어쓰지 않기 위해 다른 장소에 복사를 선택한다.

60 조건부 합계 계산은 지원하지 않는다.

61 이름 정의시 공백은 사용할 수 없다.

62 텍스트데이터는 '조건부 서식'에서 아이콘 집합을 사용할 수 없다

63 메모의 출력은 메모 상자에서 '시트 끝' 또는 '시트에 표시된 대로'를 선택한다.

64 엑셀의 기본 바로가기 키도 매크로 바로가기 키로 지정할 수 있다

65 통합 결과가 작성될 워크시트가 다른 통합 문서에 있는 경우에도 적용할 수 있다.

66 셀병합은 왼쪽 위의 값만 남기고 다 지워진다.

67 [C5] 셀에 값을 입력하고 〈Home〉 키를 누르면 [C5] 셀에 값이 입력된 후 [A5] 셀로 셀 포인터가 이동한다.

68 매크로 이름은 대소문자를 가리지 않음

69 '직무'가 90 이상이거나는 or, '국사'와 '상식'이 모두 80 이상이면은 and로 묶는다.

70 [Alt]키를 누른 상태에서 차트 크기를 조절하면 차트의 크기가 셀에 맞춰 조절된다.

71 행 높이와 열 너비를 변경해도 자동 페이지 나누기 구분선의 위치는 변경된다.

72 VLOOKUP 함수의 네 번째 인수를 'FALSE'로 사용하는 경우는 정확한 값을 찾겠다는 의미이다.

73 ② 이름의 첫 자는 반드시 문자나 밑줄 (_) 또는 슬래시(/)로 시작해야 한다. → 영문자로 시작
③ 이름의 일부로 공백을 사용할 수 있다. → 공백사용 못함

④ Excel에서는 이름의 대문자와 소문자
를 구별한다. → 구별하지 않음

74 범위를 선택한 후 값을 입력하고 <Ctr
l>+<Enter> 키를 누르면 선택된 범위
에 같은 값이 입력된다.

75 엑셀 매크로 이름을 변경하려면 VBA 편
집기에서 매크로 이름을 직접 수정하거
나, 매크로 기록 시 새로운 이름으로 다
시 기록해야 한다.

76 ② 숫자가 입력된 첫 번째 셀과 두 번째
셀을 범위로 설정 한 후 채우기 핸들
을 드래그하면 두 번째 셀의 값이 복
사된다. → 두 숫자 간격 만큼 채워
진다.
③ 숫자가 입력된 셀에서 〈Ctrl〉 키를 누
른 채 채우기 핸들을 오른쪽으로 드
래그하면 숫자가 1씩 감소한다. →
연번으로 채워진다
④ 사용자 정의 목록에 정의된 목록 데
이터의 첫 번째 항목을 입력하고
〈Ctrl〉 키를 누른 채 채우기 핸들을
드래그하면 목록 데이터가 입력된다.
→ 복사된다.

77 '새로운 값으로 대치' 설정을 해제해야
앞의 부분합이 사라지지 않는다.

78

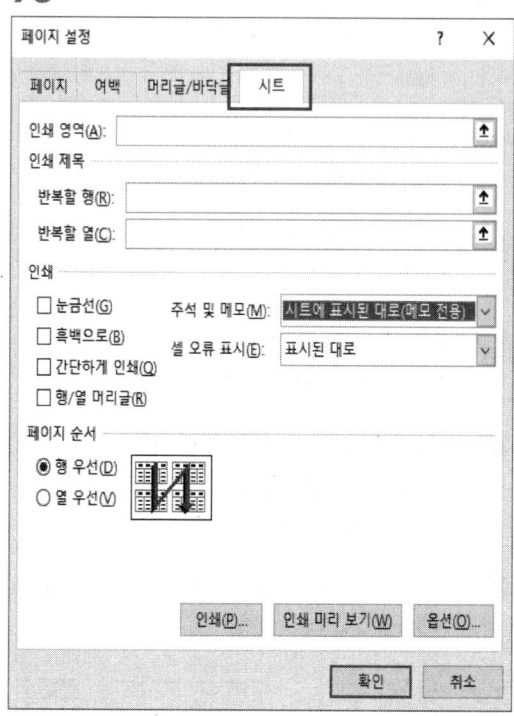

79 날짜 및 시간 데이터의 텍스트 맞춤은
기본 오른쪽 맞춤으로 표시된다.

80 =YEAR(TODAY())로 today()는 오늘 날자
를 반환하고, year()는 년도를 빈환한다.

81 '설명'은 시나리오에 대한 추가적인 설명
으로 반드시 입력하지 않아도 된다

82 마우스로 범례를 이동하거나 크기를 변
경하면 그림 영역의 크기 및 위치는 자
동으로 조정되지 않는다.

83 상대 참조는 수식 복사 시 참조 위치가
자동으로 바뀐다.

84 차트에 셀 병합을 이용하여 데이터 계열
을 추가할 수 없다.

85 ② 자동 필터는 결과를 다른 시트로 복
사할 수 있다. → 없다

③ 고급 필터는 한 번에 한 조건만 사용할 수 있다. → 여러조건 가능

④ 자동 필터는 복수 조건을 지정할 수 없다. → 있다

86 주소표현보다는 가독성이 높다.

87 찾기 및 바꾸기 기능은 특정 텍스트를 찾아서 다른 텍스트로 일괄 변경하는 기능이다.

88 병합된 셀은 한 번에 하나의 값만 가질 수 있다. 왼쪽 위의 값

89 데이터 막대, 색조, 아이콘 집합이다.

90 메모 안의 텍스트는 찾을 수 있다.

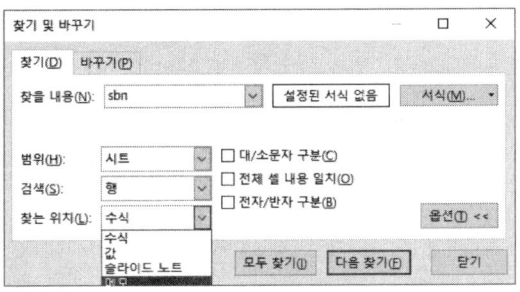

91 최대 24개 까지 저장된다.

92 셀자체를 클릭하여 실행할 수 없다.

93 공백이나 마침표를 포함하여 매크로 이름을 설정할 수 없다.

94 =POWER(5,2) → 25

95 #REF! 는 주로 수식에서 참조하던 셀이 삭제되었을 때 발생한다

96 오른차순의 경우, 논리값의 경우 FALSE 다음 TRUE의 순서로 정렬된다.

97 아래 그림처럼 입력된다

	A
1	10
2	8
3	6
4	4
5	2
6	0
7	-2
8	-4

98 통화 형식은 숫자와 함께 기본 통화 기호가 셀의 왼쪽 끝에 표시되며, 통화 기호의 표시 여부를 선택할 수 있다. → 회계형식

99

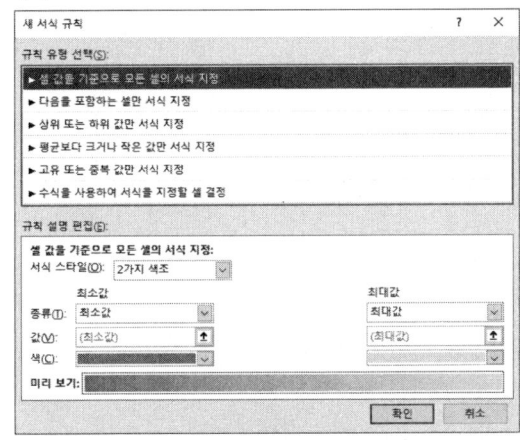

100 방사형 차트는 분산형 차트의 한 종류로 데이터 계열간의 항목 비교에 사용된다. → 거품형차트

실기

1장 기본작업

1. 엑셀의 기본

1) 셀(Cell)

행과 열이 교차되면서 만들어지는 사각공간
실제로 수식, 데이터등이 입력되는 곳이다.

2) 셀포인터

현재 작업이 이루어지는 셀을 인식시키는 굵은 검정 사각형의 커서
셀포인터가 위치한 곳에 데이터가 입력 된다.
마우스나 방향키 등을 이용해 셀포인터를 이동시킬 수 있다.

3) 도구모음

① 리본메뉴 - [홈] 탭
　기본적인 복사하기, 붙여넣기와 글꼴, 단락 맞춤, 표시형식, 스타일, 셀 삽입/삭제, 정
　렬, 찾기/바꾸기 등의 메뉴 아이콘 등이 모여 있다.

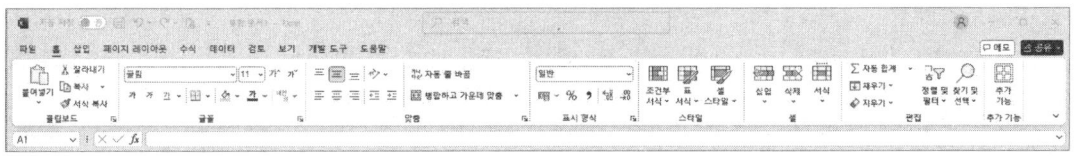

② 리본메뉴 - [삽입] 탭
　표에 대한 편집메뉴 및 그림, 클립아트, 도형, SmartArt 삽입, 차트편집, 머리글/바닥글,
　워드아트, 기호 삽입을 위한 메뉴 아이콘 등이 모여 있다.

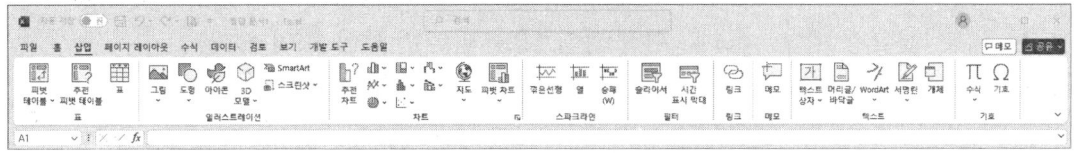

③ 리본메뉴 - [페이지레이아웃] 탭

테마편집 및 여백, 인쇄를 위한 용지 방향/크기 등의 페이지 설정, 크기조정, 시트 옵션
및 정렬을 위한 메뉴 아이콘 등이 모여 있다.

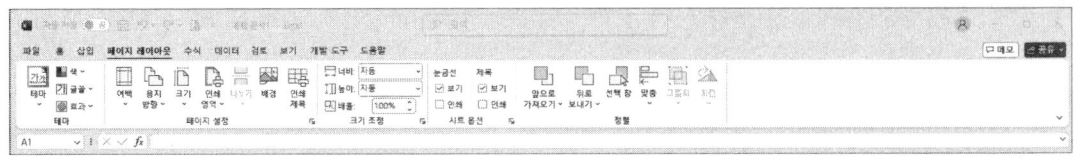

④ 리본메뉴 - [수식] 탭

함수삽입을 위한 마법사 메뉴, 이름관리자, 수식분석, 계산 등의 메뉴 아이콘이 모여 있다.

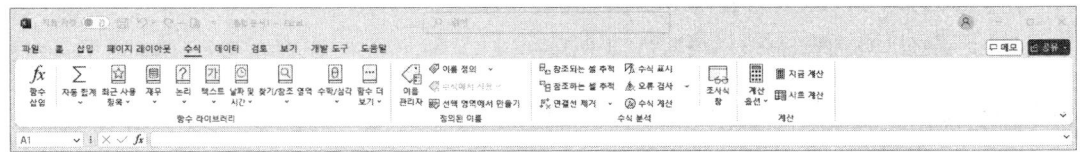

⑤ 리본메뉴 - [데이터] 탭

데이터가져오기 및 변환 메뉴와 쿼리 및 연결, 정렬 및 필터, 통합, 시나리오, 목표값찾
기, 데이터표 등의 데이터분석 도구와 부분합 등의 메뉴 아이콘 등이 모여 있다.

⑥ 리본메뉴 - [검토] 탭

맞춤법 검사 등의 언어교정 메뉴 및 메모 편집, 보호 등의 메뉴 아이콘 등이 모여 있다.

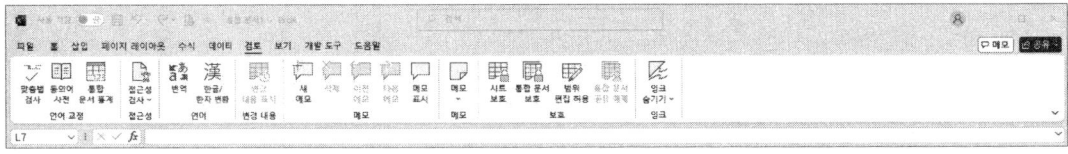

⑦ 리본메뉴 - [보기] 탭

기본, 페이지레이아웃, 페이지 나누기 미리보기 등의 통합문서보기 메뉴 및 확대/축소
메뉴, 틀고정 메뉴, 매크로 편집 등의 메뉴 아이콘 등이 모여 있다.

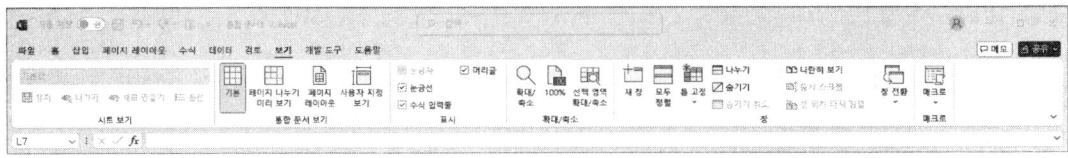

⑧ 리본메뉴 - [개발도구] 탭

기본 리본 메뉴가 아니므로 추가해야 한다. 매크로 작업 등을 위한 리본 메뉴이다.

※ [개발도구] 탭을 리본 메뉴에 추가하는 방법

① 메뉴의 [파일]을 눌러 나온 메뉴에서 [옵션]을 눌러 [Excel] 옵션창을 연다.

② [Excel] 옵션창의 [리본 사용자 지정]을 누른다.

③ 우측화면의 개발도구의 체크박스에 체크한다.

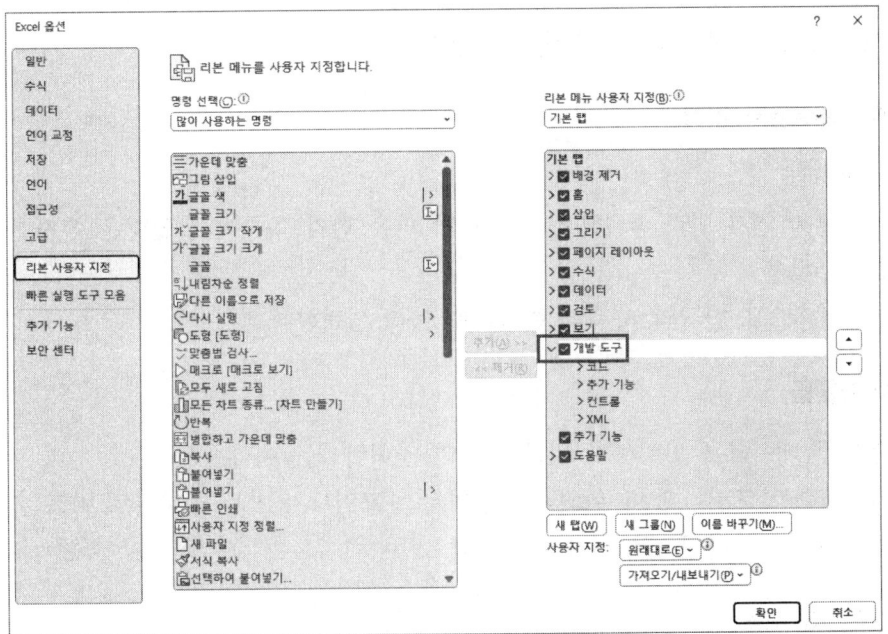

2. 데이터입력의 기본

1) 데이터입력

입력할 셀에 셀포인터를 위치시킨 후 데이터를 입력하고 마무리는 반드시 엔터키를 입력
한다.

2) 문자데이터

- 문자데이터는 왼쪽정렬을 기본으로 한다.

- 한글, 영문, 특수문자 등을 문자 데이터를 취급한다.
- 숫자데이터를 문자데이터로 인식시키기 위해서는 '(홑따옴표)를 시작으로 하고 입력하면 된다.

3) 수치데이터

- 수치데이터는 오른쪽 정렬을 기본으로 한다.
- 0~9의 숫자, 통화, 백분율, 지수등의 형식으로 입력된 데이터를 의미한다.

4) 날짜/시간데이터

- 하이픈(-)이나 슬래시(/)를 이용하여 입력한다.
- 시/분/초는 콜론(:)을 이용하여 구분한다.

5) 한자, 특수문자 입력

① 한자
   한글을 먼저 입력 후 [한자]키를 눌러 나온 한자 목록에서 알맞은 한자를 선택한다.
② 특수문자
   기본적으로 한글의 자음과 한자키를 눌러 입력한다.

6) 채우기핸들

- 연속된 데이터를 입력하기 위한 엑셀의 강력한 기능이다.
- 채우기핸들 포인터에 마우스를 대면 마우스 포인터가 가는 십자가로 바뀌는데 이때 드래그앤드롭을 하면 데이터가 채워진다.

7) 셀 포인터 이동

Shift + TAB,TAB : 좌우이동

Shift + enter,enter : 상하이동

Home 키 : 해당열의 A 셀로 이동

F5 키 : 이동하고자하는 셀주소를 직접입력

Ctrl + Home 키 : A1 셀로 이동

Ctrl + End 키 : 데이터가 입력된 셀의 우측하단

Ctrl + 방향키 : 워크시트의 가장 위, 아래, 좌, 우로 이동

Alt + PgUp, PgDn키 :한 화면 좌,우

Ctrl + PgUp, PgDn키 :한 워크시트 앞, 뒤

3. 셀서식이란?

1) 셀서식

- 셀에 서식을 지정한다는 의미로 서식이란, 글꼴이라든가, 글자크기, 글자색, 스타일, 맞춤, 음영, 테두리 스타일 등을 지정하는 것을 의미한다.
- 셀을 선택하고 마우스 오른쪽 버튼을 누른 빠른 실행에서 [셀서식]을 선택해서 실행할 수 있다.
- 단축키는 Ctrl + 1 이다

2) 셀서식 종류

① 표시형식

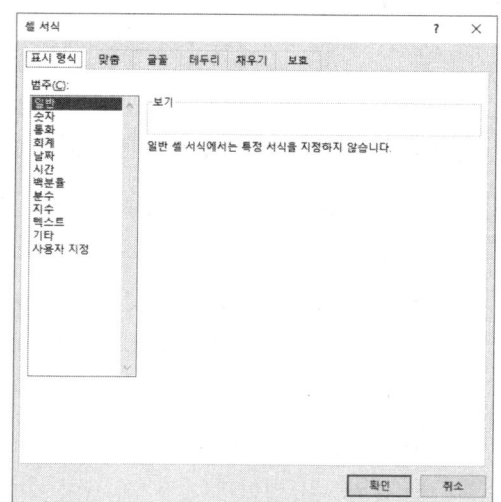

셀서식 표시형식은 범주 안에 있는 특성 (일반, 숫자, 통화, 회계, 날자, 시간, 백분율, 분수, 지수, 텍스트, 기타, 사용자 지정)에 따라 다르게 표시형식을 설정할 수 있다.

② 맞춤

셀서식의 맞춤 탭은 수평(가로) 과 수직(세로) 방향에 대한 텍스트 맞춤 설정과 셀에 대한 텍스트의 조정, 텍스트 방향 등을 설정할 수 있다.

③ 글꼴

글꼴과 관련된 글꼴스타일, 글자크기, 글자색, 효과, 밑줄 등을 설정할 수 있다.

④ 테두리

셀서식 테두리는 셀영역에 테두리를 설정해 표를 만들고자 할 때 사용하며, 선스타일과 색 또는 괘선의 모양을 설정할 수 있다.

⑤ 채우기

셀서식 채우기는 셀영역에 배경색을 채우고 무늬를 설정하거나 채우기효과를 이용해 다양하게 셀영역의 배경을 채울 수 있다.

⑥ 보호

셀서식 보호는 잠금이나 숨김을 이용해 셀영역 보호를 설정할 수 있다.

[예제 1강-1] 보기와 같이 데이터를 입력하시오.

[보기]

	A	B	C	D	E	F	G
1	핸드폰 요금 내역						
2							
3	고객명	주소지	번호	요금제	기본요금	총통화시간	총사용금액
4	김철수	서울	010-1234-5678	스마트	30000	120	35000
5	이영희	부산	010-2345-6789	라이트	20000	80	22000
6	박민수	대구	010-3456-7890	스탠다드	25000	100	27000
7	최지은	인천	010-4567-8901	프리미엄	40000	150	45000
8	정우성	광주	010-5678-9012	스마트	30000	110	32000
9	한지민	대전	010-6789-0123	라이트	20000	90	21000
10	오세훈	울산	010-7890-1234	스탠다드	25000	130	28000
11	강다은	세종	010-8901-2345	프리미엄	40000	160	46000
12	윤서진	경기	010-9012-3456	스마트	30000	140	33000
13	배수지	강원	010-0123-4567	라이트	20000	70	21000

[예제 1강-1]의 "핸드폰 요금 내역"에 대하여 다음 지시사항을 처리하시오.

1) [Al:G1] 영역은 '셀 병합 후 가로, 세로 가운데 맞춤', 글꼴 '궁서체', 크기 '16', 밑줄 '밑줄'로 지정하시오.

2) [G4:G13] 영역은 사용자 지정 셀 서식을 이용하여 천단위 구분기호를 넣고 숫자 뒤에 '원'이 추가되어 표시되도록 지정하시오(표시 예 : 15,000 → 15,000원).

3) [A4:A13] 영역을 '고객명'로 이름을 정의하시오.

4) [A3:G3] 영역은 글꼴 스타일 '굵게', 배경색 '노랑'으로 지정하시오.

5) [E4:E13] 영역에 천 단위 구분기호를 넣으시오.

6) 숫자를 제외한 문자는 가운데 정렬한다

7) [A3:G13] 영역은 '모든 테두리'를 적용하여 표시하시오.

풀이

1) [Al:G1] 영역을 블록잡고 [홈]탭의 병합하고 가운데 맞춤을 누른다. 이후 글꼴 '궁서체', 크기 '16', 밑줄 '밑줄'로 지정한다.

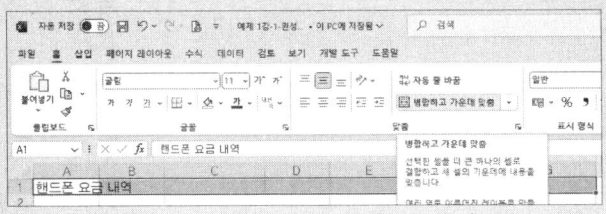

2) [G4:G13] 영역을 블록잡고 ctrl+1을 눌러 셀서식으로 들어간다. [표시형식]의 [사용자지정]에 서 형식 란에 '#,##0'을 선택 후 "원"을 입력한다.

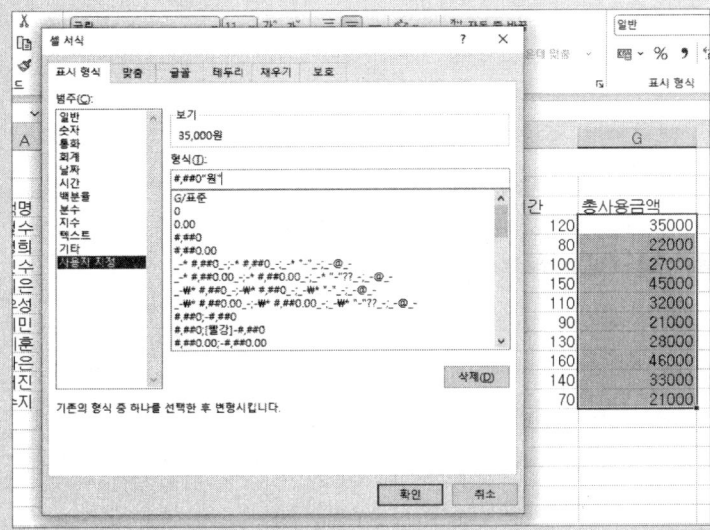

3) [A4:A13] 영역을 블록잡고 [이름상자]에 '고객명'을 입력 후 엔터를 누른다.

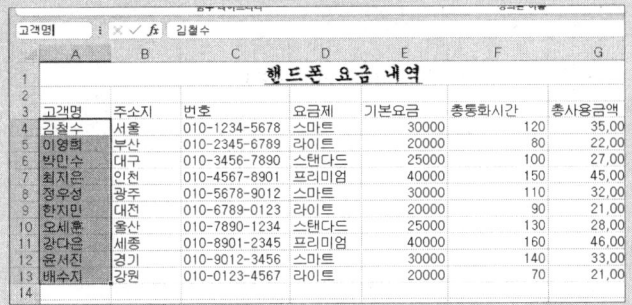

4) [A3:G3] 영역은 글꼴 스타일 '굵게', 배경색 '노랑'으로 지정하시오.

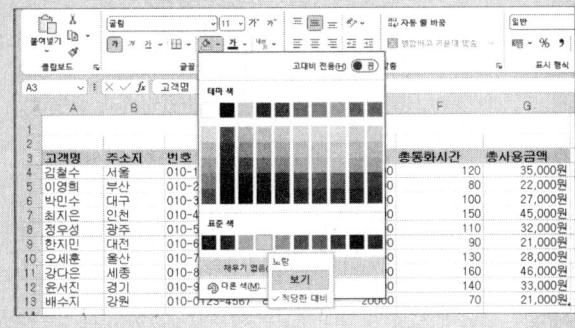

5) [E4:E13] 영역을 블록잡고 ctrl+1을 눌러 셀서식으로 들어간다. [표시형식]의 숫자를 선택 후 1000 단위 구분기호 사용에 체크 표시한다. 숫자를 제외한 문자는 가운데 정렬한다.

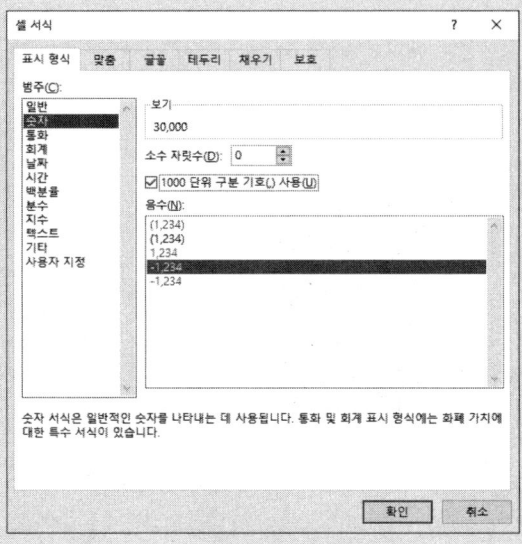

6) 숫자를 제외한 문자 영역을 ctrl키를 눌러 블록 잡은 후 가운데 정렬 아이콘을 누른다.

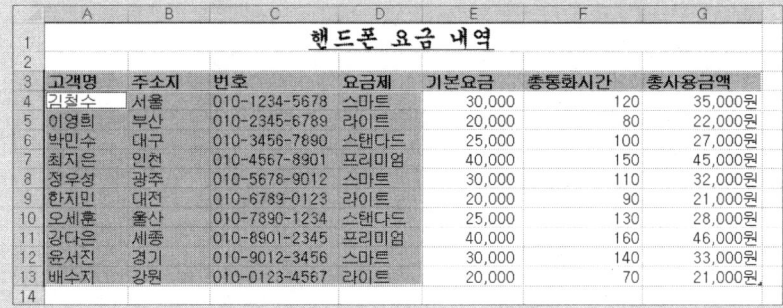

7) [A3:G13] 영역을 블록 잡은 후 '모든 테두리'를 눌러 적용한다.

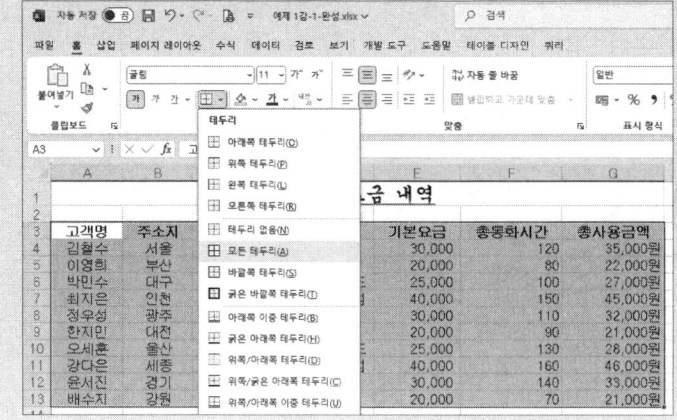

4. 조건부서식과 정렬

1) 조건부서식

- 리본메뉴 홈탭의 스타일 그룹에서 조건부서식 아이콘을 눌러 설정한다.
- 하위메뉴로 셀강조 규칙, 상위/하위 규칙, 데이터막대, 색조, 아이콘 집합 등이 있다.
- 수식이 있는 조건부 서식

[예제 1강-2] [A2:G8] 영역에 대해 '필기점수'가 90 이상이고, '실기점수'가 70 이상인 행 전체의 글꼴색을 '빨강', 글꼴 스타일을 '굵게'로 지정하는 조건부 서식을 작성하시오.

(규칙 유형은 '수식을 사용하여 서식을 지정할 셀 결정'을 이용하시오.)

[풀이]

1) [A2:G8] 영역을 블록 잡고 [홈]탭의 [조건부서식]의 [새규칙]을 누른다.

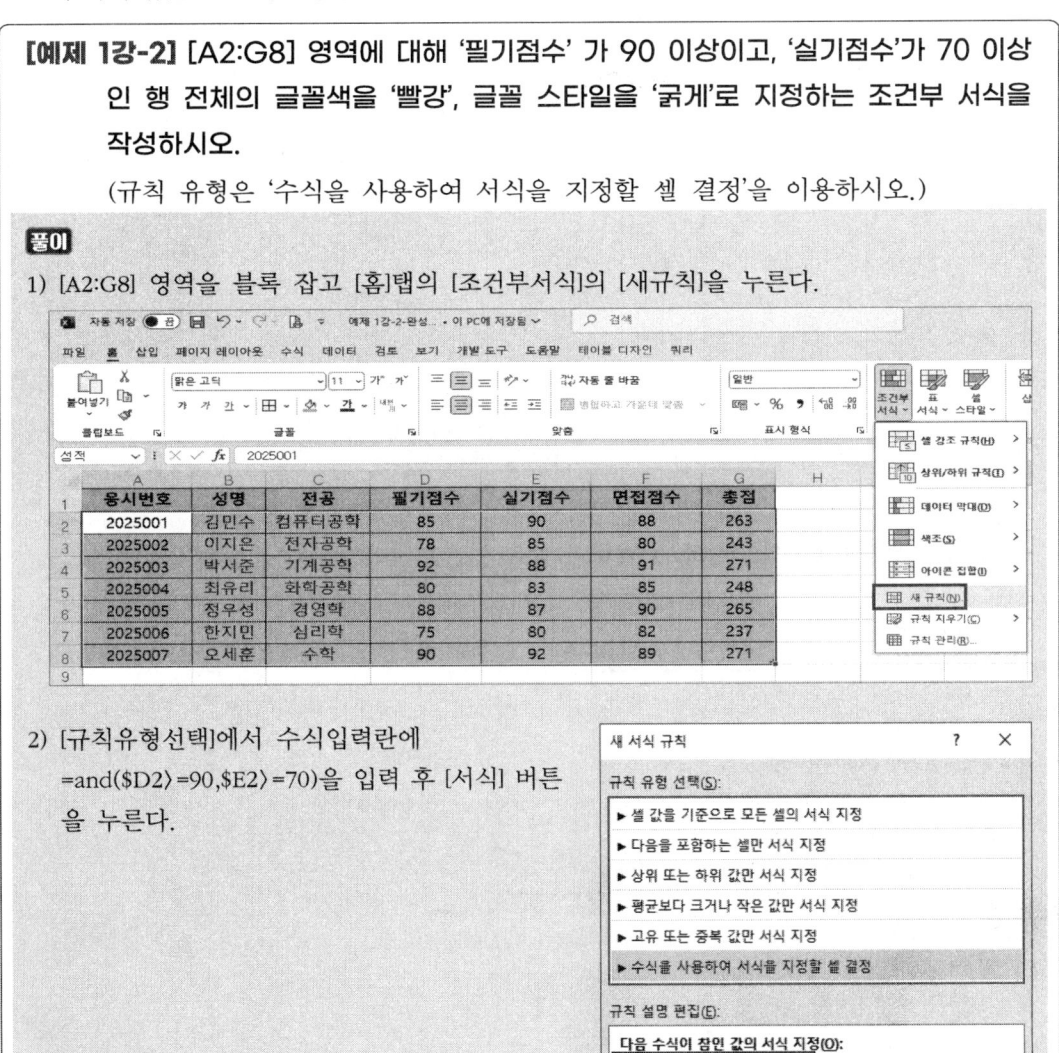

2) [규칙유형선택]에서 수식입력란에
=and($D2>=90,$E2>=70)을 입력 후 [서식] 버튼을 누른다.

[글꼴스타일] 굵게, [색]을 빨강으로 선택 후 [확인] 버튼을 누른다.

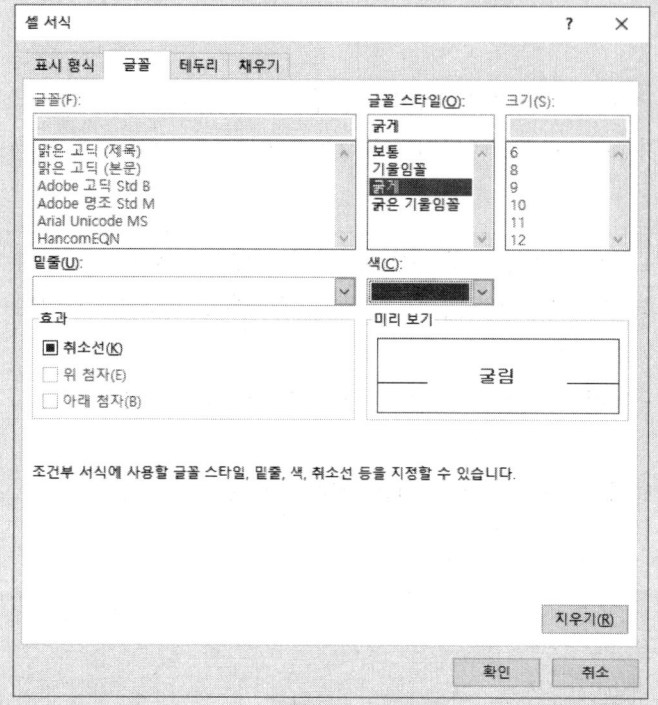

[미리보기] 화면에 설정한 서식이 나타나는 것을 확인한 후 [확인] 버튼을 누른다.

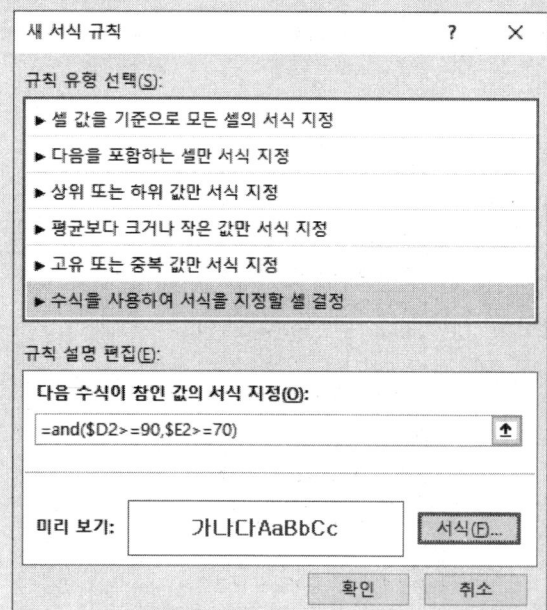

조건부 서식이 적용된 표가 완성되었다.

응시번호	성명	전공	필기점수	실기점수	면접점수	총점
2025001	김민수	컴퓨터공학	85	90	88	263
2025002	이지은	전자공학	78	85	80	243
2025003	박서준	기계공학	92	88	91	271
2025004	최유리	화학공학	80	83	85	248
2025005	정우성	경영학	88	87	90	265
2025006	한지민	심리학	75	80	82	237
2025007	오세훈	수학	90	92	89	271

2) 정렬

[데이터] 탭의 정렬 아이콘을 눌러 실행한다.

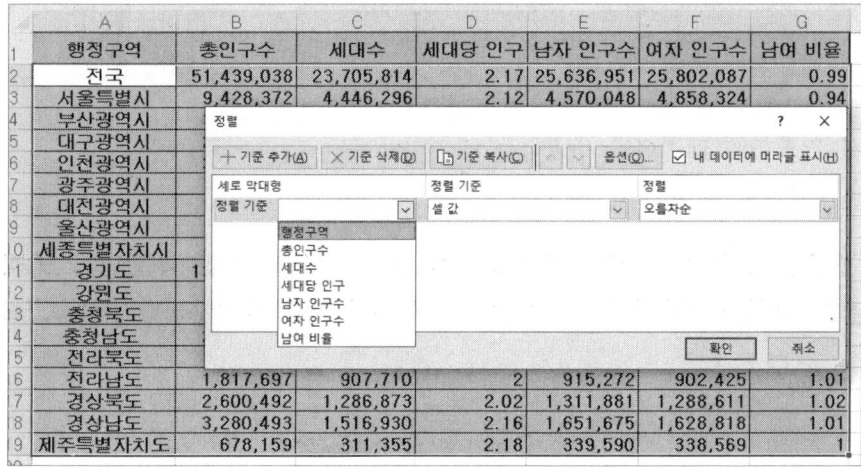

5. 자동필터와 고급필터

1) 자동필터

[데이터] 탭의 깔대기 아이콘을 눌러 실행한 다.

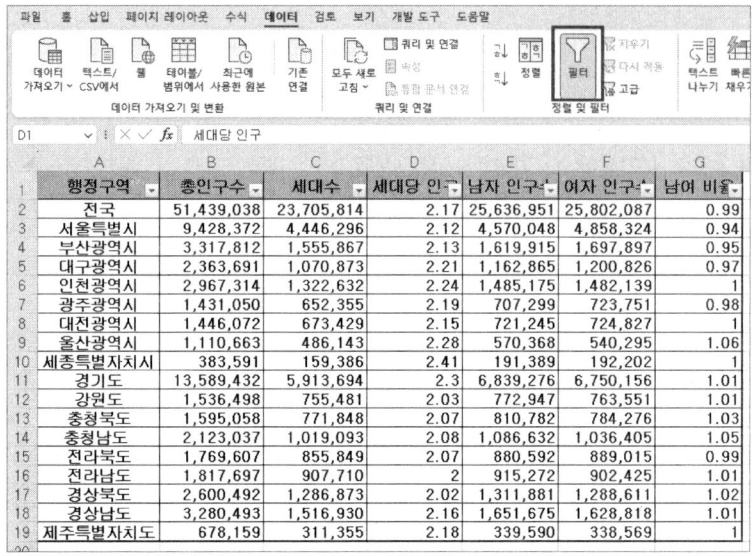

2) 고급필터

주어진 조건을 만족하는 데이터를 추출하는 기능이다.

[예제 1강-3] 아래의 "와인 수입 현황" 표에서 제품코드에 "W"로 시작하고 판매가 20박스 이상인 데이터를 추출하시오. 단, 조건은 A16셀부터, 결과는 A20셀부터 기술하시오.

와인 수입 현황

제품코드	브랜드	생산지	분류	수입	판매	수입단가
RN001	Chateau Margaux	프랑스 보르도	레드와인	50박스	30박스	120,000
RN002	Penfolds	호주 남호주	레드와인	40박스	25박스	80,000
WN003	Cloudy Bay	뉴질랜드 말버러	화이트와인	35박스	20박스	60,000
RN004	Antinori	이탈리아 토스카나	레드와인	20박스	15박스	90,000
WN005	Torres	스페인 카탈루냐	화이트와인	30박스	18박스	55,000
RN006	Concha y Toro	칠레 마이포밸리	레드와인	60박스	40박스	45,000
RN007	Beringer	미국 나파밸리	레드와인	25박스	12박스	75,000
WN008	Villa Maria	뉴질랜드 오클랜드	화이트와인	28박스	19박스	58,000
EN009	Baron Philippe	프랑스 랑그도크	로제와인	22박스	14박스	50,000
EN010	Freixenet	스페인 카바	스파클링	18박스	10박스	65,000

풀이

1) 제품코드에 "W"로 시작하고 판매가 20박스 이상인 데이터를 추출하므로 "제품코드"와 "판매"를 복사한 후 조건을 아래와 같이 기술한다.

16	제품코드	판매
17	W*	>=20

〈참고〉 만약 질문이 제품코드에 "W"로 시작이거나 판매가 20박스 이상인 데이터를 추출하는 것이었으면 조건을 서로 다른 줄에 기술한다

16	제품코드	판매
17	W*	
18		>=20

2) 항목을 포함한 표전체를 블록잡고 [데이터]탭의 고급필터 아이콘을 누른다

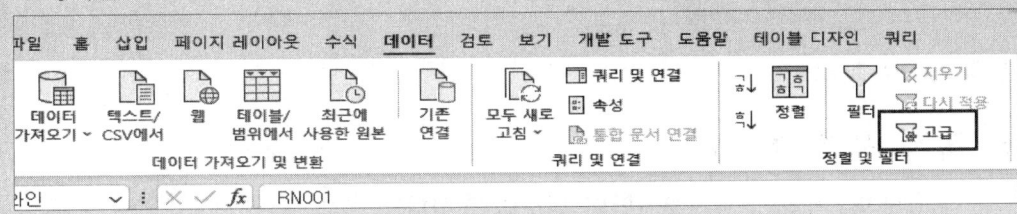

[고급필터] 대화상자에서 아래와 같이 [다른 장소에 복사]를 선택 후 입력부분을 드래그하여 채우고 [확인]을 누른다.

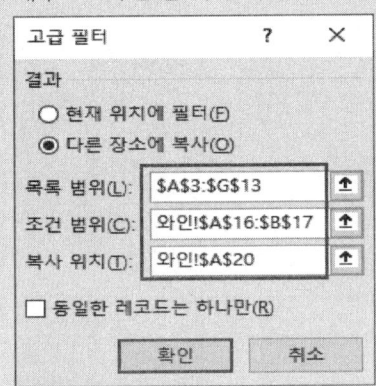

결과가 출력된다.

20	제품코드	브랜드	생산지	분류	수입	판매	수입단가
21	WN003	Cloudy Bay	뉴질랜드 말버러	화이트와인	35박스	20박스	60,000
22							

1. 함수의 개념

- 엑셀안에서 미리 정의된 수식을 의미 한다.
- 복잡한 수식을 계산하기 위해서 사용자가 만들지 않아도 정의된 함수를 가져다가 사용하면 된다.
- 수식처럼 등호(=), 더하기(+), 빼기(-) 기호로 시작된다.

2. 날짜/시간 함수

1) 년, 월, 일, 시, 분, 초 함수

① Year(날짜문자열) : 날짜문자열의 년도만 구한다.
② Month(날짜문자열) : 날짜문자열의 월만 구한다.
③ Day(날짜문자열) : 날짜문자열의 일만 구한다.
④ Hour(시간문자열) : 시간문자열의 시간만 구한다.
⑤ Minute(시간문자열) : 시간문자열의 분만 구한다.
⑥ Second(시간문자열) : 시간문자열의 초만 구한다.

2) Today()와 Now()

① Today()
  - 시스템에 설정된 오늘 날짜를 빠르게 구해준다.
  - Ctrl+; 을 눌러도 동일한 결과가 출력된다.
② Now()
  - 시스템에 설정된 오늘 날짜와 시간을 빠르게 구해준다.
  - Ctrl+shift+; 을 누르면 시간만 출력 된다.

3) Date()와 Time()

① Date(연,월,일) : 매개변수인 연, 월, 일로 날짜를 만든다.

② Time(시, 분, 초)

매개변수인 시,분,초로 시간을 만든다.

4) weekday()

- 요일을 구한다.
- weekday(날자, 반환유형)

  반환유형

	일	월	화	수	목	금	토
1:	1	2	3	4	5	6	7
2:	7	1	2	3	4	5	6
3:	6	0	1	2	3	4	5

  예 =WEEKDAY(DATE(2015,1,1),1) -> 5(목)

5) Days360()

- Days360(시작일, 종료일, 방식)
- 방식 false, 생략(US식)

  true : 유럽식
- 1년을 360일 가정하고 두 날자 사이의 일수를 구한다.

6) Edate()

- Edate(시작날자, 개월수)

  시작 날자에 개월 수를 더한 날자의 일렬번호를 구함.

7) workday(시작날자, 날짜수,[휴일])

특정일의 전이나 후의 날짜수에서 주말이나 휴일을 제외한 날짜 수, 즉 평일 수(일렬번호)를 반환한다.

8) Yearfrac(시작날짜, 끝날짜, 날짜계산기준)

시작날짜, 끝날짜의 날짜수가 일년 중 차지하는 비율을 반환한다.

[예제 2강-1] "예제 2강-1-data.xlsx" 파일을 열어 날짜/시간 함수를 사용하여 빈칸을 채우시오.

	A	B
1	2025-05-05	결과
2	1) A1셀값의 년도	
3	2) A1셀값의 월	
4	3) A1셀값의 일	
5	4) A1셀값의 요일	
6	5) A1셀값의 년초부터의 일수	
7	6 A1셀값의 3개월 이후의 날짜	

풀이

1) B2셀에 셀포인터를 놓고 [수식] 탭의 함수삽입 아이콘을 눌러 [날짜/시간] 범주의 year함수를 선택한다.

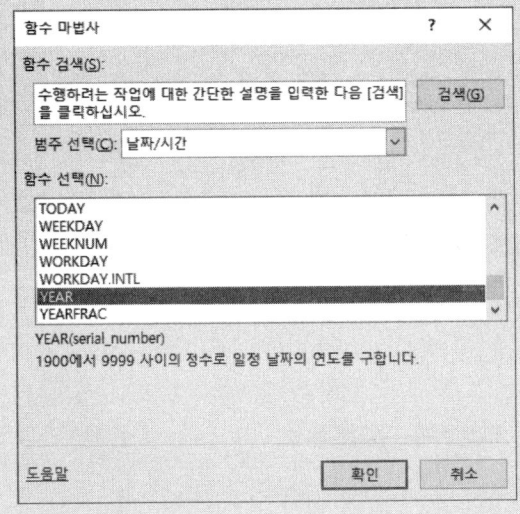

함수인수 대화상자에서 A1셀을 선택 후 확인을 누른다.

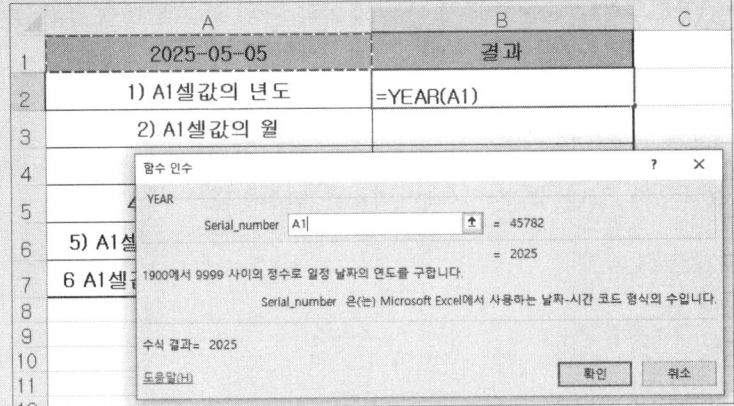

	A	B
1	2025-05-05	결과
2	1) A1셀값의 년도	2025
3	2) A1셀값의 월	
4	3) A1셀값의 일	
5	4) A1셀값의 요일	
6	5) A1셀값의 년초부터의 일수	
7	6 A1셀값의 3개월 이후의 날자	

2), 3) 같은 방법으로 B2셀에는 month()를, C2셀에는 day()함수를 이용해 값을 구한다.

	A	B
1	2025-05-05	결과
2	1) A1셀값의 년도	2025
3	2) A1셀값의 월	5
4	3) A1셀값의 일	5
5	4) A1셀값의 요일	
6	5) A1셀값의 년초부터의 일수	
7	6 A1셀값의 3개월 이후의 날자	

4) 2025-05-05의 요일을 구하기 위해 B5셀에 셀포인터를 놓고, [수식] 탭의 함수삽입 아이콘을 눌러 [날짜/시간] 범주의 weekday() 함수를 선택한다. Serial-number란에 A1셀을 클릭하고 return_type에 1을 넣으면 2가 반환이 되는데, 이는 return_type에 1을 넣었으므로 일요일이 1이므로 "월요일"이라는 의미이다. 월요일 이라는 글자가 나오게 하기 위해서는 한번 더 함수를 사용해야 하는데 뒤부분에 나오는 choose() 함수를 이용해서 다음과 같이 입력한다.

```
=CHOOSE(WEEKDAY(A1,1), "일요일","월요일","화요일","수요일","목요일","금요일","토요일")
```

5) A1셀 값의 년초부터의 일수를 계산하기 위해서 C1셀에 2025-01-01이라고 입력한 후, B6셀에 셀포인터를 두고 [수식] 탭의 함수삽입 아이콘을 눌러 [날짜/시간] 범주의 Days360() 함수를 선택하고 아래와 같이 채운다. 124일 반환된다.

함수 인수

DAYS360

Start_date C1 = 45658
End_date A1 = 45782
Method = 논리

= 124

1년을 360일(30일 기준의 12개월)로 하여, 두 날짜 사이의 날짜 수를 계산합니다.

Method 은(는) 계산 방법을 지정하는 논리값입니다. FALSE로 설정하거나 생략하면 U.S.(NASD)식을 사용하며, TRUE로 설정하면 유럽식를 사용합니다.

수식 결과= 124

도움말(H)   확인   취소

6) A1셀 값의 3개월 이후의 날짜를 구하기 위해, B7셀에 셀포인터를 두고 [수식] 탭의 함수 삽입 아이콘을 눌러 [날짜/시간 범주의 Edate() 함수를 선택 한 후 아래와 같이 채운다.

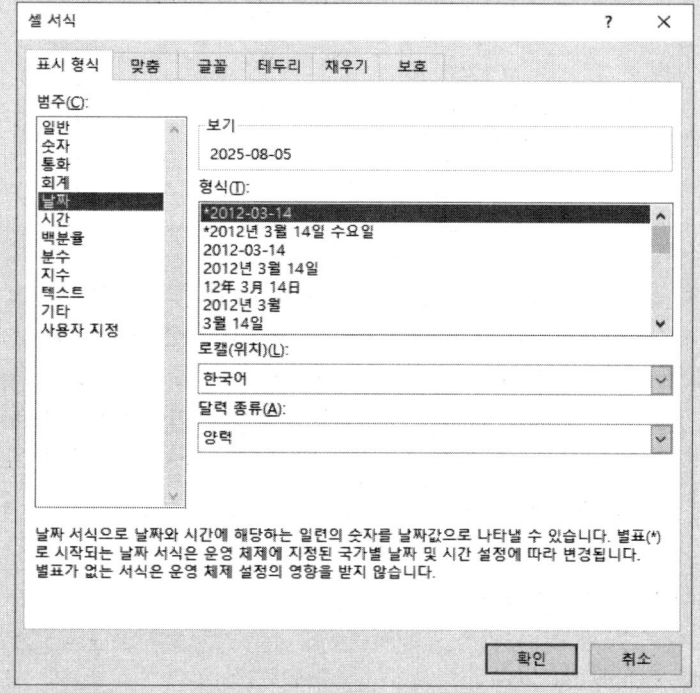

[확인]을 눌러 나온 셀에 ctrl+1을 눌러 셀서식 상자에서 날자를 선택하면 2025-8-5일로 바뀐다.

모든 빈칸이 다 채워졌다.

	A	B
1	2025-05-05	결과
2	1) A1셀값의 년도	2025
3	2) A1셀값의 월	5
4	3) A1셀값의 일	5
5	4) A1셀값의 요일	월 요일
6	5) A1셀값의 년초부터의 일수	124
7	6) A1셀값의 3개월 이후의 날자	2025-08-05

3. 논리함수

1) if 함수

=If(조건, 참인경우의 값, 거짓인경우의 값)

조건을 만족하는 경우 참인 경우의 값을 취하고 그렇지 않으면 거짓인 경우의 값을 취한다.

[예제 2강-2] 아래의 표에서 "평가"란에 판매실적이 70보다 크면 "양호", 그렇지 않으면 "부진"을 표시하시오.

	A 사번	B 부서	C 근무기간	D 판매실적	E 평가
2	202501	영업1과	10	90	
3	202502	영업2과	7	80	
4	202503	영업3과	5	85	
5	202504	영업1과	5	80	
6	202505	영업2과	3	75	
7	202506	영업3과	3	70	
8	202507	영업1과	2	50	
9	202508	영업2과	2	50	

풀이

E2셀에 셀 포인터를 두고 [수식]탭의 함수삽입 아이콘을 눌러 나온 [함수마법사] 대화상자에서 [논리]범주의 if 함수를 선택한다.

Logical_test에는 D2>=70, Value_if_true에는 "양호", Value_if_false에는 "부진"을 채워 넣는다.
확인을 누르면 E2셀에 "양호"가 나온다

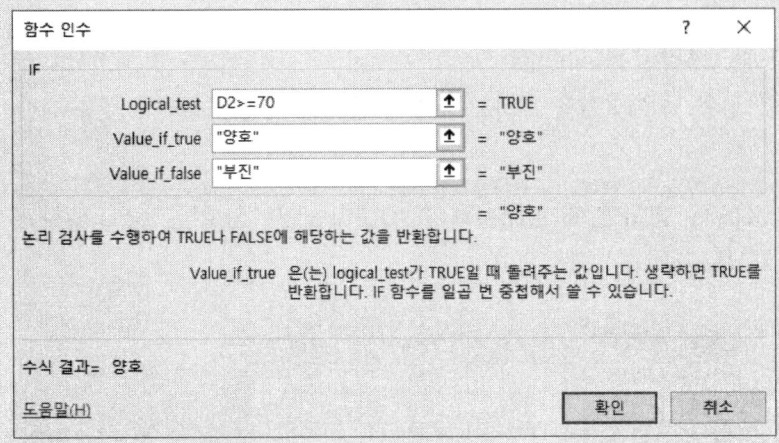

나머지 빈칸을 채우기 위해서 E2셀에 포인터를 놓고 채우기 핸들로 끌어 내린다.

사번	부서	근무기간	판매실적	평가
202501	영업1과	10	90	양호
202502	영업2과	7	80	양호
202503	영업3과	5	85	양호
202504	영업1과	5	80	양호
202505	영업2과	3	75	양호
202506	영업3과	3	70	양호
202507	영업1과	2	50	부진
202508	영업2과	2	50	부진

참고 if() 함수의 유형

1. 유형1 : if() 함수의 결과 많아지는 경우
   ① if문의 결과가 2가지(A, B인 경우)
      =if(조건, A, B)
   ② if문의 결과가 3가지(A, B, C인 경우)
      =if(조건1, A,if(조건2, B, C))
   ③ if문의 결과가 4가지(A, B, C, D인 경우)
      =if(조건1, A,if(조건2, B, if(조건3, C, D)))
   ④ if문의 결과가 5가지(A, B, C, D, E인 경우)
      =if(조건1, A,if(조건2, B, if(조건3, C, if(조건4, D, E))))

2. 유형2 : 조건이 여러 개로 많아지는 경우
   ① 조건이 하나인 경우
      =if(조건, A, B)

② 조건이 두 개인 경우
=if(AND(조건1, 조건2), A, B)
=if(OR(조건1, 조건2), A, B)
③ 조건이 세 개인 경우
=if(AND(조건1, 조건2, 조건3), A, B)
=if(OR(조건1, 조건2, 조건3), A, B)

[예제 2강-3] 아래의 표에서 합계가 160이 넘으면 평가에 "우수", 120~159이면 "보통", 120 미만이면 "미달" 로 표시되도록 if() 함수를 적용하여 값을 채우시오.

	A	B	C	D	E	F
1	사번	부서	필기점수	실기점수	합계	평가
2	1001	인사	85	80	165	
3	1002	영업	90	92	182	
4	1003	개발	78	75	153	
5	1004	마케팅	88	85	173	
6	1005	재무	82	79	161	
7	1006	생산	76	81	157	
8	1007	구매	91	87	178	
9	1008	품질관리	83	80	163	
10	1009	IT	87	86	173	
11	1010	총무	80	77	157	

풀이

F2셀에 셀포인터를 두고 수식 입력란에 다음과 같이 입력 한다.

=IF(E3>=160,"우수",IF(E3>=120,"보통","미달"))

입력 후 엔터키를 누르면 값이 입력되고 나머지는 채우기 핸들로 내려 채운다.

	A	B	C	D	E	F
1	사번	부서	필기점수	실기점수	합계	평가
2	1001	인사	85	80	165	우수
3	1002	영업	90	92	182	보통
4	1003	개발	78	75	153	우수
5	1004	마케팅	88	85	173	우수
6	1005	재무	82	79	161	보통
7	1006	생산	76	81	157	우수
8	1007	구매	91	87	178	우수
9	1008	품질관리	83	80	163	우수
10	1009	IT	87	86	173	보통
11	1010	총무	80	77	157	미달

[예제 2강-4] 같은 표에서 조건을 달리 해보자. 이번엔 합계점수가 170이상이고, 실기 점수가 80이상이면 "우수", 그 외엔 빈칸으로 나타내시오.

풀이

F2셀에 셀포인터를 두고 [수식]탭에 함수삽입 아이콘을 눌러 나온 함수마법사에서 [범주 선택]에 논리를 선택 후 if 함수를 클릭한다.

Logical_test에는 and(E2>=170,D2>=80), Value_if_true에는 "우수", Value_if_false에는 ""을 채워 넣는다.

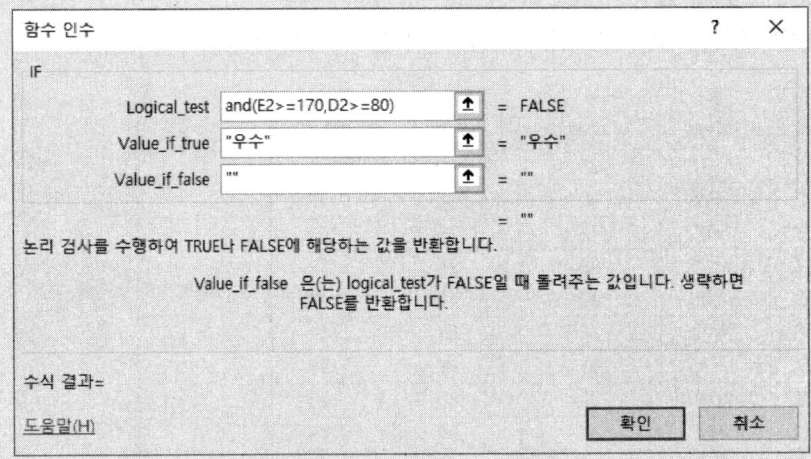

[확인]을 누르면 1001사번의 평가 란에는 빈칸이 나오고 채우기 핸들로 내리면 아래와 같이 결과가 나온다.

	A	B	C	D	E	F
1	사번	부서	필기점수	실기점수	합계	평가
2	1001	인사	85	80	165	
3	1002	영업	90	92	182	우수
4	1003	개발	78	75	153	
5	1004	마케팅	88	85	173	우수
6	1005	재무	82	79	161	
7	1006	생산	76	81	157	
8	1007	구매	91	87	178	우수
9	1008	품질관리	83	80	163	
10	1009	IT	87	86	173	우수
11	1010	총무	80	77	157	

2) iferror() 함수

- Iferror(수식,값)

  수식에서 에러가 발생한 경우, 지정한 값을 반환하고, 그렇지 않으면 수식의 결과를 반환한다.

[예제 2강-5] 아래의 표에서 "합계/과목수" 평균을 구하되 에러가 발생하면 iferror() 함수를 사용하여 "오류발생"으로 채우시오.

	A	B	C	D	E	F	G	H	I
1	학번	이름	국어	영어	수학	과학	합계	과목수	평균
2	202501	김민수	87	92	85	90	354	4	
3	202502	이지은	78	85	88	82	333	4	
4	202503	박지훈	91	89	93	95	368	4	
5	202504	최유리	84	81	79	80	324	4	
6	202505	정현우	76	77	72	75	300	4	
7	202506	한서준	89	90	87	88	354		
8	202507	오지민	95	94	96	98	383	4	
9	202508	신예린	82	80	85	83	330	4	
10	202509	김도현	88	86	90	91	355	4	
11	202510	박서연	79	82	77	80	318	4	

풀이

I2 셀에 셀 포인터를 두고 아래식과 같이 입력한 후 엔터를 누른다.

```
=IFERROR(G2/H2,"오류발생")
```

한서준의 과목수는 비어있으므로 빈셀로 나눌 수 없어 에러가 발생하고 에러발생 시 iferror() 함수로 "오류발생"이 채워지게 식을 입력하였으므로 한서준의 평균칸에는 "오류발생"이 입력된다.

	A	B	C	D	E	F	G	H	I
1	학번	이름	국어	영어	수학	과학	합계	과목수	평균
2	202501	김민수	87	92	85	90	354	4	88.5
3	202502	이지은	78	85	88	82	333	4	83.25
4	202503	박지훈	91	89	93	95	368	4	92
5	202504	최유리	84	81	79	80	324	4	81
6	202505	정현우	76	77	72	75	300	4	75
7	202506	한서준	89	90	87	88	354		오류발생
8	202507	오지민	95	94	96	98	383	4	95.75
9	202508	신예린	82	80	85	83	330	4	82.5
10	202509	김도현	88	86	90	91	355	4	88.75
11	202510	박서연	79	82	77	80	318	4	79.5

4. 문자열함수

1) left(), mid(), right()함수

① =left(문자열,숫자) 함수

문자열의 왼쪽에서 숫자 개수 만큼 추출해 준다.

예 =left("KOREA",2) =〉 "KO"

② =mid(문자열,인덱스, 숫자) 함수

문자열의 인덱스에서 숫자 개수 만큼 추출해 준다.

예 =mid("KOREA", 3, 2) =〉 "RE"

③ =right(문자열, 숫자)함수

문자열의 오른쪽에서 숫자 개수 만큼 추출해 준다.

예 =right("KOREA",2) =〉 "EA"

2) Lower(), Upper(), Proper()함수

대소문자가 존재하는 영문자에 해당하는 함수들이다.

① Lower() 함수

=Lower(문자열):문자열을 모두 소문자로 만든다

예 =Lower("KOREA") =〉 "korea"

② Upper() 함수

=Upper(문자열):문자열을 모두 대문자로 만든다

예 =Lower("korea") =〉 "KOREA"

③ Proper()함수

=Proper(문자열):문자열의 첫 글자를 대문자로 만든다.

예 =Proper("korea") =〉 "Korea"

3) Trim()함수

=trim(문자열)

문자열의 단어 사이의 1칸의 공백을 제외하고는 모든 공백을 삭제시킨다.

아래 B열의 수식이 실행된 모습 A열의 결과가 모두 같다.

	A	B
1	A pretty girl	=TRIM(" A pretty girl ")
2	A pretty girl	=TRIM(" A pretty girl ")
3	A pretty girl	=TRIM(" A pretty girl ")

4) Replace()함수

=Replace(문자열1, 인덱스, 숫자, 문자열2)

문자열1의 인덱스로부터 숫자만큼의 개수를 문자열2로 바꾸어 준다.

아래 예제에서 "A pretty baby " 문자열의 10번째 글자가 b이므로 거기에서 4글자를, girl과 doll로 바꾸었다.

	A	B
1	A pretty girl	=REPLACE("A pretty baby",10,4,"girl")
2	A pretty doll	=REPLACE("A pretty baby",10,4,"doll")

5) Substitute()함수

=Substitute(문자열1, 문자열2, 문자열3)

문자열1에서 문자열2를 찾아 문자열3으로 대치한다.

"A nice boy" 에서 "nice" 를 찾아 "good" 로 대치

"A nice boy" 에서 "boy" 를 찾아 "guy" 로 대치

	A	B
1	A good boy	=SUBSTITUTE("A nice boy","nice","good")
2	A nice guy	=SUBSTITUTE("A nice boy","boy","guy")

6) Len()함수

=Len(문자열)

문자열의 길이를 구해주는 함수

한글과 영문 모두 1개의 글자로 계산된다.

공백은 한 개 문자로 계산된다.

예 =len("good guy") => 8

7) Concatenate()함수

=Concatenate(문자열1, 문자열2, …)

여러 개의 문자열을 하나의 문자열로 합쳐준다.

괄호 안의 문자열의 수는 얼마든지 올 수 있다.

	A	B
1	IT강국 대한민국	=CONCATENATE("IT","강국"," ","대한민국")
2	컴퓨터활용능력	=CONCATENATE("컴퓨터","활용","능력")

8) Value(), Text(), Fixed()함수

① =Value(문자열)

문자열을 수치로 바꿔준다.

② =Text(숫자, 표시형식)

숫자를 표시형식을 이용해서 문자로 바꿔준다.

③ =Fixed(숫자, 소수점 자릿수, 천단위 표시여부)

숫자를 반올림하여 텍스트로 만들어 준다.

	A	B	C
1	250101	25-01-01	=TEXT(A1,"##-##-##")
2	1000	1000	=VALUE(A2)
3	1234.567	1,234.6	=FIXED(A3,1,FALSE)
4	1234.567	1234.6	=FIXED(A3,1,TRUE)

9) Find(), 함수

find(찾을 텍스트, 찾을 텍스트를 포함한 문자열)

대/소문자를 구분하여 찾을 텍스트를 포함한 문자열에서 찾을 텍스트의 시작인덱스 반환

10) search() 함수

search(찾을 텍스트, 찾을 텍스트를 포함한 문자열)

왼쪽에서 오른쪽으로 검색하여 문자 또는 문자열이 처음 시작되는 곳에서의 문자 개수를 구함.

예 =SEARCH("baby","pretty baby")은 8

=SEARCH("좋은","우리나라좋은나라")은 5

[예제 2강-6] 아래의 표에서 사번으로부터 글자를 추출하여 아래 빈칸을 채우시오.

	사번	부서	점수	입사년도	입사월	입사일	입사년월일
2	A-20250101	인사	85				
3	A-20221010	영업	90				
4	B-20200302	개발	78				
5	C-20211004	마케팅	88				
6	B-20230605	재무	82				
7	C-20201006	생산	76				
8	C-20201107	구매	91				
9	B-20210908	품질관리	83				
10	A-20201009	IT	87				
11	B-20201010	총무	80				

풀이

1) 입사년도 란에는 =MID(A2,3,4)를 입력하여 연도를 추출한다.
2) 입사월 란에는 =MID(A2,7,2)를 입력하여 입사월을 추출한다.
3) 입사일 란에는 =RIGHT(A2,2)를 입력하여 입사일을 추출한다.
4) 입사년월일 란에는 날짜/시간 함수의 date 함수를 사용하여 =DATE(D2,E2,F2)을 입력한다. 나머지는 채우기 핸들로 채운다.

	사번	부서	점수	입사년도	입사월	입사일	입사년월일
2	A-20250101	인사	85	2025	01	01	2025-01-01
3	A-20221010	영업	90	2022	10	10	2022-10-10
4	B-20200302	개발	78	2020	03	02	2020-03-02
5	C-20211004	마케팅	88	2021	10	04	2021-10-04
6	B-20230605	재무	82	2023	06	05	2023-06-05
7	C-20201006	생산	76	2020	10	06	2020-10-06
8	C-20201107	구매	91	2020	11	07	2020-11-07
9	B-20210908	품질관리	83	2021	09	08	2021-09-08
10	A-20201009	IT	87	2020	10	09	2020-10-09
11	B-20201010	총무	80	2020	10	10	2020-10-10

5. 수학삼각함수

1) Sum() 함수, Sumif() 함수

①=Sum(영역)

영역 안의 합계를 구해준다.

②=Sumif(조건을 따질영역, 조건, 합계를 구할영역)

조건을 따질영역에서 조건을 만족하는 값만을 골라 그에 해당하는 합계를 구할 영역의 합계를 구한다.

[예제 2강-7] 아래 표에서 "직급이 사원인 사람들의 실급여의 합계"와 "급여가 5백만원 이상인 사람들의 세금의 합계"를 구해보자.

	A	B	C	D	E
1	사번	직급	급여	세금	실급여
2	901011	차장	₩ 8,000,000	₩ 800,000	₩ 7,200,000
3	951111	부장	₩ 7,000,000	₩ 700,000	₩ 6,300,000
4	951122	부장	₩ 6,500,000	₩ 650,000	₩ 5,850,000
5	941122	과장	₩ 6,000,000	₩ 600,000	₩ 5,400,000
6	941133	과장	₩ 5,500,000	₩ 550,000	₩ 4,950,000
7	112122	사원	₩ 3,300,000	₩ 330,000	₩ 2,970,000
8	111133	사원	₩ 3,000,000	₩ 300,000	₩ 2,700,000
9	102144	사원	₩ 2,500,000	₩ 250,000	₩ 2,250,000

풀이

1) 직급이 사원인 사람들의 실급여의 합계

조건이 있는 합계이므로 함수마법사 대화상자에서 다음과 같이 채운 다음 [확인]을 누르면 결과를 구할 수 있다.

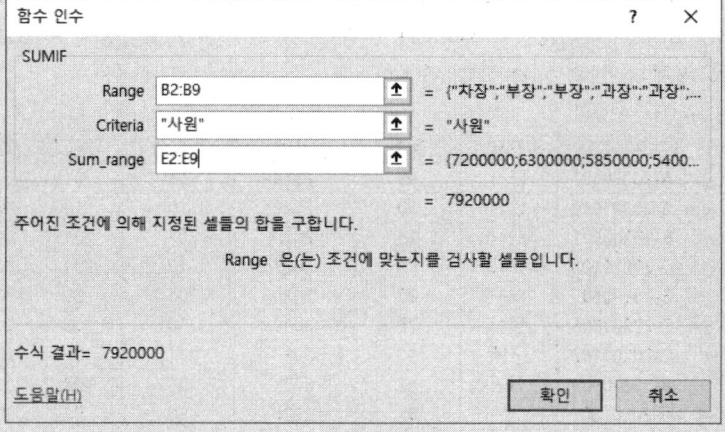

2) 급여가 5백만원 이상인 사람들의 세금의 합계

같은 방법으로 함수마법사 대화상자를 아래와 같이 채우면 결과를 얻을 수 있다.

2) Round(), Roundup(), Rounddown()함수

① =Round(값, 숫자) 함수

값의 소수점자리수를 반올림하여 숫자만큼 표현한다.

② =Roundup(값, 숫자) 함수

값의 소수점자리수를 올림하여 숫자만큼 표현한다.

③ =Rounddown(값, 숫자) 함수

값의 소수점자리수를 내림하여 숫자만큼 표현한다.

	A	B
1	123.46	=ROUND(123.456,2)
2	123.5	=ROUND(123.456,1)
3	123	=ROUND(123.456,0)
4	120	=ROUND(123.456,-1)
5	100	=ROUND(123.456,-2)

	A	B
1	123.46	=ROUNDUP(123.456,2)
2	123.5	=ROUNDUP(123.456,1)
3	124	=ROUNDUP(123.456,0)
4	130	=ROUNDUP(123.456,-1)
5	200	=ROUNDUP(123.456,-2)

	A	B
1	123.45	=ROUNDDOWN(123.456,2)
2	123.4	=ROUNDDOWN(123.456,1)
3	123	=ROUNDDOWN(123.456,0)
4	120	=ROUNDDOWN(123.456,-1)
5	100	=ROUNDDOWN(123.456,-2)

3) Rand() 함수, Mod() 함수

① Rand() 함수

=Rand()

0이상 1이하의 난수(random number)를 발생시킨다.

② Mod() 함수

=Mod(값, 숫자)

값을 숫자로 나눈 나머지를 구해준다.

4) Sqrt(), Fact()함수

① Sqrt(숫자) 함수

숫자의 양의 제곱근을 구함.

예 Sqrt(9) → 3

② Fact(숫자)

숫자의 계승값을 구함

예 fact(3) → 6 (=1*2*3)

5) Power(), EXP()함수

① Power(인수1, 인수2)

인수1을 인수2만큼 거듭제곱한 값을 구함.

예 Power(2,5) → 32(2*2*2*2*2)

② EXP(숫자)

자연로그 밑수인 e(e=2.7182182)를 수치만큼 거듭제곱한 값으로 계산

예 Exp(2) =7.3890561(2.7182182*2.7182182)

6) PI()함수, Trunc() 함수

① PI()

원주율을 구한다.

=PI() → 3.141592

② Trunc()

Trunc(인수, 자릿수)

인수에서 자릿수 부분을 버리고 정수로 한다.

예 Trunc(-3.5) → -3

7) Sumifs() 함수

Sumifs(합계를 구할 영역, 조건범위1, 조건1, 조건범위2, 조건2,...)

여러 조건을 만족하는 셀의 합계를 구함.

예 [예제 2강-7]의 표에서 급여가 5백만원 이상이면서 세금이 50만원 이상인 사람들의 실급여의 합계는 아래와 같이 구할 수 있다.

```
=SUMIFS(E2:E9,C2:C9,">=5000000",D2:D9,">=500000")
```

6. 통계함수

1) Max(), Min()

① Max(영역)

영역안에서 최대값을 구한다.

예 =Max(A1,A2,A3) 콤마로 일일이 값을 나열

=Max(A1:A3) 콜론으로 한 번에 영역을 표현

② Min(영역)

영역안에서 최소값을 구한다.

예 =Min(A1,A2,A3)

=Min(A1:A3)

2) Large(), Small()

Large(), Small() 함수는 Max(), Min()함수와 비슷하지만 몇번째로 큰 값, 몇번째로 작은 값을 의미하는 인수를 넣을 수 있는 것이 차이점이다.

① =Large()

Large(영역, k):영역안에서 k번째로 큰값을 구함

② =Small()

Small(영역, k):영역안에서 k번째로 작은 값을 구함

3) Average()

영역 안의 평균을 구해주는 함수이다.

=Average(영역)

예 Average(A1:C1)

리본메뉴 [홈]탭의 [편집]그룹의 시그마기호(Σ)아이콘 안에는 자주 사용되는 함수들을 미리 아이콘화시켜놓았다.

4) Median()

=Median(영역) 함수는 영역 안의 중간값을 구한다.

예 리본메뉴 수식탭의 함수삽입 아이콘을 눌러 함수마법사를 실행시켜 통계 범주의 Median함수를 선택 후 영역을 정해주고 엔터를 누르면 값이 계산된다.

5) Mode.sngl()

=Mode.sngl(영역) 함수는 영역 안의 최빈값을 구한다.

최빈값이란, 가장 많이 나타나는 값을 의미한다.

리본메뉴 수식탭의 함수삽입 아이콘을 눌러 함수마법사를 실행시켜 통계 범주의 Mode.sngl함수를 선택하고 영역을 설정해 주면 값이 구해진다.

6) Rank.eq()

=Rank.eq()함수는 순위를 구하는 함수이다.

=Rank.eq(순위를 구할셀, 순위를 구할 영역, order)

Order

내림차순:0또는 생략

오름차순:0이 아닌 값(주로 1)

[예제 2강-8] 아래의 표에서 통계함수를 이용해서 빈칸을 채우시오.

	A	B	C	D	E	F	G	H	I
1	학번	이름	국어	영어	수학	과학	합계	평균	등수
2	202501	김민수	87	92	85	90	354	89	4
3	202502	이지은	78	85	88	82	333	83	6
4	202503	박지훈	91	89	93	95	368	92	2
5	202504	최유리	84	81	79	80	324	81	8
6	202505	정현우	76	77	72	75	300	75	10
7	202506	한서준	89	90	87	88	354	89	4
8	202507	오지민	95	94	96	98	383	96	1
9	202508	신예린	82	80	85	83	330	83	7
10	202509	김도현	88	86	90	91	355	89	3
11	202510	박서연	79	82	77	80	318	80	9
12	최대값		95	94	96	98	383		
13	최소값		76						
14	중간값		85.5						
15	2위점수								
16	하위 2위점수								

풀이

1) 평균을 구하기 위해서 H2셀에 셀포인터를 놓고 =average(C2:F2)를 입력 후 채우기 핸들로 채운다.

	A	B	C	D	E	F	G	H	I
1	학번	이름	국어	영어	수학	과학	합계	평균	등수
2	202501	김민수	87	92	85	90	=average(C2:F2)		
3	202502	이지은	78	85	88	82	333		

2) 등수를 구하기 위해서 I2셀에 셀포인터를 놓고. [수식]탭의 [함수삽입] 아이콘을 눌러 함수 마법사를 실행시킨 후 통계 범주의 rank.eq()함수를 선택한다.

아래와 같이 빈칸을 채우고 채우기 핸들로 내린다.

함수 인수		? ×
RANK.EQ		
Number	G2 ↑	= 354
Ref	$G$2:$G$11 ↑	= {354;333;368;324;300;354;383;330;
Order	0 ↑	= FALSE
		= 4

수 목록 내에서 지정한 수의 크기 순위를 구합니다. 목록 내에서 다른 값에 대한 상대적인 크기를 말합니다. 둘 이상의 값이 순위가 같으면 해당 값 집합에서 가장 높은 순위가 반환됩니다.

Order 은(는) 순위를 정할 방법을 지정하는 수입니다. 0이나 생략하면 내림차순으로, 0이 아닌 값을 지정하면 오름차순으로 순위가 정해집니다.

수식 결과= 4

도움말(H)   확인   취소

3) 최대값을 구하기 위해서 C12셀에 셀포인터를 놓고. =max(c2:c11)를 입략 후 옆으로 채우기 핸들로 끈다.

	A	B	C	D	E	F	G	H	I
1	학번	이름	국어	영어	수학	과학	합계	평균	등수
2	202501	김민수	87	92	85	90	354	88.5	4
3	202502	이지은	78	85	88	82	333	83.25	6
4	202503	박지훈	91	89	93	95	368	92	2
5	202504	최유리	84	81	79	80	324	81	8
6	202505	정현우	76	77	72	75	300	75	10
7	202506	한서준	89	90	87	88	354	88.5	4
8	202507	오지민	95	94	96	98	383	95.75	1
9	202508	신예린	82	80	85	83	330	82.5	7
10	202509	김도현	88	86	90	91	355	88.75	3
11	202510	박서연	79	82	77	80	318	79.5	9
12	최대값		=max(c2:c11)						

4) 같은 방법으로 최소값은 =min(c2:c11), 중간값은 =median(C2:C11), 2위 점수는 =LARGE(C2:C11,2), 하위 2위 점수는 =SMALL(C2:C11,2)를 입력 후 옆으로 채우기 핸들로 채워 표를 완성한다.

	A	B	C	D	E	F	G	H	I
1	학번	이름	국어	영어	수학	과학	합계	평균	등수
2	202501	김민수	87	92	85	90	354	89	4
3	202502	이지은	78	85	88	82	333	83	6
4	202503	박지훈	91	89	93	95	368	92	2
5	202504	최유리	84	81	79	80	324	81	8
6	202505	정현우	76	77	72	75	300	75	10
7	202506	한서준	89	90	87	88	354	89	4
8	202507	오지민	95	94	96	98	383	96	1
9	202508	신예린	82	80	85	83	330	83	7
10	202509	김도현	88	86	90	91	355	89	3
11	202510	박서연	79	82	77	80	318	80	9
12	최대값		95	94	96	98	383		
13	최소값		76	77	72	75	300		
14	중간값		85.5	85.5	86	85.5	343.5		
15	2위점수		91	92	93	95	368		
16	하위 2위점수		78	80	77	80	318		

7) count(), counta(), countblank()

공통점 모두 영역안의 개수를 구해준다.

① =count(영역) : 영역 안의 수자의 개수를 구해준다.

② =counta(영역) : 영역 안의 모든 데이타의 개수를 구해준다.

③ =countblank(영역) : 영역 안의 빈셀 의 개수를 구해준다.

8) countif(), countifs() 함수

① =countif(영역,조건)

영역안에서 조건에 맞는 셀의 개수를 구해준다.

② =countifs(조건범위1, 조건1, 조건범위2, 조건2,...)

여러영역에 걸쳐 조건을 적용하고 , 모든 조건을 만족하는 셀의 개수를 구한다.

9) averageif()함수, averageifs()함수

① averageif(조건을 따질 영역, 조건, 평균을 구할 영역)

② averageifs()함수(평균을 구할 영역, 조건1영역,조건1, 조건2 영역, 조건2)

10) maxa() 함수

=maxa(값1,값2,...)

숫자, 텍스트, 논리 값등의 인수목록에서 최대값을 구한다.

예 =MAXA(-10, -1.5, TRUE, FALSE) -> 1

[예제 2강-9] 아래의 "신청현황"표에서 통계함수를 이용해 빈칸을 채우시오.

	A	B	C	D
1	신청현황			
2	연번	이름	A과목	B과목
3	1	김길동	◎	◎
4	2	홍길동	◎	
5	3	가길동		◎
6	4	나길동	◎	
7	5	고길동		◎
8	6	라길동	◎	
9	7	마길동	◎	◎
10	신청자수			
11	미신청자수			

풀이

1) 신청자수를 구하기 위해 C10셀에 포인터를 두고 =COUNTA(C3:C9)를 입력한다. 옆으로 채우기핸들로 채운다.

2) 미신청자수를 구하기 위해 C11셀에 포인터를 두고 =COUNTBLANK(c3:c9)를 입력 후 옆으로 채우기 핸들로 채운다.

	A	B	C	D
1	신청현황			
2	연번	이름	A과목	B과목
3	1	김길동	◎	◎
4	2	홍길동	◎	
5	3	가길동		◎
6	4	나길동	◎	
7	5	고길동		◎
8	6	라길동	◎	
9	7	마길동	◎	◎
10	신청자수		5	
11	미신청	=COUNTBLANK(c3:c9)		

	A	B	C	D
1	신청현황			
2	연번	이름	A과목	B과목
3	1	김길동	◎	◎
4	2	홍길동	◎	
5	3	가길동		◎
6	4	나길동	◎	
7	5	고길동		◎
8	6	라길동	◎	
9	7	마길동	◎	◎
10	신청자수		5	4
11	미신청자수		2	3

7. 찾기참조함수

1) VLookup() 함수

=VLookup(찾을값, 찾을영역, 열 번호, 옵션)

찾을영역의 가장 "왼쪽"에서 값을 찾아 그 행의 열 번호의 위치에 있는 값을 결과로 한다.

옵션: true(비슷한 값), false(정확한 값)

	A	B	C
1	스마트폰	30	100
2	태블릿PC	20	200
3	노트북	10	300
4			
5	300		
6	=VLOOKUP(A3,A1:C3,3,0)		

2) HLookup() 함수

=HLookup(찾을값, 찾을영역, 행번호, 옵션)

찾을영역의 가장 "위쪽"에서 값을 찾아 그 열의 행 번호의 위치에 있는 값을 결과로 한다.

옵션: true(비슷한 값), false(정확한 값)

	A	B	C
1	스마트폰	태블릿PC	노트북
2	30	20	10
3	100	200	300
4			
5	300		
6	=HLOOKUP(C1,A1:C3,3,0)		

3) Choose() 함수

=Choose(인덱스, 값1, 값2, 값3, …)

인덱스 위치에 있는 값을 결과로 한다.

예 =Choose(2, "1월","2월","3월")=〉2월

=Choose(3, "강아지","송아지","망아지") =〉망아지

4) Index() 함수

=Index(범위, 행번호, 열번호)

아래 표에서 2행 3열의 값을 결과로 한다.

	A	B	C
1	1	2	3
2	4	5	6
3	7	8	9
4			
5	6		
6	=INDEX(A1:C3,2,3)		

5) Match() 함수

=Match(찾을값, 찾을영역, 유형)

찾을 영역에서 찾을값을 정확히, 아니면 부정확히 찾아준다.

*유형:

1 : 검사값보다 작거나 같은 값 중에서 최대값(단, 오름차순 정렬시)

0 : 검사값과 같은 첫 번째 값

-1: 검사값보다 크거나 같은 값 중에서 최소값 찾음(단, 내림차순 정렬시)

예 =match("바나나", {"사과","배","바나나"}, 0)   =〉 3

	A	B	C
1	사과	배	바나나
2			
3	3		
4	=MATCH("바나나",A1:C1,0)		

6) Column(), Columns()함수

① Column(참조)함수 : 참조의 열 번호를 반환함

Column(D11) → 4 (D는 4번째 열임)

② Columns(참조)함수 : 참조의 열수를 반환함

Columns(A1:C1) → 3(A,B,C 3열임)

7) Row(), Rows() 함수

① Row()함수

Row(참조) : 참조의 행번호를 반환한다.

Row(A5) → 5

② Rows() 함수

Rows(참조) 함수 : 참조의 행 수를 반환한다.

Rows(A1:A3) → 3

[예제 2강-10] "예제 2강-10-data.xlsx" 파일을 열고 [표1]의 감독명을 [표2]에서 찾아 빈칸을 채우시오.

	A	B	C	D	E	F
1	[표1]					
2	영화제목	장르	개봉년도	러닝타임	평점	감독
3	야당	범죄, 액션	2025	130분	8.8	
4	거룩한 밤: 데몬 헌터스	액션, 판타지	2025	120분	8	
5	전지적 독자 시점	판타지, 액션	2025	135분	8.1	
6	왕을 찾아서(가제)	SF, 드라마	2025	120분	8.5	
7	Mission: Impossible (The Final Reckoning)	액션, 스릴러	2025	170분	8.5	
8	Avatar: Fire and Ash	SF, 판타지	2025	360분	7.7	
9	Superman	슈퍼히어로, 액션	2025	130분	8.2	
10						
11	[표2]					
12	영화제목	감독	주연	국가		
13	야당	황병국	강하늘, 유해진	한국		
14	거룩한 밤: 데몬 헌터스	임대희	마동석, 서현	한국		
15	전지적 독자 시점	김병서	안효섭, 이민호, 나나	한국		
16	왕을 찾아서(가제)	원신연	구교환, 서현	한국		
17	Mission: Impossible (The Final Reckoning)	Christopher McQuarrie	Tom Cruise, Hayley Atwell,	미국		
18	Avatar: Fire and Ash	James Cameron	Kate Winslet	미국		
19	Superman	James Gunn	David Corenswet	미국		

풀이

F3셀에 셀포인터를 두고 [수식]탭의 함수삽입 아이콘을 눌러 함수마법사 대화상자가 나타나면 [찾기/참조 영역] 범주를 선택한다. 끝부분의 vlookup() 함수를 선택하고 빈칸을 아래와 같이 채운 후 [확인]을 클릭한다. 이때 표 범위 부분을 채운 후 [F4] 키를 눌러 절대주소로 채운다.

함수 인수		?	×

VLOOKUP

검색할_값	A3	↑	= "야당"
표_범위	$A$13:$D$19	↑	= {"야당","황병국","강하늘, 유해진","한
열_인덱스_번호	2	↑	= 2
범위_검색	0	↑	= FALSE

= "황병국"

배열의 첫 열에서 값을 검색하여, 지정한 열의 같은 행에서 데이터를 돌려줍니다. 기본적으로 오름차순으로 표가 정렬됩니다.

범위_검색 은(는) 정확하게 일치하는 것을 찾으려면 FALSE를, 비슷하게 일치하는 것을 찾으려면 TRUE(또는 생략)를 지정합니다.

수식 결과= 황병국

도움말(H)　　　　　　　　　　　　　　　　　　　　　　[확인]　[취소]

	A	B	C	D	E	F
1	[표1]					
2	영화제목	장르	개봉년도	러닝타임	평점	감독
3	야당	범죄, 액션	2025	130분	8.8	황병국
4	거룩한 밤: 데몬 헌터스	액션, 판타지	2025	120분	8	임대희
5	전지적 독자 시점	판타지, 액션	2025	135분	8.1	김병서
6	왕을 찾아서(가제)	SF, 드라마	2025	120분	8.5	원신연
7	Mission: Impossible (The Final Reckoning)	액션, 스릴러	2025	170분	8.5	Christopher McQuarrie
8	Avatar: Fire and Ash	SF, 판타지	2025	360분	7.7	James Cameron
9	Superman	슈퍼히어로, 액션	2025	130분	8.2	James Gunn

감독의 빈칸들이 제대로 채워진 것을 확인 할 수 있다.

8. 데이타베이스 함수

※ 개요

데이타베이스 함수들의 구성 형식

- 함수 이름이 D로 시작한다.
- 대부분의 함수가 조건을 따져서 값을 구한다.
- 조건 영역은 대부분이 데이터베이스와 따로 둔다.

(형식)

> D함수이름(데이타베이스, 필드, 조건범위)

1) Dsum() 함수

Dsum(데이터베이스,필드,조건범위)

: 데이터베이스에서 조건을 만족하는 필드의 값을 누적 값을 구한다.

[예제 2강-11] 예제 2강-11-data.xls 파일의 판매량 표에서 판매량이 150을 넘는 제품의 판매액의 합계를 구하시오.

	A	B	C	D	E
1			판매량		
2	제품번호	단가	판매량	판매액	순위
3	A0001	5,000	100	500,000	4
4	A0002	5,500	100	550,000	3
5	A0003	4,500	150	675,000	2
6	A0004	4,000	200	800,000	1
7	A0005	3,500	130	455,000	5
8	A0006	1,500	150	225,000	7
9	A0007	2,500	120	300,000	6

1) 조건영역을 만들기 위해서 그림처럼 A11셀에 "판매량", A12셀에는 "〉=150"을 입력한다.

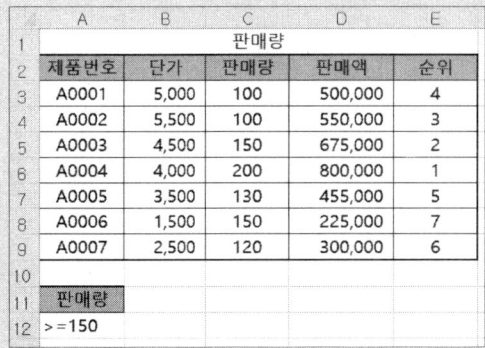

	A	B	C	D	E
1			판매량		
2	제품번호	단가	판매량	판매액	순위
3	A0001	5,000	100	500,000	4
4	A0002	5,500	100	550,000	3
5	A0003	4,500	150	675,000	2
6	A0004	4,000	200	800,000	1
7	A0005	3,500	130	455,000	5
8	A0006	1,500	150	225,000	7
9	A0007	2,500	120	300,000	6
10					
11	판매량				
12	〉=150				

2) 정답을 구하기 위해서 A15셀에 포인터를 두고 [수식]탭의 [함수삽입] 아이콘을 눌러서 함수마법사를 실행한 후 [데이터베이스] 범주의 dsum() 함수를 선택 후 아래처럼 빈칸을 채운다.

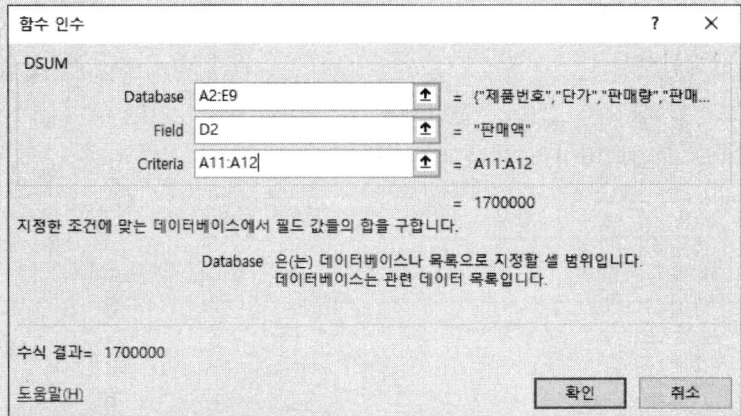

[확인]을 누르면 답(1700000)이 나오고, Field 부분에 D2대신에 4번째 항목이므로 4라고 써도 된다.

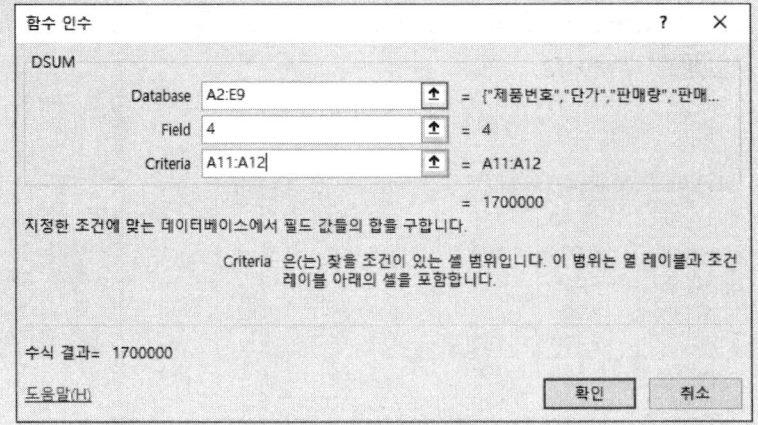

2) Daverage() 함수

Daverage(데이터베이스, 필드, 조건범위)

데이터베이스에서 조건을 만족하는 필드의 값을 평균 값을 구한다.

[예제 2강-12] 예제 2강-12-data.xls 파일의 판매량 표에서 단가가 4000을 넘는 제품의 판매액의 평균을 구하시오.

풀이

1) 조건을 만족하는 평균을 구하기 위해서 A11셀에 "단가" 항목을 복사하고 A12셀에 ")=4000"을 입력한다.

	A	B	C	D	E
1			판매량		
2	제품번호	단가	판매량	판매액	순위
3	A0001	5,000	100	500,000	4
4	A0002	5,500	100	550,000	3
5	A0003	4,500	150	675,000	2
6	A0004	4,000	200	800,000	1
7	A0005	3,500	130	455,000	5
8	A0006	1,500	150	225,000	7
9	A0007	2,500	120	300,000	6
10					
11	단가				
12	>=4000				

2) 조건을 만족하는 평균을 구하기 위해서 A15셀에 셀포인터를 두고, [수식]탭의 [함수삽입] 아이콘을 눌러서 함수마법사를 실행한 후 [데이터베이스] 범주의 daverage() 함수를 선택한 후 아래처럼 빈칸을 채운다.

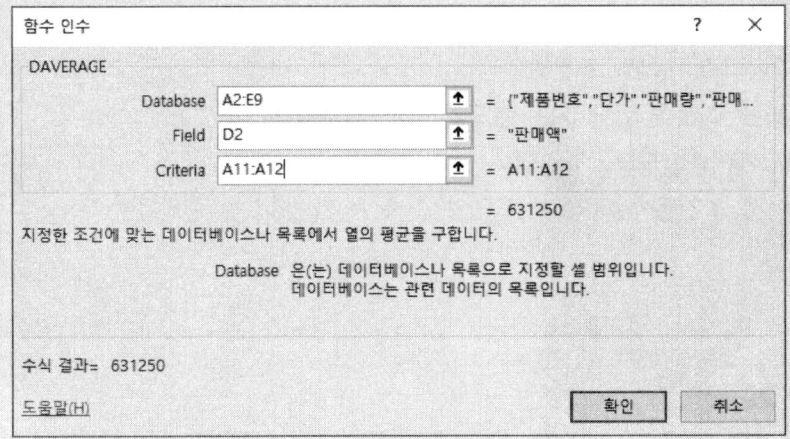

[확인]을 누르면 답(631250)이 나오고, Field 부분에 D2대신에 4번째 항목이므로 4라고 써도 된다.

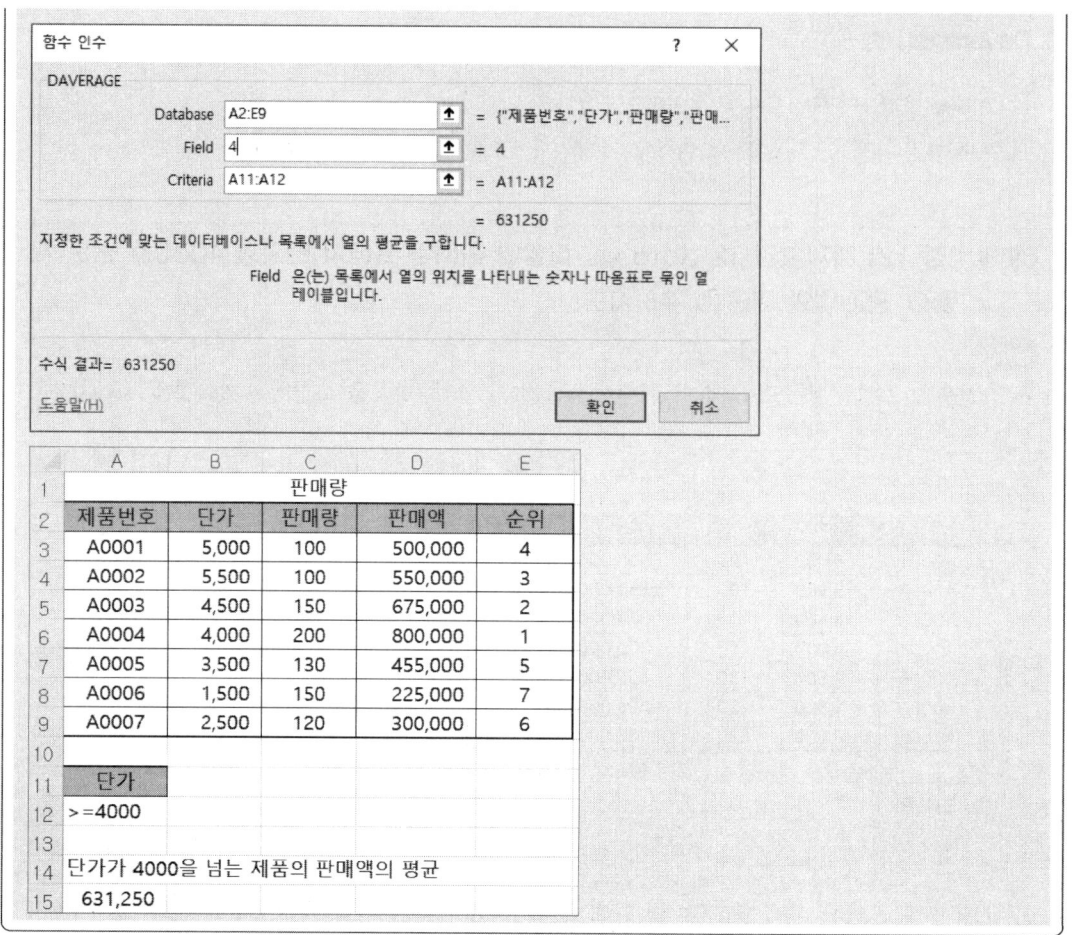

3) Dcount(), Dcounta() 함수

① Dcount(데이터베이스, 필드, 조건범위)

데이터베이스에서 조건을 만족하는 필드의 숫자 개수를 구해준다.

② Dcounta(데이터베이스, 필드, 조건범위)

데이터베이스에서 조건을 만족하는 필드의 숫자, 문자 개수를 구해준다.

[예제 2강-13] 예제 2강-13-data.xlsx의 파일을 열고, 실급여가 3500을 넘는 사람들의 수를 찾으시오.

	A	B	C	D	E	F	G
1	사번	이름	부서	직급	연봉(만원)	세금	실급여
2	1001	김민수	인사팀	대리	4,200	420	3,780
3	1002	이지은	재무팀	과장	5,100	510	4,590
4	1003	박지훈	영업팀	사원	3,500	350	3,150
5	1004	최유진	마케팅팀	대리	4,300	430	3,870
6	1005	정현우	개발팀	부장	6,500	650	5,850
7	1006	오세진	인사팀	사원	3,400	340	3,060
8	1007	한지민	영업팀	과장	5,200	520	4,680
9	1008	윤도현	개발팀	대리	4,400	440	3,960
10	1009	김하늘	마케팅팀	사원	3,600	360	3,240
11	1010	이수빈	재무팀	부장	6,700	670	6,030

풀이

1) 조건영역을 만들기 위해 A13셀에 "실급여"를 복사하고 A14셀에 ")=3500"을 입력 한다.

	A	B	C	D	E	F	G
1	사번	이름	부서	직급	연봉(만원)	세금	실급여
2	1001	김민수	인사팀	대리	4,200	420	3,780
3	1002	이지은	재무팀	과장	5,100	510	4,590
4	1003	박지훈	영업팀	사원	3,500	350	3,150
5	1004	최유진	마케팅팀	대리	4,300	430	3,870
6	1005	정현우	개발팀	부장	6,500	650	5,850
7	1006	오세진	인사팀	사원	3,400	340	3,060
8	1007	한지민	영업팀	과장	5,200	520	4,680
9	1008	윤도현	개발팀	대리	4,400	440	3,960
10	1009	김하늘	마케팅팀	사원	3,600	360	3,240
11	1010	이수빈	재무팀	부장	6,700	670	6,030
12							
13	실급여						
14	>=3500						

2) 결과를 구하기 위해 A17셀에 셀 포인터를 두고, [수식] 탭의 함수삽입 아이콘을 눌러 나온 함수마법사 대화상자에서 데이터베이스 범주에서 dcount()함수를 선택하고 그림처럼 빈칸을 채

함수 인수   ? ×

DCOUNT

Database A1:G11   ⬆ = {"사번","이름","부서","직급","연봉(...

Field   G1   ⬆ = "실급여"

Criteria A13:A14   ⬆ = A13:A14

                                = 7

지정한 조건에 맞는 데이터베이스의 필드에서 숫자를 포함한 셀의 수를 구합니다.

        Criteria 은(는) 찾을 조건이 있는 셀 범위입니다. 이 범위는 열 레이블과 조건
        레이블 아래의 셀을 포함합니다.

수식 결과= 7

도움말(H)   확인   취소

운다. 이때 field 빈칸은 숫자로 구성된 항목 아무거나 선택해도 된다.

	A	B	C	D	E	F	G
1	사번	이름	부서	직급	연봉(만원)	세금	실급여
2	1001	김민수	인사팀	대리	4,200	420	3,780
3	1002	이지은	재무팀	과장	5,100	510	4,590
4	1003	박지훈	영업팀	사원	3,500	350	3,150
5	1004	최유진	마케팅팀	대리	4,300	430	3,870
6	1005	정현우	개발팀	부장	6,500	650	5,850
7	1006	오세진	인사팀	사원	3,400	340	3,060
8	1007	한지민	영업팀	과장	5,200	520	4,680
9	1008	윤도현	개발팀	대리	4,400	440	3,960
10	1009	김하늘	마케팅팀	사원	3,600	360	3,240
11	1010	이수빈	재무팀	부장	6,700	670	6,030
12							
13	실급여						
14	>=3500						
15							
16	실급여가 3500을 넘는 사람들의 수						
17	7	=DCOUNT(A1:G11,G1,A13:A14)					
18	0	=DCOUNT(A1:G11,B1,A13:A14)					

이 때, 문자로 이뤄진 항목을 선택하면 dcount()함수는 결과가 0이 나온다.

[예제 2강-14] 예제 2강-14-data.xlsx의 파일을 열고, 세금이 400미만인 사람들의 수를 찾으시오.

풀이

1) 조건영역을 만들기 위해 A13셀에 "세금"을 복사하고 A14셀에 "〈400"을 입력 한 다.

	A	B	C	D	E	F	G
1	사번	이름	부서	직급	연봉(만원)	세금	실급여
2	1001	김민수	인사팀	대리	4,200	420	3,780
3	1002	이지은	재무팀	과장	5,100	510	4,590
4	1003	박지훈	영업팀	사원	3,500	350	3,150
5	1004	최유진	마케팅팀	대리	4,300	430	3,870
6	1005	정현우	개발팀	부장	6,500	650	5,850
7	1006	오세진	인사팀	사원	3,400	340	3,060
8	1007	한지민	영업팀	과장	5,200	520	4,680
9	1008	윤도현	개발팀	대리	4,400	440	3,960
10	1009	김하늘	마케팅팀	사원	3,600	360	3,240
11	1010	이수빈	재무팀	부장	6,700	670	6,030
12							
13	세금						
14	〈400						

2) 결과를 구하기 위해 A17셀에 셀 포인터를 두고, [수식] 탭의 함수삽입 아이콘을 눌러 나온 함수마법사 대화상자에서 데이터베이스 범주에서 dcounta()함수를 선택하고 그림처럼 빈칸을 채운다.

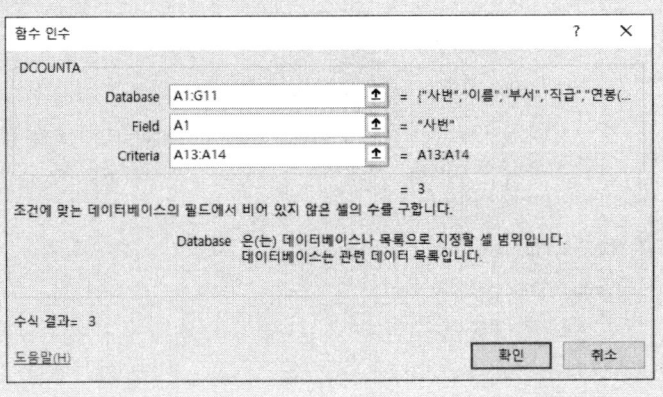

그림 처럼 3명의 결과가 나오는 것을 확인할 수 있다.

	A	B	C	D	E	F	G
1	사번	이름	부서	직급	연봉(만원)	세금	실급어
2	1001	김민수	인사팀	대리	4,200	420	3,780
3	1002	이지은	재무팀	과장	5,100	510	4,590
4	1003	박지훈	영업팀	사원	3,500	350	3,150
5	1004	최유진	마케팅팀	대리	4,300	430	3,870
6	1005	정현우	개발팀	부장	6,500	650	5,850
7	1006	오세진	인사팀	사원	3,400	340	3,060
8	1007	한지민	영업팀	과장	5,200	520	4,680
9	1008	윤도현	개발팀	대리	4,400	440	3,960
10	1009	김하늘	마케팅팀	사원	3,600	360	3,240
11	1010	이수빈	재무팀	부장	6,700	670	6,030
12							
13	세금						
14	<400						
15							
16	세금이 400미만인 사람들의 수						
17	3	=DCOUNTA(A1:G11,A1,A13:A14)					

4) Dmax() 함수, Dmin() 함수

① Dmax(데이터베이스, 필드, 조건범위)

데이터베이스에서 조건을 만족하는 필드의 값을 최대값을 구한다.

② Dmin(데이터베이스, 필드, 조건범위)

데이터베이스에서 조건을 만족하는 필드의 값을 최소값을 구한다.

[예제 2강-15] 예제 2강-15-data.xlsx 파일을 열고, 직급이 "사원"인 사람들의 필기 점수의 최대값과 부서가 "개발"인 사람들의 실기 점수의 최소값을 구하시오.

	A	B	C	D	E	F
1	사번	부서	이름	직급	필기점수	실기점수
2	A1001	인사	김민수	부장	85	80
3	A1002	영업	이지은	사원	90	92
4	A1003	개발	박지훈	팀장	78	75
5	A1004	마케팅	최유리	사원	88	85
6	A1005	개발	정현우	과장	82	79
7	A1006	마케팅	한서준	과장	76	81
8	A1007	영업	오지민	사원	91	87
9	A1008	영업	신예린	사원	83	80
10	A1009	개발	김도현	사원	87	86
11	A1010	총무	박서연	팀장	80	77

풀이

1) 직급이 "사원"인 사람들의 필기 점수의 최대값

① 조건영역을 나타내기 위해서 A13셀에 "직급"을 복사하고, A14셀에 "사원"을 입력한다.

	A	B	C	D	E	F
1	사번	부서	이름	직급	필기점수	실기점수
2	A1001	인사	김민수	부장	85	80
3	A1002	영업	이지은	사원	90	92
4	A1003	개발	박지훈	팀장	78	75
5	A1004	마케팅	최유리	사원	88	85
6	A1005	개발	정현우	과장	82	79
7	A1006	마케팅	한서준	과장	76	81
8	A1007	영업	오지민	사원	91	87
9	A1008	영업	신예린	사원	83	80
10	A1009	개발	김도현	사원	87	86
11	A1010	총무	박서연	팀장	80	77
12						
13	직급					
14	사원					

② 결과를 구하기 위해 A17셀에 셀 포인터를 두고, [수식] 탭의 함수삽입 아이콘을 눌러 나온 함수마법사 대화상자에서 데이터베이스 범주에서 dmax()함수를 선택하고 그림처럼 빈칸을 채운다.

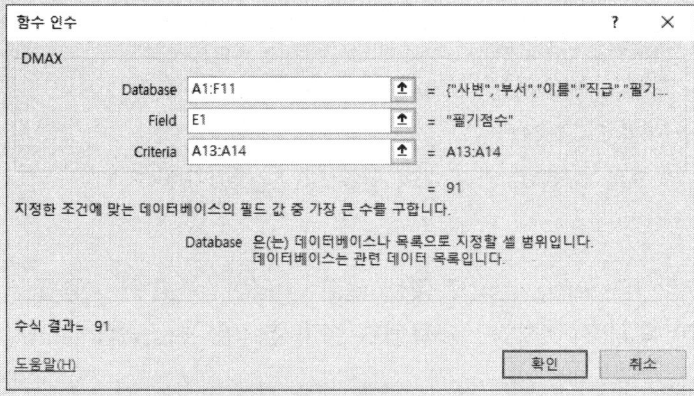

결과가 91이 나온 것을 확인할 수 있다.

	A	B	C	D	E	F
1	사번	부서	이름	직급	필기점수	실기점수
2	A1001	인사	김민수	부장	85	80
3	A1002	영업	이지은	사원	90	92
4	A1003	개발	박지훈	팀장	78	75
5	A1004	마케팅	최유리	사원	88	85
6	A1005	개발	정현우	과장	82	79
7	A1006	마케팅	한서준	과장	76	81
8	A1007	영업	오지민	사원	91	87
9	A1008	영업	신예린	사원	83	80
10	A1009	개발	김도현	사원	87	86
11	A1010	총무	박서연	팀장	80	77
12						
13	직급					
14	사원					
15						
16	직급이 "사원"인 사람들의 필기 점수의 최대값					
17	91					

2) 부서가 "개발"인 사람들의 실기 점수의 최소값

① 조건영역을 나타내기 위해서 C13셀에 "부서"를 복사하고, C14셀에 "개발"을 입력한다.

	A	B	C	D	E	F
1	사번	부서	이름	직급	필기점수	실기점수
2	A1001	인사	김민수	부장	85	80
3	A1002	영업	이지은	사원	90	92
4	A1003	개발	박지훈	팀장	78	75
5	A1004	마케팅	최유리	사원	88	85
6	A1005	개발	정현우	과장	82	79
7	A1006	마케팅	한서준	과장	76	81
8	A1007	영업	오지민	사원	91	87
9	A1008	영업	신예린	사원	83	80
10	A1009	개발	김도현	사원	87	86
11	A1010	총무	박서연	팀장	80	77
12						
13	직급		부서			
14	사원		개발			

② 결과를 구하기 위해 A19셀에 셀 포인터를 두고, [수식] 탭의 함수삽입 아이콘을 눌러 나온 함수마법사 대화상자에서 데이터베이스 범주에서 dmin()함수를 선택하고 그림처럼 빈칸을 채운다.

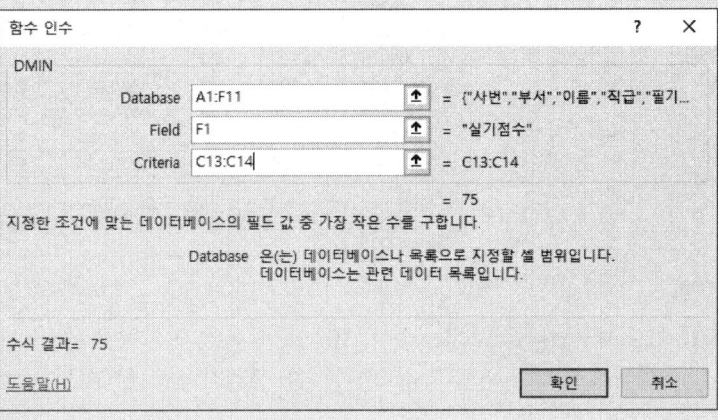

함수 인수

DMIN

Database | A1:F11 | = {"사번","부서","이름","직급","필기...
Field | F1 | = "실기점수"
Criteria | C13:C14 | = C13:C14

= 75

지정한 조건에 맞는 데이터베이스의 필드 값 중 가장 작은 수를 구합니다.

Database 은(는) 데이터베이스나 목록으로 지정할 셀 범위입니다. 데이터베이스는 관련 데이터 목록입니다.

수식 결과= 75

도움말(H)   확인   취소

	A	B	C	D	E	F
1	사번	부서	이름	직급	필기점수	실기점수
2	A1001	인사	김민수	부장	85	80
3	A1002	영업	이지은	사원	90	92
4	A1003	개발	박지훈	팀장	78	75
5	A1004	마케팅	최유리	사원	88	85
6	A1005	개발	정현우	과장	82	79
7	A1006	마케팅	한서준	과장	76	81
8	A1007	영업	오지민	사원	91	87
9	A1008	영업	신예린	사원	83	80
10	A1009	개발	김도현	사원	87	86
11	A1010	총무	박서연	팀장	80	77
12						
13	직급		부서			
14	사원		개발			
15						
16	직급이 "사원"인 사람들의 필기 점수의 최대값					
17	91					
18	부서가 "개발"인 사람들의 실기 점수의 최소값					
19	75					

결과가 75인 것을 확인할 수 있다.

5) Dget() 함수

Dget(데이터베이스, 필드, 조건범위)

: 조건에 맞는 특정 데이터를 추출한다.

[예제 2강-16] 예제 2강-16-data.xlsx 파일을 열고 "판매량" 표의 제품번호가 "A0005"인 제품의 제품번호, 단가, 판매량, 판매액, 순위를 아래표에 dget() 함수를 사용하여 채우시오.

	A	B	C	D	E
1			판매량		
2	제품번호	단가	판매량	판매액	순위
3	A0001	5,000	100	500,000	4
4	A0002	5,500	100	550,000	3
5	A0003	4,500	150	675,000	2
6	A0004	4,000	200	800,000	1
7	A0005	3,500	130	455,000	5
8	A0006	1,500	150	225,000	7
9	A0007	2,500	120	300,000	6
10					
11	제품번호	단가	판매량	판매액	순위
12	A0005				

풀이

B12셀에 셀포인터를 두고, [수식] 탭의 함수삽입 아이콘을 눌러 나온 함수마법사 대화상자에서 데이터베이스 범주에서 dget()함수를 선택하고 그림 처럼 빈칸을 채운다.

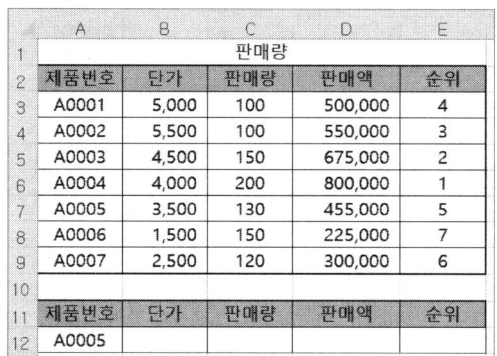

함수 인수   ?   ✕

DGET

Database $A$2:$E$9   ⬆   = {"제품번호","단가","판매량","판매...

Field   B2   ⬆   = "단가"

Criteria $A$11:$A$12   ⬆   = "A0005"

     = 3500

데이터베이스에서 찾을 조건에 맞는 레코드가 하나인 경우 그 레코드를 추출합니다.

     Database 은(는) 데이터베이스나 목록으로 지정할 셀 범위입니다.
          데이터베이스는 관련 데이터 목록입니다.

수식 결과= 3500

도움말(H)   확인   취소

	A	B	C	D	E
1	판매량				
2	제품번호	단가	판매량	판매액	순위
3	A0001	5,000	100	500,000	4
4	A0002	5,500	100	550,000	3
5	A0003	4,500	150	675,000	2
6	A0004	4,000	200	800,000	1
7	A0005	3,500	130	455,000	5
8	A0006	1,500	150	225,000	7
9	A0007	2,500	120	300,000	6
10					
11	제품번호	단가	판매량	판매액	순위
12	A0005	3500			

단가가 구해진 상태에서 나머지는 오른쪽으로 채우기 핸들로 채운다.

	A	B	C	D	E
1	판매량				
2	제품번호	단가	판매량	판매액	순위
3	A0001	5,000	100	500,000	4
4	A0002	5,500	100	550,000	3
5	A0003	4,500	150	675,000	2
6	A0004	4,000	200	800,000	1
7	A0005	3,500	130	455,000	5
8	A0006	1,500	150	225,000	7
9	A0007	2,500	120	300,000	6
10					
11	제품번호	단가	판매량	판매액	순위
12	A0005	3500	130	455000	5

3장 분석작업

1. 목표값찾기와 시나리오

1) 목표값찾기

- 목표값찾기는 결과값은 알고 있고, 그 결과를 도출하기 위한 입력값을 알고자 할 때 사용하는 기능이다.
- 최소한 1개의 수식 셀을 입력으로 하고, 1개 값을 구하고자 하는 것이 시나리오와 다른점이다.
- 사용자가 원하는 데이터를 직접 입력한다.
- 리본메뉴의 [데이터]-[가상분석]-[목표값찾기]를 이용해 만든다.

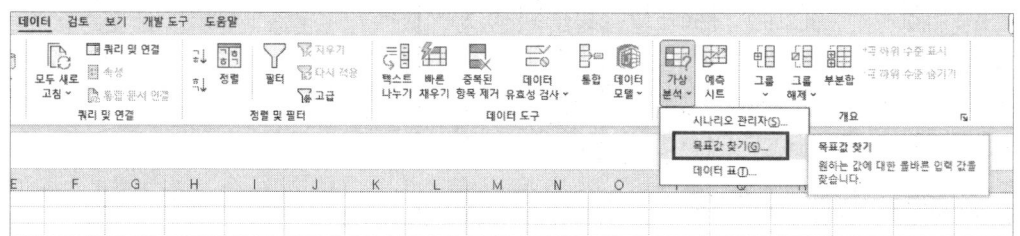

> **[예제 3강-1]** 다음 [주거유형만족도] 표에서 "아파트 유형의 매우 만족의 평균"이 14%가 되려면 전라권 연립주택의 매우만족의 만족도가 몇 %가 되어야 하는지 "목표값찾기" 기능을 이용하여 구하시오.

주거유형만족도

지역	유형	조사기간	매우 불만족	약간 불만족	대체로 만족	매우 만족
서울경기권	단독주택	3개월	1.20%	19.20%	73.30%	8.30%
충청권	아파트	4개월	0.30%	7.60%	76.40%	15.70%
전라권	연립주택	4개월	1.30%	16.90%	70.80%	6.10%
경상권	아파트	6개월	0.60%	10.10%	73.50%	15.80%
경기	연립주택	6개월	2.10%	14.10%	72.30%	11.60%
제주	단독주택	4개월	0.70%	9.50%	70.30%	19.50%
아파트 유형의 매우 만족의 평균					12.83%	

풀이

F10 셀에 셀포인터를 두고 [데이터]-[가상분석]-[목표값찾기]를 클릭한다
수식셀에는 F10 찾는 값은 14%, 값을 바꿀 셀은 $G$6를 입력 후 [확인]을 클릭한다.

지역	유형	조사기간	매우 불만족	약간 불만족	대체로 만족	매우 만족
					주거유형만족도	
서울경기권	단독주택	3개월	1.20%	19.20%	73.30%	8.30%
충청권	아파트	4개월	0.30%	7.60%	76.40%	15.70%
전라권	연립주택	4개월	1.30%	16.90%	70.80%	6.10%
경상권	아파트	6개월	0.60%	10.10%	73.50%	15.80%
경기	연립주택	6개월	2.10%	14.10%	72.30%	11.60%
제주	단독주택	4개월	0.70%	9.50%	70.30%	19.50%
아파트 유형의 매우 만족의 평균					12.83%	

F10 셀과 G6 셀이 그림처럼 바뀌는 것을 확인 할 수 있다.

지역	유형	조사기간	매우 불만족	약간 불만족	대체로 만족	매우 만족
서울경기권	단독			19.20%	73.30%	8.30%
충청권	아파			7.60%	76.40%	15.70%
전라권	연립			16.90%	70.80%	13.10%
경상권	아파			10.10%	73.50%	15.80%
경기	연립주택	6개월	2.10%	14.10%	72.30%	11.60%
제주	단독주택	4개월	0.70%	9.50%	70.30%	19.50%
아파트 유형의 매우 만족의 평균					14.00%	

[예제 3강-2] 예제 3강-2-data.xlsx 를 열고 G12 셀에 레드와인의 판매액의 합계를 구한 후, 판매액이 9,800,000이 되려면 "Penfolds" 브랜드의 "수입단가"가 얼마가 되어야 하는지 목표값찾기를 수행해 보시오.

풀이

1) 레드와인의 판매액의 합계
　 G12 셀에 셀 포인터를 놓고 [수식]의 [함수삽입] 아이콘을 눌러 데이터베이스 범주의 dsum() 함수를 선택한다.
　 database에는 표전체(A1:G11), field에는 G1, 또는 7이라고 써도 된다. criteria는 D1:D2를 선택한다.

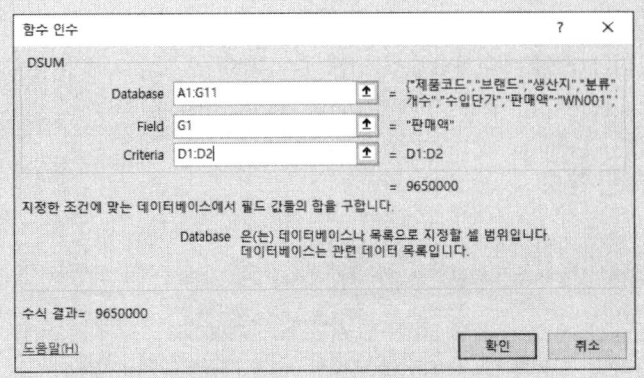

결과가 9,650,000이 나온 것을 확인할 수 있다.

	A	B	C	D	판매박스 개수	F	G
1	제품코드	브랜드	생산지	분류		수입단가	판매액
2	WN001	Chateau Margaux	프랑스 보르도	레드와인	30	120,000	3,600,000
3	WN002	Penfolds	호주 남호주	레드와인	25	80,000	2,000,000
4	WN003	Cloudy Bay	뉴질랜드 말버러	화이트와인	20	60,000	1,200,000
5	WN004	Antinori	이탈리아 토스카나	레드와인	15	90,000	1,350,000
6	WN005	Torres	스페인 카탈루냐	화이트와인	18	55,000	990,000
7	WN006	Concha y Toro	칠레 마이포밸리	레드와인	40	45,000	1,800,000
8	WN007	Beringer	미국 나파밸리	레드와인	12	75,000	900,000
9	WN008	Villa Maria	뉴질랜드 오클랜드	화이트와인	19	58,000	1,102,000
10	WN009	Baron Philippe	프랑스 랑그도크	로제와인	14	50,000	700,000
11	WN010	Freixenet	스페인 카바	스파클링	10	65,000	650,000
12			레드 와인의 판매액의 합계				9,650,000

2) 판매액이 9,800,000이 되려면 "Penfolds" 브랜드의 "수입단가"가 얼마가 되어야 하는지 목표
값찾기를 수행.

G12셀에 셀포인터를 두고, [데이터]-[가상분석]-[목표값찾기]를 클릭 한다

수식셀에는 G12, 찾는 값은 9800000, 값을 바꿀 셀은 $F$3를 입력 후 [확인]을 클릭한다.

아래와 같이 F2셀과 G12 셀이 바뀐 것을 확인할 수 있다.

	A	B	C	D	E	F	G
1	제품코드	브랜드	생산지	분류	판매박스 개수	수입단가	판매액
2	WN001	Chateau Margaux	프랑스 보르도	레드와인	30	120,000	3,600,000
3	WN002	Penfolds	호주 남호주	레드와인	25	86,000	2,150,000
4	WN003	Cloudy Bay	뉴질랜드 말버러	화이트와인	20	60,000	1,200,000
5	WN004	Antinori	이탈리아 토스카나	레드와인	15	90,000	1,350,000
6	WN005	Torres	스페인 카탈루냐	화이트와인	18	55,000	990,000
7	WN006	Concha y Toro	칠레 마이포밸리	레드와인	40	45,000	1,800,000
8	WN007	Beringer	미국 나파밸리	레드와인	12	75,000	900,000
9	WN008	Villa Maria	뉴질랜드 오클랜드	화이트와인	19	58,000	1,102,000
10	WN009	Baron Philippe	프랑스 랑그도크	로제와인	14	50,000	700,000
11	WN010	Freixenet	스페인 카바	스파클링	10	65,000	650,000
12			레드 와인의 판매액의 합계				9,800,000

2) 시나리오

- 여러 가지 상황에 따른 변수 값, 결과값의 변화를 예측 할 수 있게 해주는 기능이다.
- 결과에 대해 셀주소 절대 참조형으로 나타나므로 셀이름을 먼저 정의해 주는 것이 좋다.
- 시나리오의 결과는 요약보고서나 피벗테이블 보고서로 만들 수 있다.
- 요약보고서는 결과 셀을 지정하지 않아도 되지만, 피벗테이블 보고서는 결과 셀을 반드시 지정해 주어야 한다.
- 시나리오 보고서는 현재 작업 워크시트 앞에 생성된다.
- 리본메뉴의 [데이터]-[가상분석]-[시나리오관리자]를 이용해 만든다.

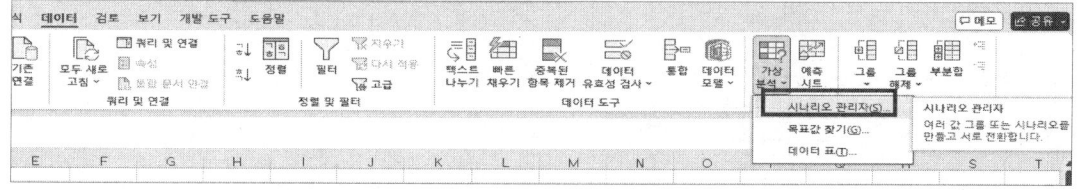

[예제 3강-3] 다음 표에서 고객별 할인율 일반[B14]과 골드[C14]가 다음과 같이 변동하는 경우 판매 총 합계[F12]의 변동 시나리오를 작성하시오.

- 셀 이름 정의 : [B14] 셀은 '일반', [C14] 셀은 '골드', [F10] 셀은 '총판매액'로 정의하시오.
- 시나리오1 : 시나리오 이름은 '인상', 고객별 할인율은 일반 15%, 골드 20%로 설정하시오.
- 시나리오2 : 시나리오 이름은 '인하1', 고객별 할인율을 일반 10%, 골드 15%로 설정하시오.
- 시나리오3 : 시나리오 이름은 '인하2', 고객별 할인율을 일반 7%, 골드 11%로 설정하시오.

	A	B	C	D	E	F
1	제품명	일반회원		골드회원		판매합계
2		판매수량	판매금액	판매수량	판매금액	
3	PC	45	39,420,000	70	86,520,000	106,107,000
4	캠코더	30	4,620,000	51	10,863,000	13,035,690
5	청정기	37	4,195,800	38	6,296,600	8,876,524
6	에어컨	53	10,017,000	61	21,960,000	26,941,590
7	헤드셋	54	1,728,000	77	4,235,000	5,018,410
8	정수기	20	1,440,000	39	4,914,000	5,331,420
9	전화기	15	2,595,000	27	6,372,000	7,546,410
10	합계	254	64,015,800	363	141,160,600	172,857,044
11						
12	고객별 할인율					
13	고객분류	일반	골드			
14	할인율	13%	17%			

풀이

1) B14와 C14셀, F10셀에 셀포인터를 두고 각각 '일반', '골드', '총판매액'으로 이름을 정의한다.
[수식]의 이름정의 상자에서 정의된이름 그룹의 이름정의 아이콘을 누른다.

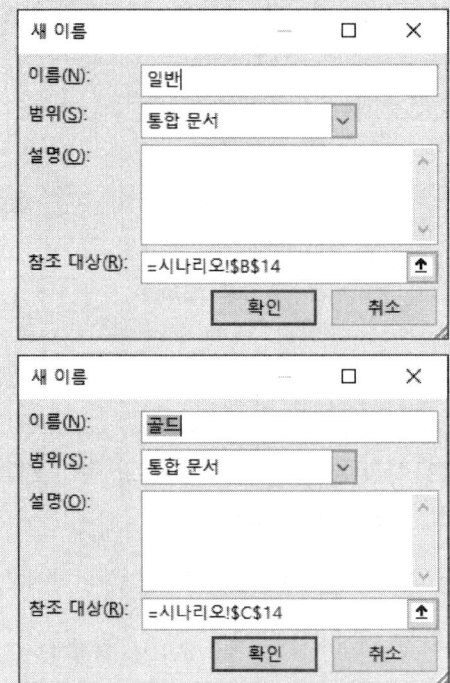

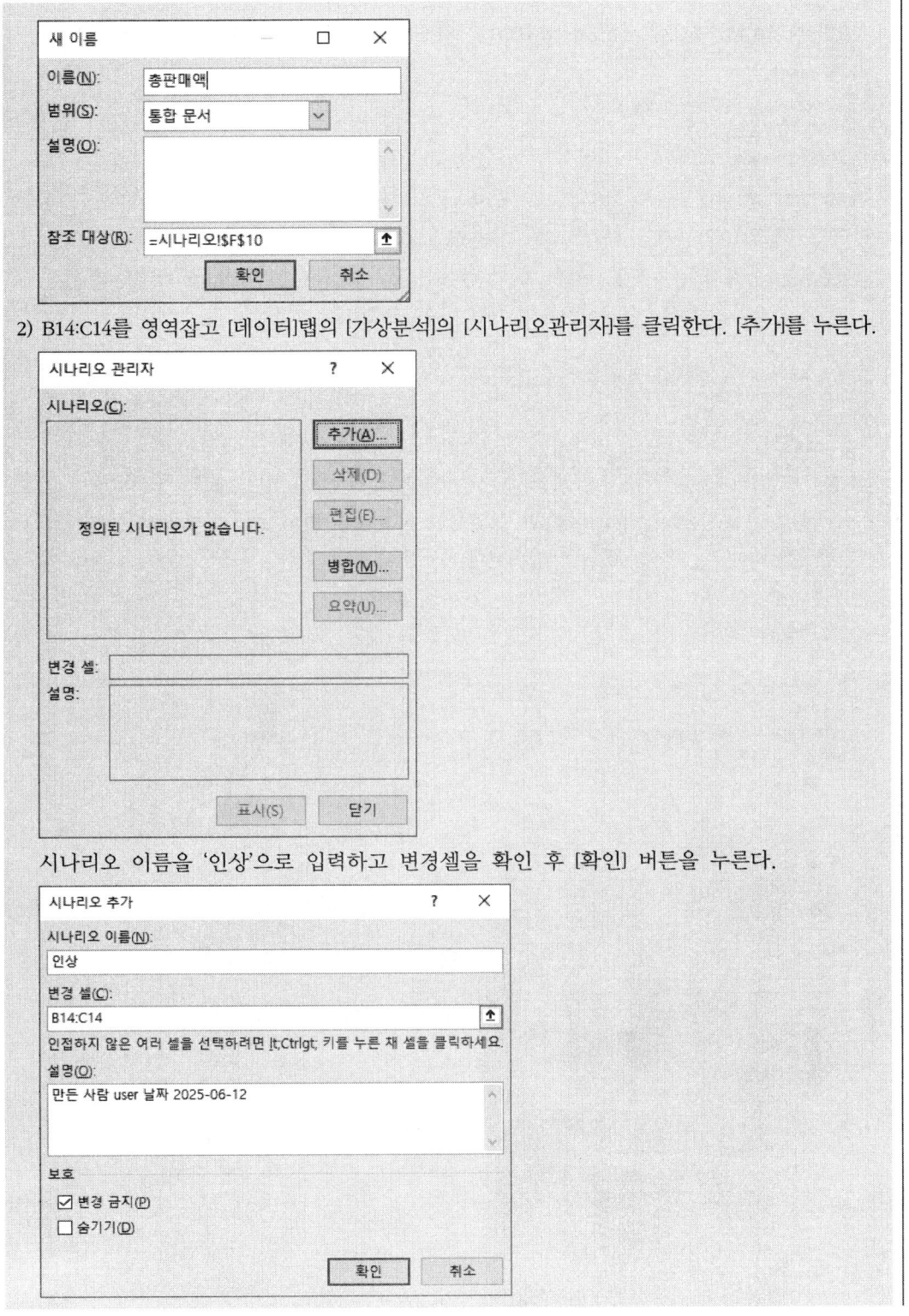

2) B14:C14를 영역잡고 [데이터]탭의 [가상분석]의 [시나리오관리자]를 클릭한다. [추가]를 누른다.

시나리오 이름을 '인상'으로 입력하고 변경셀을 확인 후 [확인] 버튼을 누른다.

일반에는 0.15, 골드에는 0.2를 입력한다. 시나리오가 더 있으므로 [추가]를 누른다.

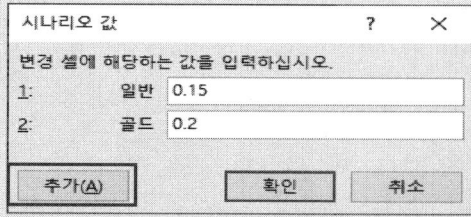

이번에는 시나리오 이름을 '인하1'로 입력하고 변경셀을 확인 후 [확인] 버튼을 누른다.
일반에는 0.1, 골드에는 0.15를 입력한다. 다시 [추가]를 누른다.

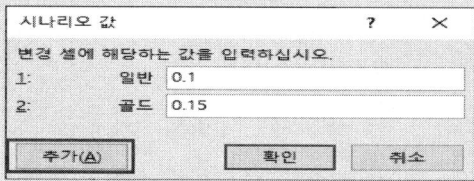

이번에는 시나리오 이름을 '인하2'로 입력하고 변경셀을 확인 후 [확인] 버튼을 누른다.
일반에는 0.07, 골드에는 0.11를 입력한다. [확인]을 누른다.

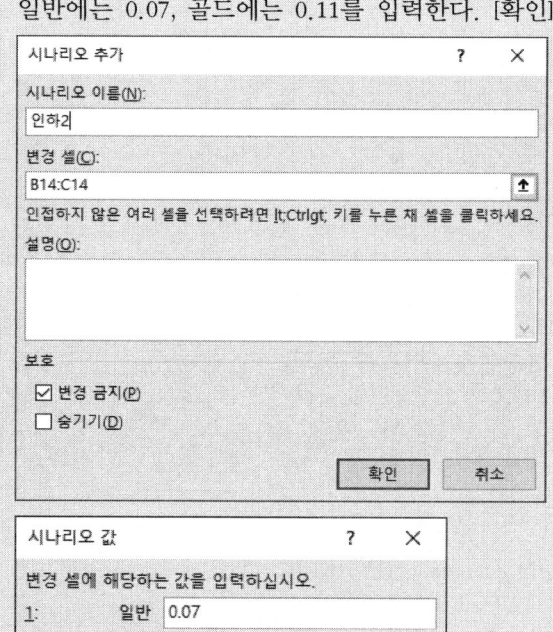

시나리오 관리자에 3개의 시나리오가 작성된 것을 확인할 수 있다. [요약]을 누른다

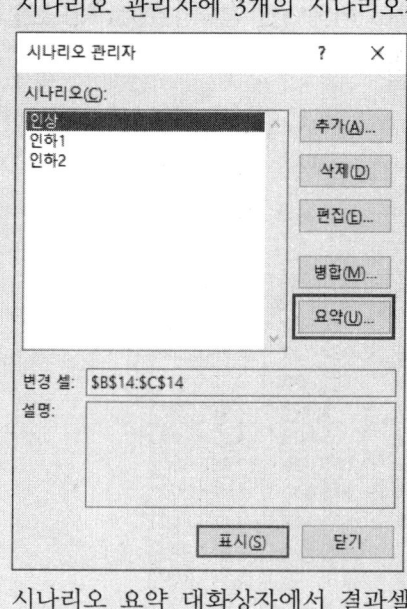

시나리오 요약 대화상자에서 결과셀에 F10셀을 클릭하고 [확인]을 누른다.

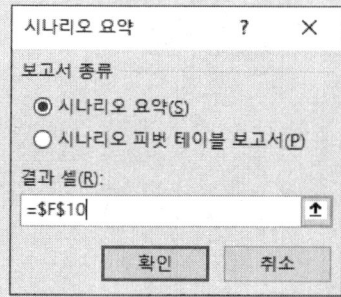

[시나리오 요약] 워크시트가 앞쪽으로 작성된 것을 확인 할 수 있다.

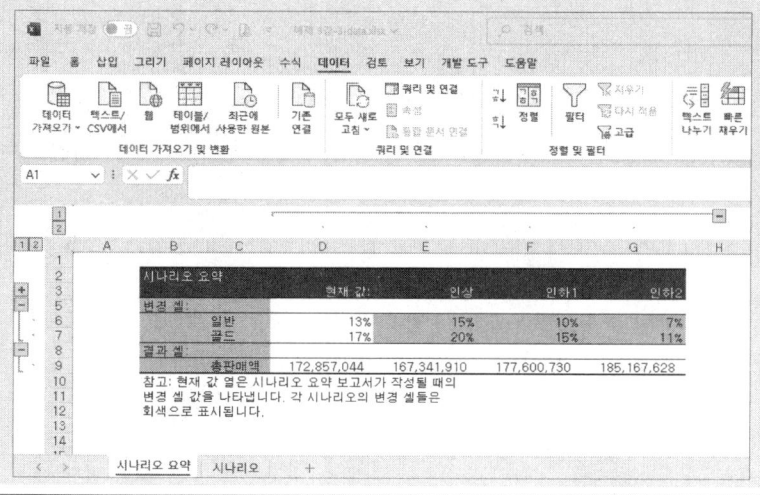

[예제 3강-4] 다음 표에서 수익률[F16]이 다음과 같이 변동되는 경우 순매출액[F12]과 판매금액[E12]의 변동 시나리오를 작성하시오.

- 셀이름 정의 : [E12]셀은 '판매금액', [F12] 셀은 '순매출액', [F14] 셀은 '수익률'로 정의하시오.
- 시나리오1 : 시나리오 이름은 '수익률증가', 수익률 80%로 설정하시오.
- 시나리오2 : 시나리오 이름은 '수익률감소', 수익률 60%로 설정하시오.

	A	B	C	D	E	F
1	사원명	제품코드	단가	판매수량	판매금액	순매출액
2	1. 김민준	C-K10	188,600	18	3,394,800	2,376,360
3	2. 이서연	C-D11	156,700	38	5,954,600	4,168,220
4	3. 박지후	A-H35	256,000	20	5,120,000	3,584,000
5	4. 최예린	T-G12	187,600	23	4,314,800	3,020,360
6	5. 정우진	S-A20	245,000	29	7,105,000	4,973,500
7	6. 강하늘	S-D56	256,000	15	3,840,000	2,688,000
8	7. 윤지아	W-N43	256,000	11	2,816,000	1,971,200
9	8. 임도윤	B-F55	255,000	25	6,375,000	4,462,500
10	9. 오수빈	L-K95	215,800	17	3,668,600	2,568,020
11	10. 한지민	F-K19	252,000	33	8,316,000	5,821,200
12	합계				50,904,800	35,633,360
13						
14					수익률	70%

풀이

E12셀에 셀포인터를 두고, [수식]탭의 이름정의 아이콘을 눌러 나온 대화상자에 아래와 같이 채운다.

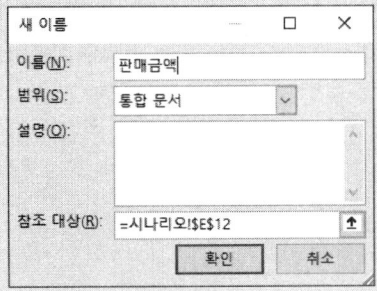

F12셀에 셀포인터를 두고, [수식]탭의 이름정의 아이콘을 눌러 나온 대화상자에 아래와 같이 채운다.

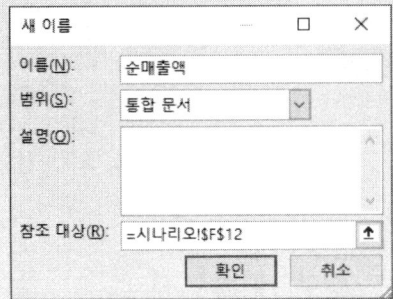

F14셀에 셀포인터를 두고, [수식]탭의 이름정의 아이콘을 눌러 나온 대화상자에 아래와 같이 채운다.

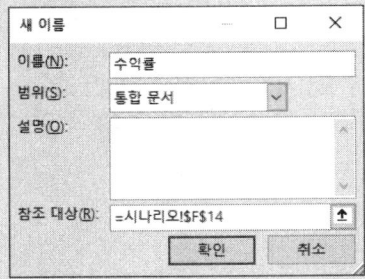

F14셀에 셀포인터를 두고, [데이터]탭의 [가상분석]의 [시나리오관리자]를 선택한다. [추가] 버튼을 누른다.

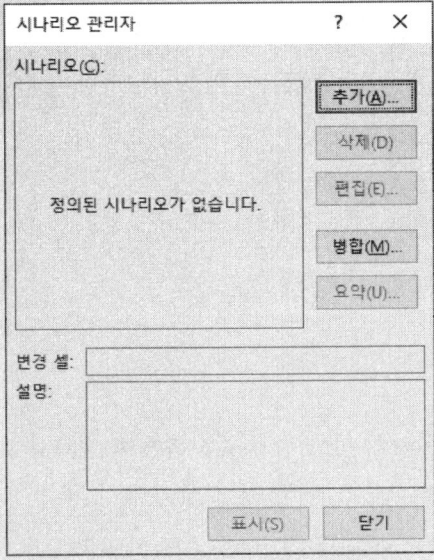

[시나리오추가] 대화상자에서 시나리오 이름은 '수익률증가'를 입력하고, 확인을 누른 후 시나리오 값 대화상자에서 0.8을 입력한다. 다시 [추가] 버튼을 누른다.

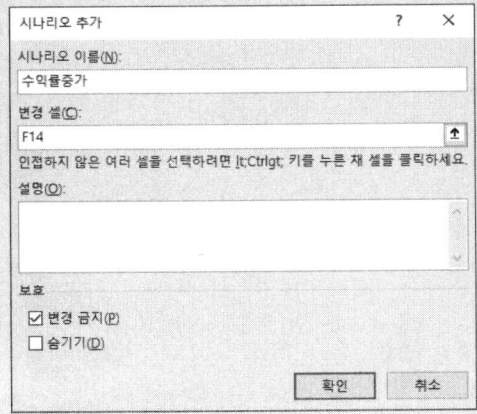

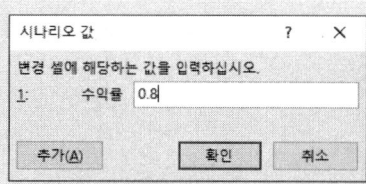

[시나리오추가] 대화상자에서 시나리오 이름은 '수익률감소'를 입력하고, 확인을 누른 후 시나리오 값 대화상자에서 0.6을 입력한다.

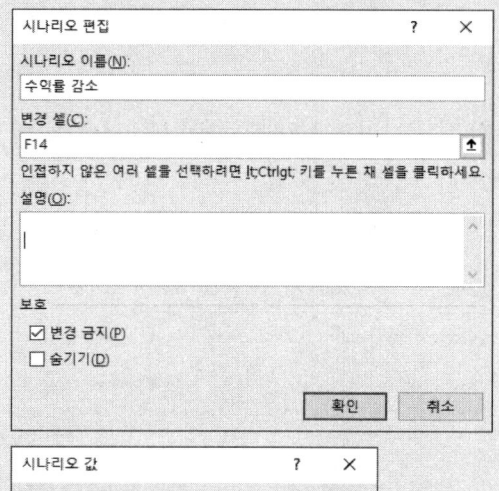

시나리오관리자에 2개의 시나리오가 생성된 것을 확인할 수 있고, [시나리오관리자] 대화상자에서 [요약]을 누른다.

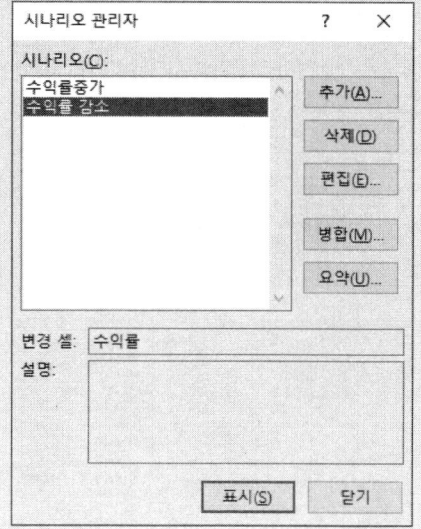

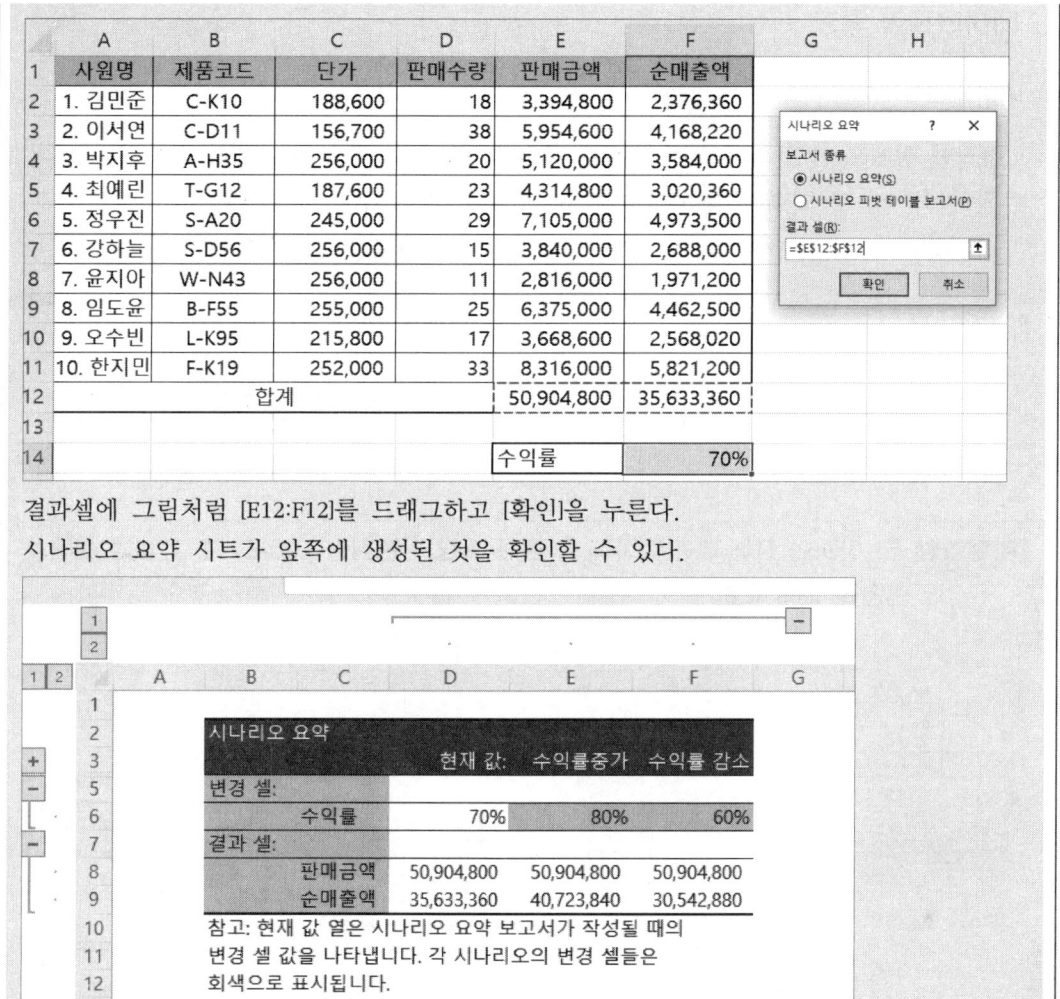

	A	B	C	D	E	F	G	H
1	사원명	제품코드	단가	판매수량	판매금액	순매출액		
2	1. 김민준	C-K10	188,600	18	3,394,800	2,376,360		
3	2. 이서연	C-D11	156,700	38	5,954,600	4,168,220		
4	3. 박지후	A-H35	256,000	20	5,120,000	3,584,000		
5	4. 최예린	T-G12	187,600	23	4,314,800	3,020,360		
6	5. 정우진	S-A20	245,000	29	7,105,000	4,973,500		
7	6. 강하늘	S-D56	256,000	15	3,840,000	2,688,000		
8	7. 윤지아	W-N43	256,000	11	2,816,000	1,971,200		
9	8. 임도윤	B-F55	255,000	25	6,375,000	4,462,500		
10	9. 오수빈	L-K95	215,800	17	3,668,600	2,568,020		
11	10. 한지민	F-K19	252,000	33	8,316,000	5,821,200		
12	합계				50,904,800	35,633,360		
13								
14					수익률	70%		

시나리오 요약   ?   ×

보고서 종류
- ● 시나리오 요약(S)
- ○ 시나리오 피벗 테이블 보고서(P)

결과 셀(R):
=$E$12:$F$12

[확인] [취소]

결과셀에 그림처럼 [E12:F12]를 드래그하고 [확인]을 누른다.

시나리오 요약 시트가 앞쪽에 생성된 것을 확인할 수 있다.

	A	B	C	D	E	F	G
1							
2		시나리오 요약					
3				현재 값:	수익률중가	수익률 감소	
5		변경 셀:					
6		수익률		70%	80%	60%	
7		결과 셀:					
8		판매금액		50,904,800	50,904,800	50,904,800	
9		순매출액		35,633,360	40,723,840	30,542,880	
10		참고: 현재 값 열은 시나리오 요약 보고서가 작성될 때의					
11		변경 셀 값을 나타냅니다. 각 시나리오의 변경 셀들은					
12		회색으로 표시됩니다.					
13							

2. 데이터표와 통합

1) 데이터표

- 복잡한 형태로 참조 되는 수식을 보다 효율적으로 편리하게 작성 가능하게 한 기능이다.
- 행 입력 셀, 열 입력 셀을 이용하여 쉽게 입력 값을 구할 수 있다.
- 리본메뉴 [데이터] 탭의 [가상분석] 아이콘의 [데이터표]를 눌러 실행한다.

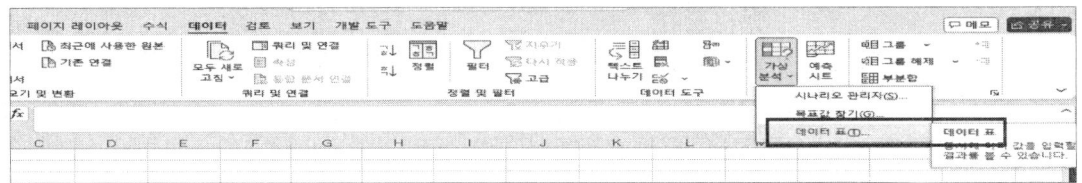

[예제 3강-5] 아래의 표에서 판매가에 따른 판매량의 변화를 데이터 표 기능을 이용해서 빈칸을 채우시오.

	A	B	C	D	E	F	G	H	I	J
1										
2	판매량	25								
3	판매가	₩5,500					판매량			
4	판매액	₩137,500				50	100	150	200	250
5					₩5,000					
6					₩6,000					
7	단가	2500			₩7,000					
8	마진	75000		판	₩8,000					
9				매	₩9,000					
10				가	₩10,000					
11					₩11,000					
12					₩12,000					
13					₩13,000					
14					₩14,000					

풀이

1) E4셀에 셀포인터를 두고 판매가에 따른 판매량을 구하는 식인 B8셀을 복사한다.

	A	B	C	D	E	F	G	H
1								
2	판매량	25						
3	판매가	₩5,500					판매량	
4	판매액	₩137,500			₩75,000	50	100	150
5					₩5,000			
6					₩6,000			
7	단가	2500			₩7,000			
8	마진	75000			₩8,000			
9				판 매	₩9,000			
10				가	₩10,000			

2) [E4:J14] 영역을 블록잡고 [데이터] 탭의 [가상분석] 아이콘의 [데이터표]를 눌러 실행한다.

이때 '행 입력셀' B2, '열 입력셀' B3를 클릭한다.

데이터 표가 채워진 것을 확인할 수 있다.

[예제 3강-6] 아래의 표에서 이자율과 기간에 따른 월적립액의 변화를 데이터표 기능을 이용하여 표를 채우시오.

	A	B	C	D	E	F	G
1							
2	만기액	50,000,000					
3	이자율	3.00%					
4	기간	3년					
5							
6	월적립액	₩1,454,060					
7							
8					기간		
9			1년	2년	3년	4년	5년
10		4.0%					
11		4.5%					
12		5.0%					
13		5.5%					
14	이	6.0%					
15	자	6.5%					
16	율	7.0%					
17		7.5%					
18		8.0%					
19		8.5%					
20		9.0%					

풀이

1) B9셀에 B6셀의 수식을 복사한다.

	A	B	C	D
1				
2	만기액	50,000,000		
3	이자율	3.00%		
4	기간	3년		
5				
6	월적립액	₩1,454,060		
7				
8				
9		=B6	1년	2년
10		4.0%		
11		4.5%		

2) [B9:G20]을 드래그해서 영역을 잡고, [데이터] 탭의 [가상분석] 아이콘의 [데이터표]를 눌러 실행한다.

	₩1,454,060	1년	기간 2년	3년	4년	5년
	4.0%					
	4.5%					
	5.0%					
	5.5%					
이	6.0%					
자	6.5%					
율	7.0%					
	7.5%					
	8.0%					
	8.5%					
	9.0%					

[데이터 테이블] 대화상자에서 '행 입력셀'에 B4 '열 입력셀'에 B3을 입력한다

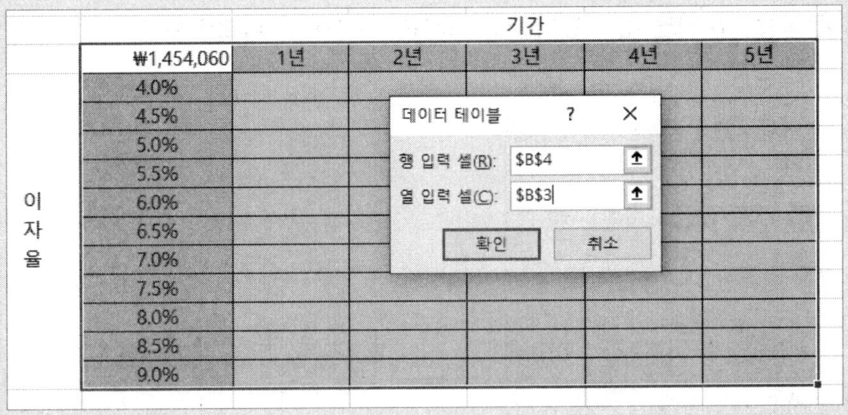

기간					
₩1,454,060	1년	2년	3년	4년	5년
4.0%					
4.5%					
5.0%					
5.5%					
6.0%					
6.5%					
7.0%					
7.5%					
8.0%					
8.5%					
9.0%					

데이터 테이블 ? ×
행 입력 셀(R): $B$4
열 입력 셀(C): $B$3
확인   취소

[확인]을 누르면 데이터 표가 채워진 것을 확인할 수 있다.

	A	B	C	D	E	F	G
1							
2	만기액	50,000,000					
3	이자율	3.00%					
4	기간	3년					
5							
6	월적립액	₩1,454,060					
7							
8					기간		
9		₩1,454,060	1년	2년	3년	4년	5년
10		4.0%	4,257,495	2,171,246	1,476,199	1,128,953	920,826
11		4.5%	4,268,926	2,182,391	1,487,346	1,140,174	932,151
12		5.0%	4,280,374	2,193,569	1,498,545	1,151,465	943,562
13		5.5%	4,291,839	2,204,783	1,509,795	1,162,824	955,058
14	이	6.0%	4,303,321	2,216,031	1,521,097	1,174,251	966,640
15	자	6.5%	4,314,821	2,227,313	1,532,450	1,185,748	978,307
16	율	7.0%	4,326,337	2,238,629	1,543,855	1,197,312	990,060
17		7.5%	4,337,871	2,249,980	1,555,311	1,208,945	1,001,897
18		8.0%	4,349,421	2,261,365	1,566,818	1,220,646	1,013,820
19		8.5%	4,360,989	2,272,784	1,578,377	1,232,415	1,025,827
20		9.0%	4,372,574	2,284,237	1,589,987	1,244,252	1,037,918

2) 통합

- 여러 개로 분산된 데이터를 하나의 표로 통합하고자 할 때 사용하는 기능이다.
- 리본메뉴 [데이터] 탭의 [통합] 아이콘을 눌러 실행한다.

[예제 3강-7] 아래의 표에서 [표1], [표2], [표3]에 대한 '매입수량', '매출수량', '재고수량'의 '합계'를 [표4]로 '데이터 통합' 기능을 이용하여 통합하시오.

	A	B	C	D	E	F	G	H	I
1	[표1]	영등포 지점							
2	상품명	매입수량	매출수량	재고수량					
3	AOW-01	2000	1100	900					
4	ALK-01	2000	900	1100					
5	AOW-03	2000	1500	500					
6	WALT-01	2000	460	1540					
7	ALK-02	2000	900	1100					
8	BHA-02	2000	880	1120					
9									
10	[표2]	용산 지점				[표4]	서울 재고 현황		
11	상품명	매입수량	매출수량	재고수량		상품명	매입수량	매출수량	재고수량
12	BHA-01	1500	850	650					
13	AOW-02	1500	550	950					
14	ALK-01	1500	440	1060					
15	ALK-02	1500	990	510					
16	ALK-03	1500	780	720					
17	MAT-01	1500	130	1370					
18									
19	[표3]	노원 지점							
20	상품명	매입수량	매출수량	재고수량					
21	AOW-01	800	340	460					
22	AOW-02	800	200	600					
23	ALK-01	600	150	450					
24	ALK-02	600	230	370					
25	BHA-01	400	170	230					
26	MNA-02	400	80	320					

풀이

[표4] 전체를 영역 잡고, [데이터] 탭의 [통합] 아이콘을 눌러 실행한다.

	A	B	C	D		F	G	H	I
9									
10	[표2]	용산 지점				[표4]	서울 재고 현황		
11	상품명	매입수량	매출수량	재고수량		상품명	매입수량	매출수량	재고수량
12	BHA-01	1500	850	650					
13	AOW-02	1500	550	950					
14	ALK-01	1500	440	1060					
15	ALK-02	1500	990	510					
16	ALK-03	1500	780	720					
17	MAT-01	1500	130	1370					
18									
19	[표3]	노원 지점							
20	상품명	매입수량	매출수량	재고수량					
21	AOW-01	800	340	460					

늘려 나온 통합 대화상자에서 함수에 '합계'를 선택한다.

참조의 입력란에 커서를 놓고 [표1] 영역 전체를 드래그 한 후 [추가]버튼을 누른다.

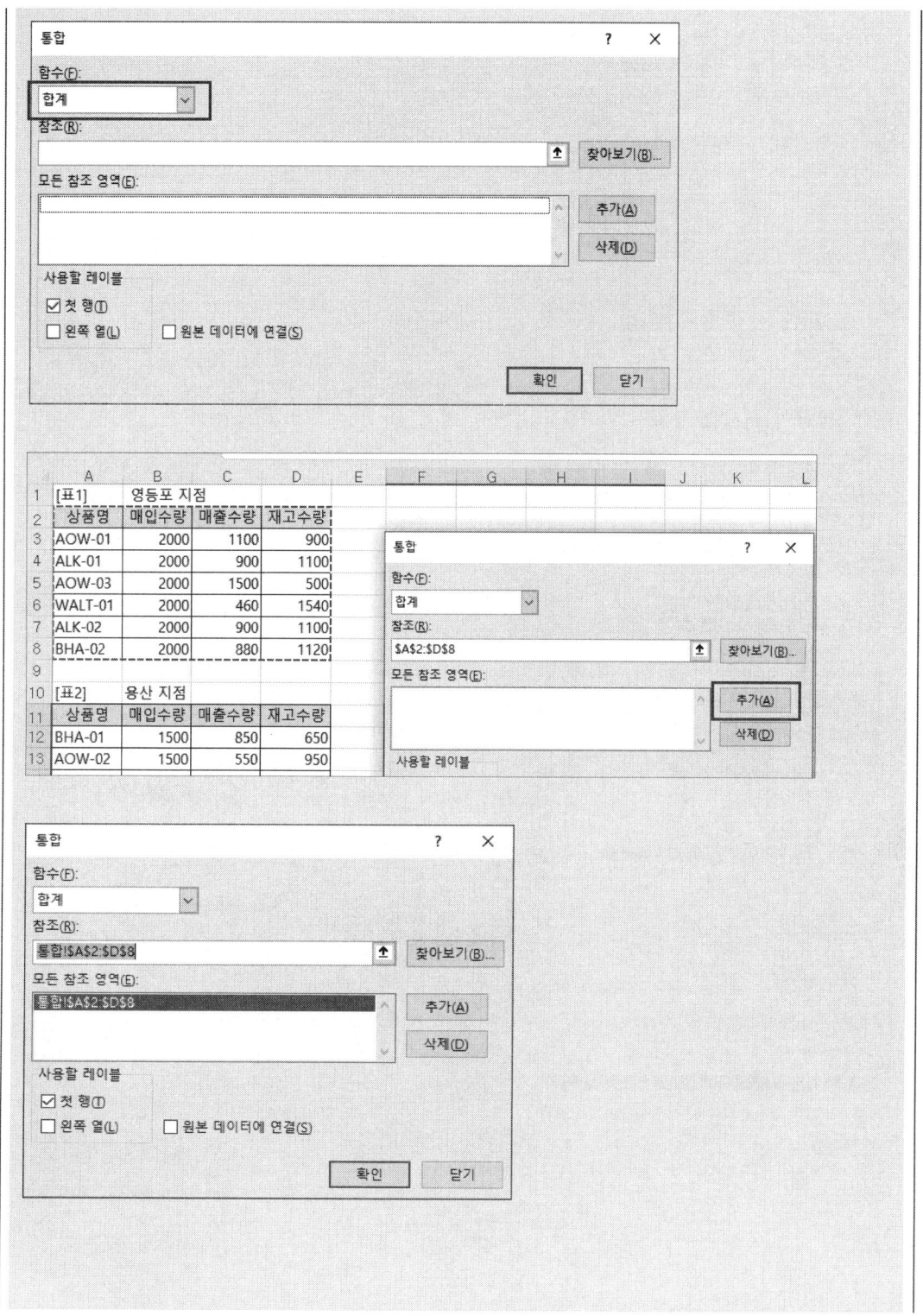

이번에는 [표2] 전체를 영역 잡고 [추가]버튼을 누른다.

7	ALK-02	2000	900	1100
8	BHA-02	2000	880	1120
9				
10	[표2]	용산 지점		
11	상품명	매입수량	매출수량	재고수량
12	BHA-01	1500	850	650
13	AOW-02	1500	550	950
14	ALK-01	1500	440	1060
15	ALK-02	1500	990	510
16	ALK-03	1500	780	720
17	MAT-01	1500	130	1370
18				
19	[표3]	노원 지점		
20	상품명	매입수량	매출수량	재고수량
21	AOW-01	800	340	460
22	AOW-02	800	200	600
23	ALK-01	600	150	450

통합 dialog:
- 함수(F): 합계
- 참조(R): $A$11:$D$17
- 모든 참조 영역(E): 통합!$A$2:$D$8
- 추가(A) / 삭제(D)
- 사용할 레이블: ☑ 첫 행(T) / ☐ 왼쪽 열(L) / ☐ 원본 데이터에 연결(S)
- 확인 / 닫기

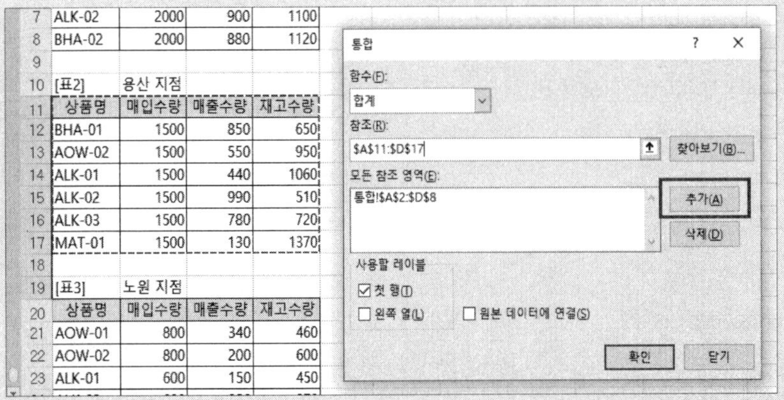

'참조' 영역에 커서를 놓고 다시 [표3] 전체를 영역 잡고 [추가]버튼을 누른다.

12	BHA-01	1500	850	650
13	AOW-02	1500	550	950
14	ALK-01	1500	440	1060
15	ALK-02	1500	990	510
16	ALK-03	1500	780	720
17	MAT-01	1500	130	1370
18				
19	[표3]	노원 지점		
20	상품명	매입수량	매출수량	재고수량
21	AOW-01	800	340	460
22	AOW-02	800	200	600
23	ALK-01	600	150	450
24	ALK-02	600	230	370
25	BHA-01	400	170	230
26	MNA-02	400	80	320
27				
28				
29				

통합 dialog:
- 함수(F): 합계
- 참조(R): $A$20:$D$26
- 모든 참조 영역(E): 통합!$A$2:$D$8 / 통합!$A$11:$D$17
- 추가(A) / 삭제(D)
- 사용할 레이블: ☑ 첫 행(T) / ☐ 왼쪽 열(L) / ☐ 원본 데이터에 연결(S)
- 확인 / 닫기

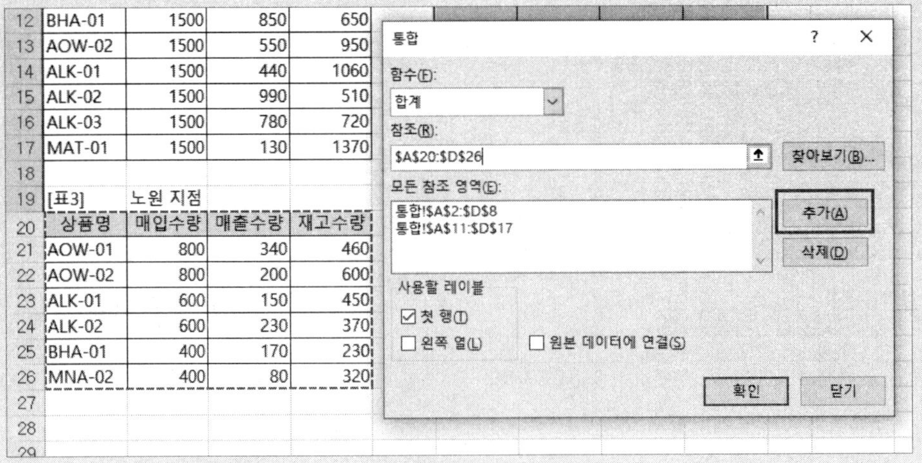

'첫 행', '왼쪽 열'에 체크 표시 넣고 [확인]버튼을 누른다.

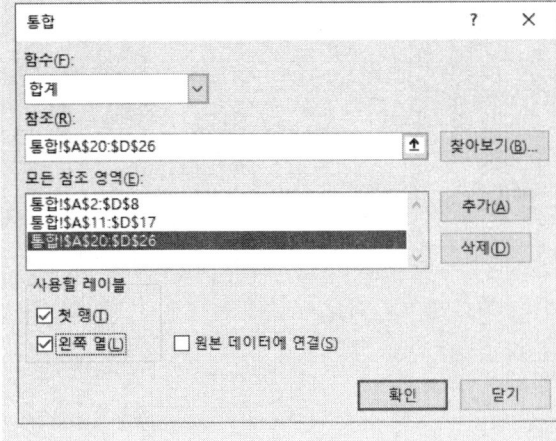

통합 dialog:
- 함수(F): 합계
- 참조(R): 통합!$A$20:$D$26
- 모든 참조 영역(E): 통합!$A$2:$D$8 / 통합!$A$11:$D$17 / 통합!$A$20:$D$26
- 추가(A) / 삭제(D)
- 사용할 레이블: ☑ 첫 행(T) / ☑ 왼쪽 열(L) / ☐ 원본 데이터에 연결(S)
- 확인 / 닫기

[표4]의 표가 통합되어진 것을 확인할 수 있다.

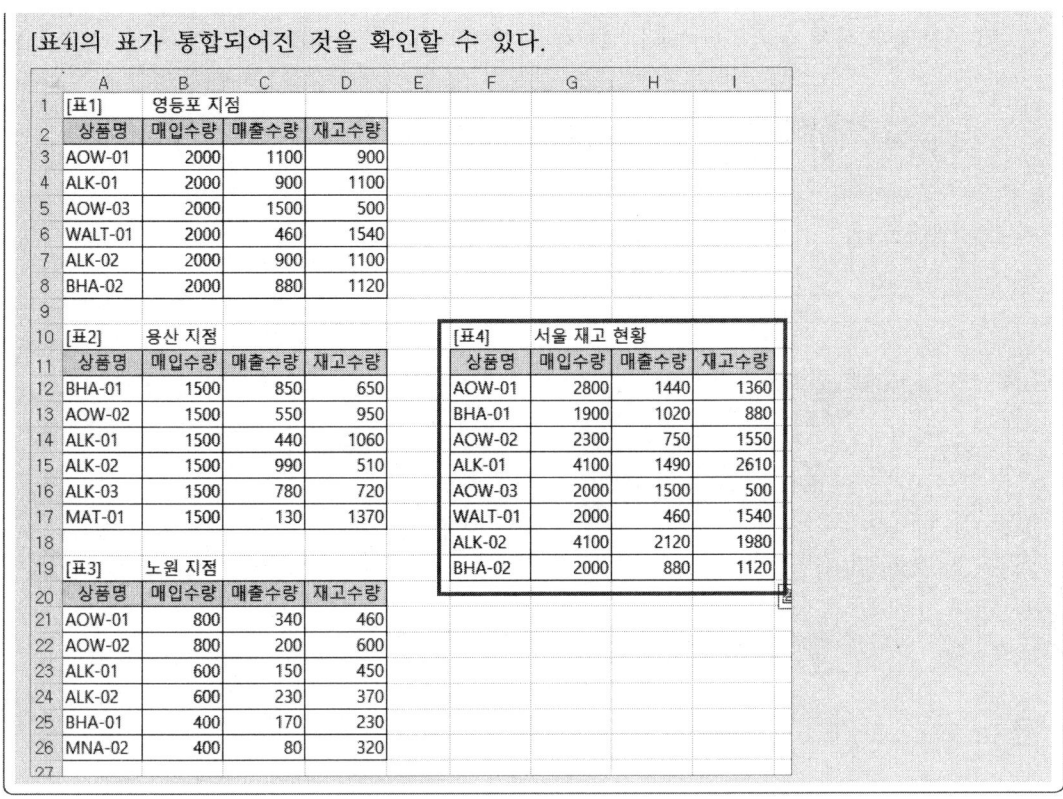

	A	B	C	D	E	F	G	H	I
1	[표1]	영등포 지점							
2	상품명	매입수량	매출수량	재고수량					
3	AOW-01	2000	1100	900					
4	ALK-01	2000	900	1100					
5	AOW-03	2000	1500	500					
6	WALT-01	2000	460	1540					
7	ALK-02	2000	900	1100					
8	BHA-02	2000	880	1120					
9									
10	[표2]	용산 지점				[표4]	서울 재고 현황		
11	상품명	매입수량	매출수량	재고수량		상품명	매입수량	매출수량	재고수량
12	BHA-01	1500	850	650		AOW-01	2800	1440	1360
13	AOW-02	1500	550	950		BHA-01	1900	1020	880
14	ALK-01	1500	440	1060		AOW-02	2300	750	1550
15	ALK-02	1500	990	510		ALK-01	4100	1490	2610
16	ALK-03	1500	780	720		AOW-03	2000	1500	500
17	MAT-01	1500	130	1370		WALT-01	2000	460	1540
18						ALK-02	4100	2120	1980
19	[표3]	노원 지점				BHA-02	2000	880	1120
20	상품명	매입수량	매출수량	재고수량					
21	AOW-01	800	340	460					
22	AOW-02	800	200	600					
23	ALK-01	600	150	450					
24	ALK-02	600	230	370					
25	BHA-01	400	170	230					
26	MNA-02	400	80	320					
27									

[예제 3강-8] 예제 3강-8-data.xlsx의 표에서 [표1],[표2],[표3]에 대한 '사용량', '사용요금'의 '평균'를 [표4]로 '데이터 통합' 기능을 이용하여 통합하시오.

풀이

[F13:H18]을 영역잡고 [데이터]의 통합 아이콘을 클릭한다.

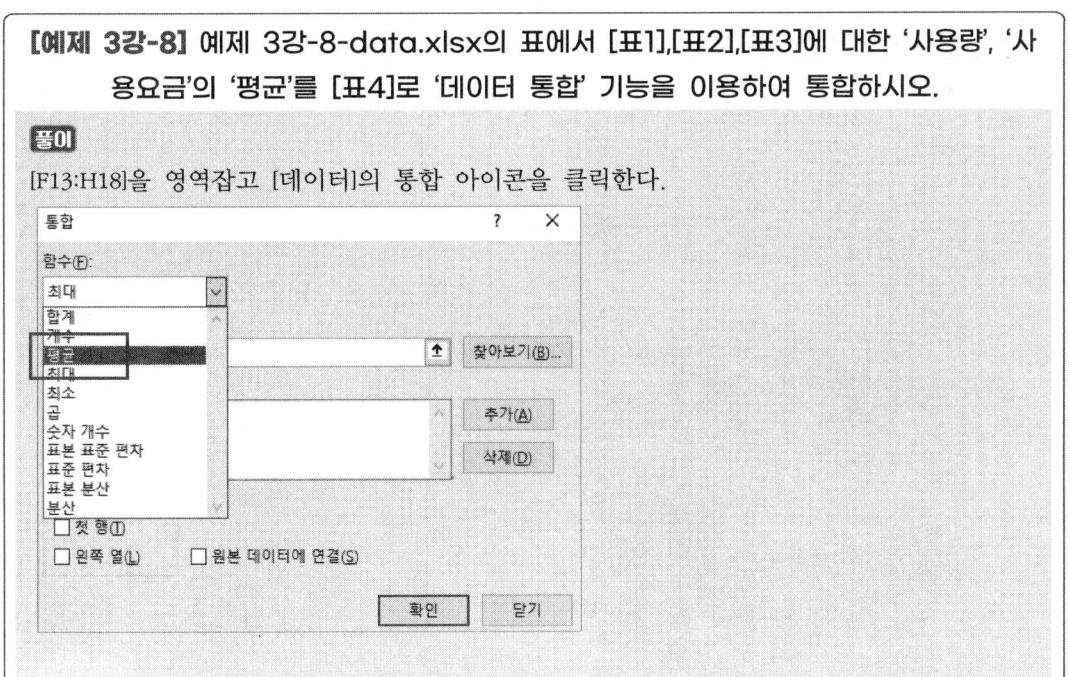

[참조] 부분에 커서를 놓고 [B3:D9]를 열려잡고 [추가]버튼을 누른다.

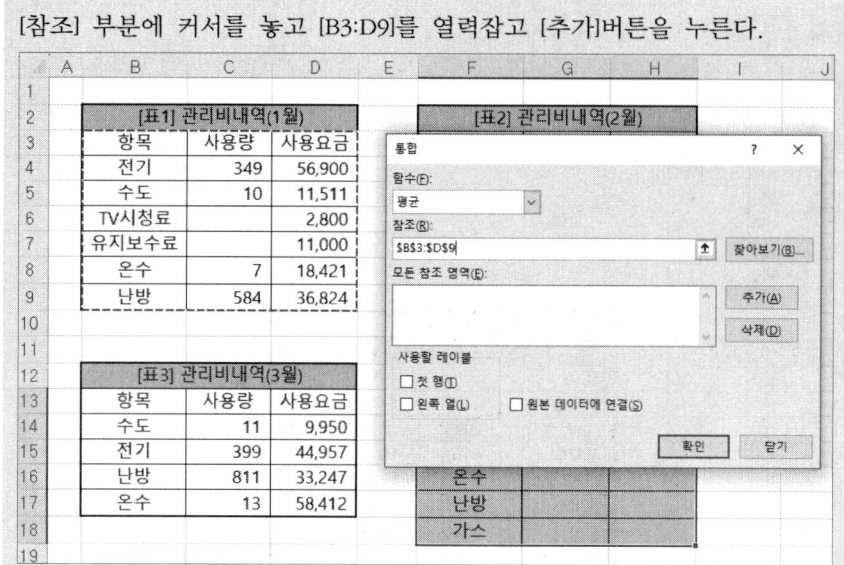

모든 참조 영역에 범위가 들어간다.

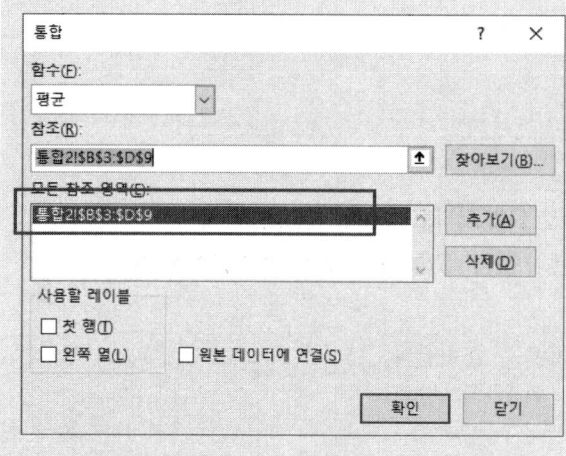

[표2] 영역도 드래그하여 선택한 다음 [추가]버튼을 누른다.

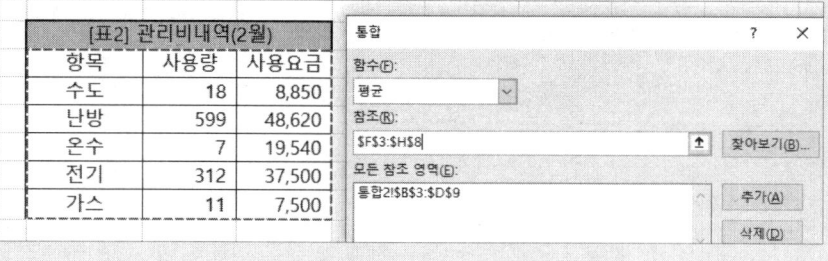

[표3]도 영역을 드래그하여 [추가] 버튼을 누른다

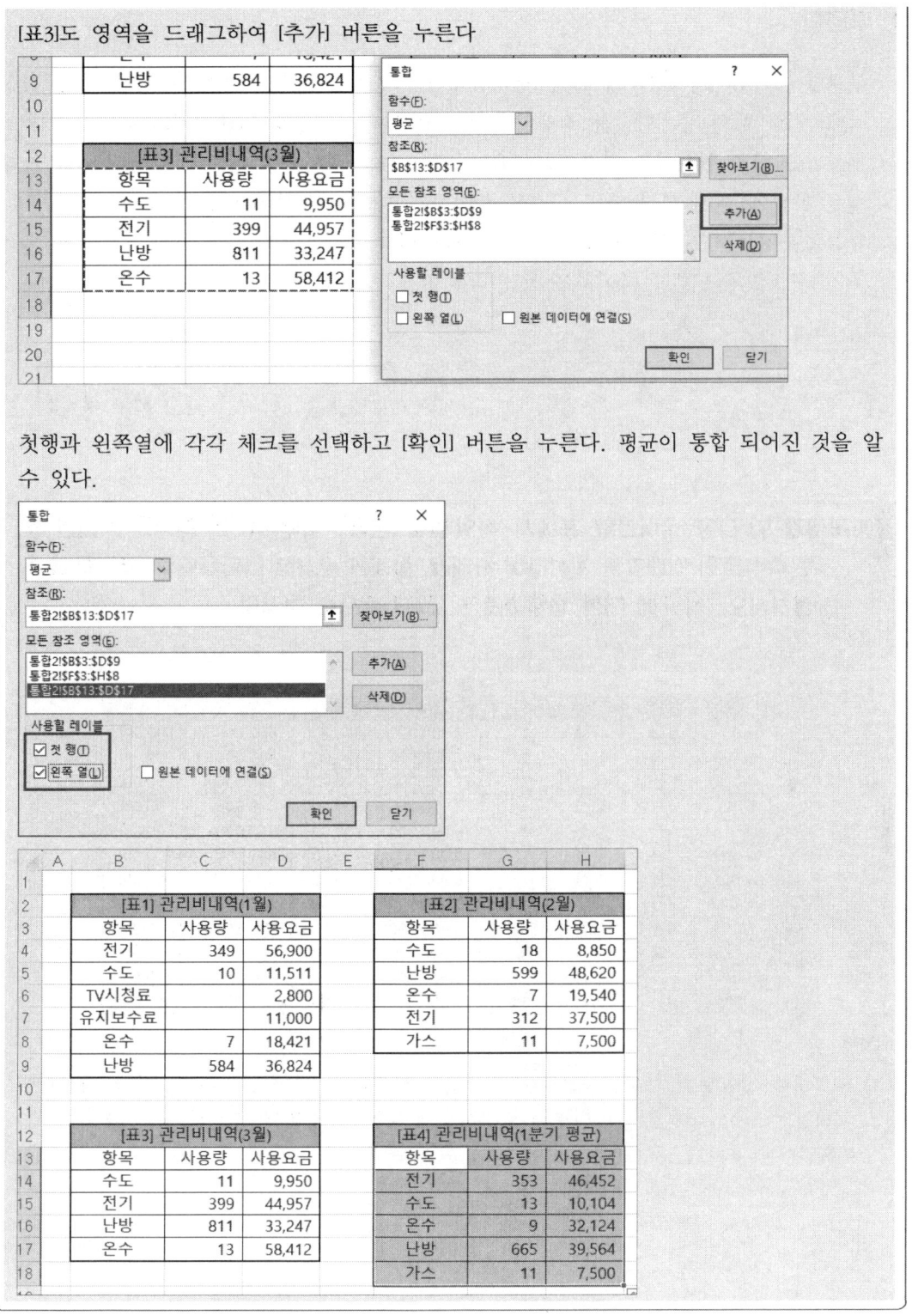

첫행과 왼쪽열에 각각 체크를 선택하고 [확인] 버튼을 누른다. 평균이 통합 되어진 것을 알 수 있다.

3. 부분합

- 부분합은 관심 있는 항목에 대해 Grouping한 후 Grouping한 데이터에 대해, 합계, 평균, 최대, 최소 등의 통계함수를 적용하는 기능으로 의사결정을 위해 사용된다.
- 부분합을 하기 위해서는 먼저 Grouping하고자 하는 항목으로 정렬이 되어 있어야 한다.
- 같은 자료에 대해 여러 개의 함수를 중복으로 다중 부분합을 만들 수도 있다.
- 부분합을 실행하면 자동으로 윤곽선이 나타 난다.
- [데이터]그룹에 부분합 아이콘을 눌러 부분합을 실행할 수 있다.

[예제 3강-9] 다음 '급여현황' 표에서 '직위'별로 '본봉', '직무수당'의 합계를 계산한 후, '근속수당'의 최대값을 계산하여 최대값, 합계의 순서로 나타나도록 '부분합'을 작성하시오. '직위'에 대한 정렬기준은 오름차순으로 하시오.

사원번호	이름	직위	근속년수	본봉	직무수당	근속수당	급여합계
				급여현황			
p-008	김진수	과장	11	7,000,000	250,000	400,000	7,650,000
q-008	홍록기	과장	12	7,000,000	300,000	300,000	7,600,000
s-045	강동성	대리	7	7,700,000	200,000	350,000	8,250,000
t-011	구정민	대리	8	7,000,000	200,000	400,000	7,600,000
u-012	김찬우	대리	6	6,000,000	200,000	300,000	6,500,000
o-005	서경석	부장	15	8,000,000	400,000	400,000	8,800,000
w-006	이현성	부장	17	8,000,000	400,000	400,000	8,800,000
m-022	김용만	사원	5	5,000,000	100,000	200,000	5,300,000
f-012	박인수	사원	3	4,500,000	100,000	200,000	4,800,000
s-120	장인성	사원	4	5,500,000	100,000	150,000	5,750,000
b-004	신동엽	이사	11	8,800,000	500,000	400,000	9,700,000
l-009	이은구	이사	21	9,000,000	500,000	400,000	9,900,000

풀이

1) 문제에서 '직위'별로 '본봉', '직무수당'의 합계를 계산한 후, '근속수당'의 최대값을 계산하여 최대값, 합계의 순서로 나타나도록 요구하므로 먼저 '직위'별로 정렬을 해야 한다. 셀포인터를 표안에 넣고, [데이터]의 '정렬' 버튼을 누른다.

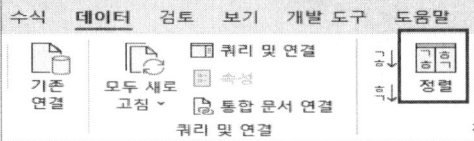

[정렬] 대화상자에서 정렬기준을 '직위'로 바꾸고 오름차순을 선택한다.

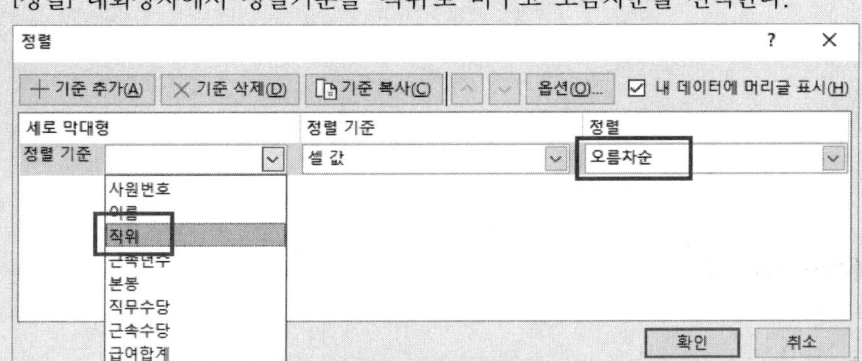

[확인] 버튼을 누르면 표가 직위별로 오름차순 정렬이 된 것을 확인 할 수 있다.

2) 이 상태에서 셀포인터를 표안에 넣고, [데이터]그룹에 부분합 아이콘을 눌러 부분합을 실행
한다. 그룹화 할 항목을 '직위'로 하고, 사용할 함수는 '합계', 부분합 계산항목은 '본봉', '직
무수당'에 체크표시하고 나머지는 체크해제 한다. [확인]을 누르면 첫 번째 부분합의 결과가
나타난다.

사원번호	이름	직위	근속년수	본봉	직무수당	근속수당	급여합계
				급여현황			
p-008	김진수	과장	11	7,000,000	250,000	400,000	7,650,000
q-008	홍록기	과장	12	7,000,000	300,000	300,000	7,600,000
		과장 요약		14,000,000	550,000		
s-045	강동성	대리	7	7,700,000	200,000	350,000	8,250,000
t-011	구정민	대리	8	7,000,000	200,000	400,000	7,600,000
u-012	김찬우	대리	6	6,000,000	200,000	300,000	6,500,000
		대리 요약		20,700,000	600,000		
o-005	서경석	부장	15	8,000,000	400,000	400,000	8,800,000
w-006	이현성	부장	17	8,000,000	400,000	400,000	8,800,000
		부장 요약		16,000,000	800,000		
m-022	김용만	사원	5	5,000,000	100,000	200,000	5,300,000
f-012	박인수	사원	3	4,500,000	100,000	200,000	4,800,000
s-120	장인성	사원	4	5,500,000	100,000	150,000	5,750,000
		사원 요약		15,000,000	300,000		
b-004	신동엽	이사	11	8,800,000	500,000	400,000	9,700,000
l-009	이은구	이사	21	9,000,000	500,000	400,000	9,900,000
		이사 요약		17,800,000	1,000,000		
		총합계		83,500,000	3,250,000		

이 때, 합계의 이름은 '요약'으로 표시된다.
다시 두 번째 부분합을 구하기 위해서 표안에 셀포인터를 놓고 부분합 버튼을 누른다,
사용할 함수를 '최대'로 바꾼 후 '근속수당'에만 체크를 넣고 나머지는 해제 한다. 그리고 반
드시 '새로운 값으로의 대치'는 체크 해제해 주어야 하는데 그렇지 않으면 앞의 부분합 결과
가 사라지게 된다.

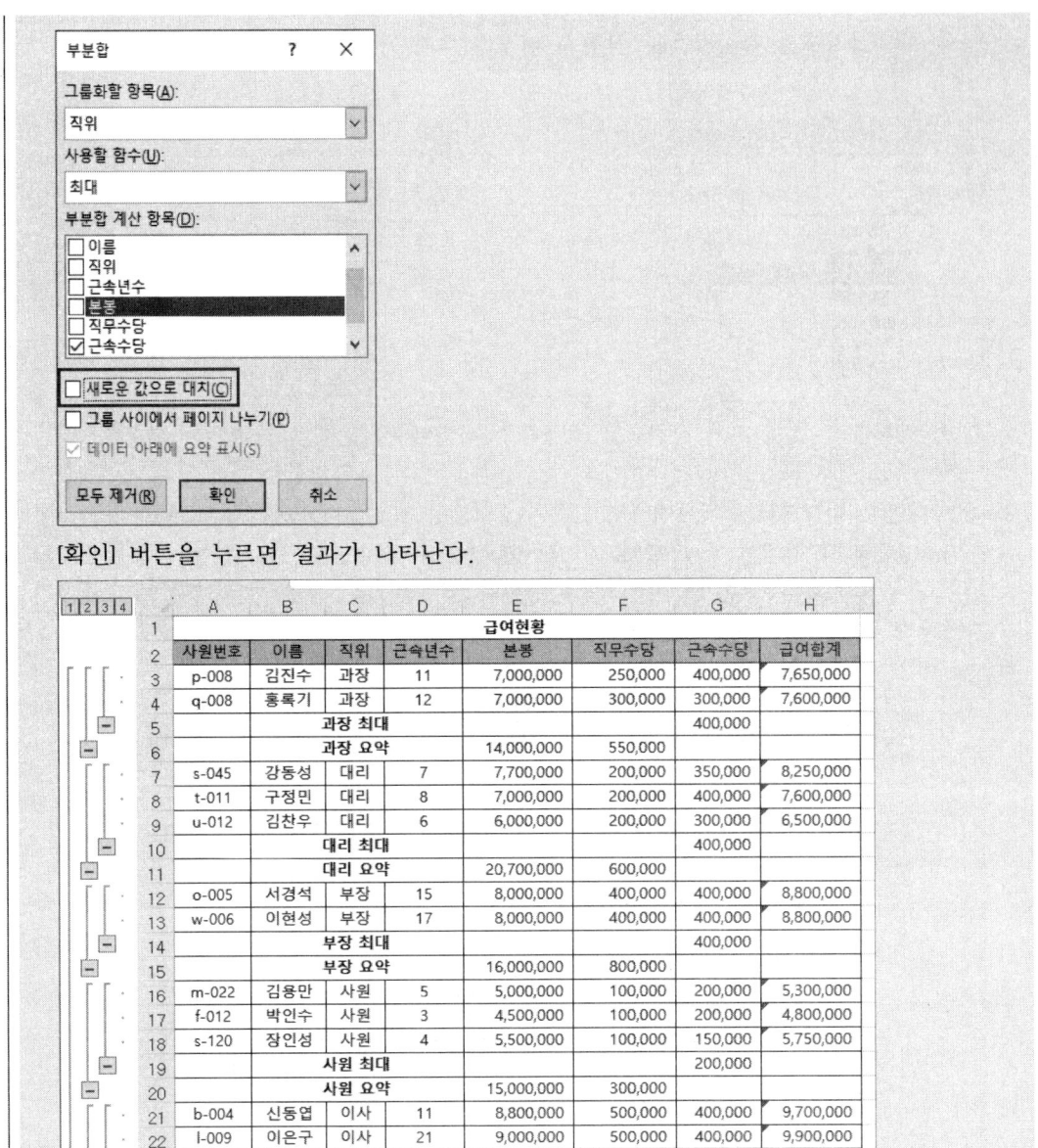

[확인] 버튼을 누르면 결과가 나타난다.

1 2 3 4		A	B	C	D	E	F	G	H
	1	급여현황							
	2	사원번호	이름	직위	근속년수	본봉	직무수당	근속수당	급여합계
	3	p-008	김진수	과장	11	7,000,000	250,000	400,000	7,650,000
	4	q-008	홍록기	과장	12	7,000,000	300,000	300,000	7,600,000
	5			과장 최대				400,000	
	6			과장 요약		14,000,000	550,000		
	7	s-045	강동성	대리	7	7,700,000	200,000	350,000	8,250,000
	8	t-011	구정민	대리	8	7,000,000	200,000	400,000	7,600,000
	9	u-012	김찬우	대리	6	6,000,000	200,000	300,000	6,500,000
	10			대리 최대				400,000	
	11			대리 요약		20,700,000	600,000		
	12	o-005	서경석	부장	15	8,000,000	400,000	400,000	8,800,000
	13	w-006	이현성	부장	17	8,000,000	400,000	400,000	8,800,000
	14			부장 최대				400,000	
	15			부장 요약		16,000,000	800,000		
	16	m-022	김용만	사원	5	5,000,000	100,000	200,000	5,300,000
	17	f-012	박인수	사원	3	4,500,000	100,000	200,000	4,800,000
	18	s-120	장인성	사원	4	5,500,000	100,000	150,000	5,750,000
	19			사원 최대				200,000	
	20			사원 요약		15,000,000	300,000		
	21	b-004	신동엽	이사	11	8,800,000	500,000	400,000	9,700,000
	22	l-009	이은구	이사	21	9,000,000	500,000	400,000	9,900,000
	23			이사 최대				400,000	
	24			이사 요약		17,800,000	1,000,000		
	25			전체 최대값				400,000	
	26			총합계		83,500,000	3,250,000		
	27								

[예제 3강-10] 다음 '금융업종 주식시세' 표에서 '분류'별로 '시가', '고가', '종가'의 평균을 계산한 후, '전일비', '거래량'의 최대값을 계산하여 최대값, 평균의 순서로 나타나도록 '부분합'을 작성하시오. '분류'에 대한 정렬기준은 오름차순으로 하시오.

풀이

1) 먼저 '분류'에 대해 오름차순으로 정렬한다.

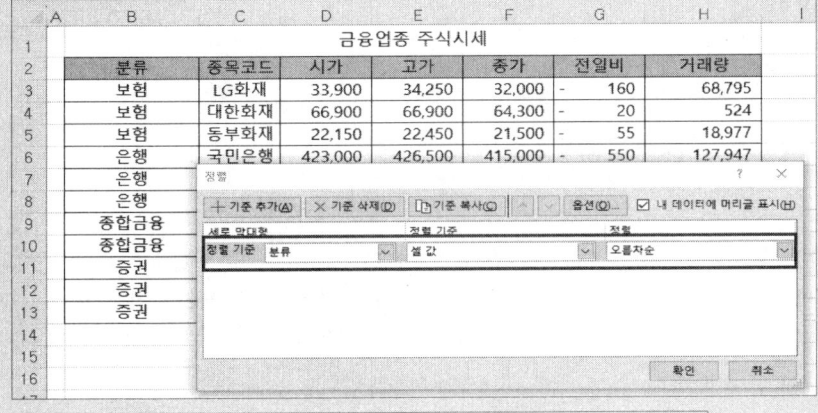

셀포인터를 표안에 놓고 [데이터]탭의 부분합 아이콘을 누른다.

그룹화할 항목은 '분류', 사용할 함수는 '평균', 부분합 계산항목은 '시가','고가','종가'를 선택한다. [확인] 버튼을 누르면 첫 번째 부분합이 나타난다.

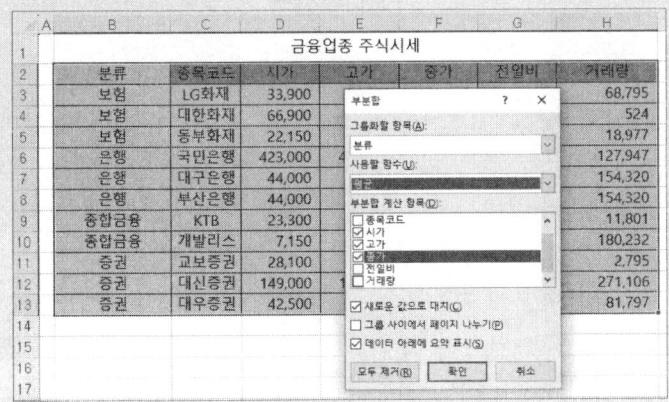

분류	종목코드	시가	고가	종가	전일비	거래량
보험	LG화재	33,900	34,250	32,000	- 160	68,795
보험	대한화재	66,900	66,900	64,300	- 20	524
보험	동부화재	22,150	22,450	21,500	- 55	18,977
보험 평균		40,983	41,200	39,267		
은행	국민은행	423,000	426,500	415,000	- 550	127,947
은행	대구은행	44,000	44,800	42,150	- 210	154,320
은행	부산은행	44,000	44,100	41,800	- 210	154,320
은행 평균		170,333	171,800	166,317		
종합금융	KTB	23,300	23,800	22,550	- 100	11,801
종합금융	개발리스	7,150	7,200	6,750	- 35	180,232
종합금융 평균		15,225	15,500	14,650		
증권	교보증권	28,100	28,300	27,600	- 40	2,795
증권	대신증권	149,000	156,000	145,000	- 400	271,106
증권	대우증권	42,500	42,700	40,550	- 215	81,797
증권 평균		73,200	75,667	71,050		
전체 평균		80,364	81,545	78,109		

2) 두 번째 부분합을 작성하기 위해 다시 표 안에 셀포인터를 두고 [데이터]탭의 부분합 아이콘을 누른다. '전일비', '거래량'의 최대값을 계산하기 위해 사용할 함수는 '최대', 부분합 계산항목은 '전일비', '거래량'을 선택 한 후 반드시 새로운 값으로 대치는 체크를 해제한다.

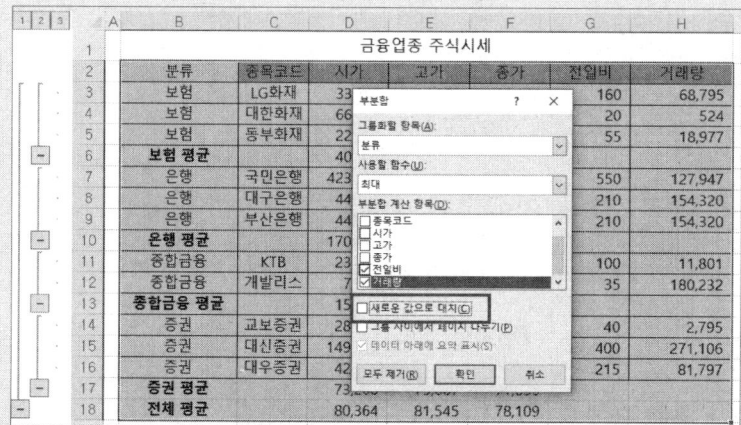

두 번째 부분합이 완성된 것을 확인할 수 있다.

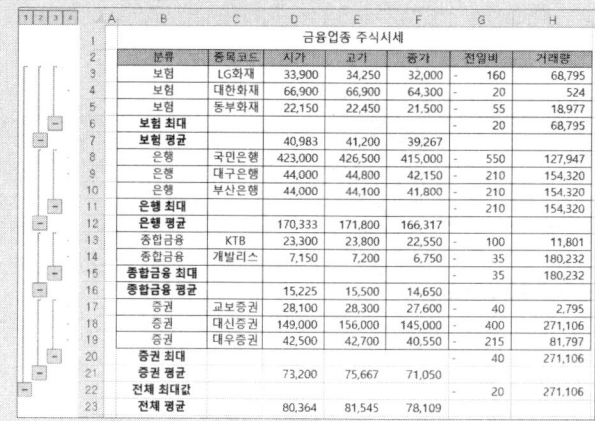

4. 피벗테이블

- 피벗테이블은 많은 양의 데이터를 쉽게 한눈에 들어 올 수 있도록 요약.분석해 주는 기능을 제공하는 분석도구이다.
- 원본데이터의 행이나 열의 위치를 변경하여 여러 가지 형태로 표를 재배치할 수 있는 기능을 제공한다.
- 피벗테이블은 엑셀목록, 데이터베이스, 외부데이터, 다른 피벗테이블의 데이터도 참조할 수 있다.
- 각 항목에 조건을 설정할 수 있고 그룹별로 통계치를 적용할 수도 있다.
- 피벗테이블 삽입은 리본메뉴 [삽입]탭의 [피벗테이블]을 눌러 실행한다.

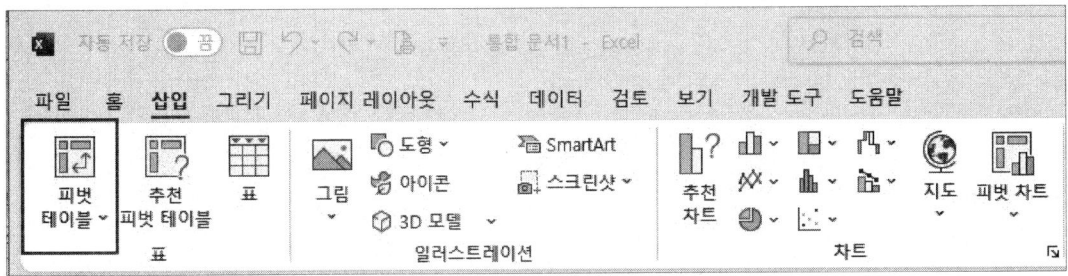

[예제 3강-11] '성적 일람표'를 이용하여 성별은 '필터', 학과명은 '행', 반은 '열'로 처리하고, '데이터'에 국어의 최대값, 국사의 평균, 정보기술의 최소값을 계산하는 피벗테이블을 작성하시오. 행의 총합계는 표시하지 마시오.

번호	학과명	반	성명	성별	국사	정보기술	국어	총점	평균
	1학기 중간고사 성적 일람표
1001	전기전자	1	원태철	남	36	90	86	212	70.7
1002	컴퓨터	1	이민순	여	64	90	90	244	81.3
1003	정보통신	2	반정환	남	32	90	100	222	74.0
1004	전기전자	2	임진태	남	52	90	100	242	80.7
1005	전기전자	2	이나영	여	64	90	80	234	78.0
1006	컴퓨터	2	권민서	남	52	80	80	212	70.7
1007	정보통신	1	이진영	여	48	80	89	217	72.3
1008	컴퓨터	2	성우철	남	72	100	77	249	83.0
1009	전기전자	1	탁수국	남	52	70	90	212	70.7
1010	정보통신	2	강두태	남	52	66	100	218	72.7
1011	전기전자	1	정민정	여	60	90	100	250	83.3
1012	전기전자	2	유대현	남	100	67	80	247	82.3
1013	컴퓨터	2	안정한	남	44	90	90	224	74.7
1014	정보통신	1	하나영	여	68	100	100	268	89.3
1015	컴퓨터	1	기성철	남	64	90	98	252	84.0
1016	정보통신	1	염대협	남	56	80	90	226	75.3
1017	정보통신	2	송나미	여	68	100	100	268	89.3
1018	전기전자	2	변정환	남	48	100	100	248	82.7
1019	컴퓨터	2	가의순	여	45	90	80	215	71.7
1020	전기전자	1	최명순	여	52	80	80	212	70.7
1021	전기전자	2	오태희	여	68	100	100	268	89.3

1) 셀포인터를 표 안에 놓고 [삽입] 탭의 [피벗테이블] 버튼을 누른다. 테이블 범위를 확인하고, 위치를 '기존워크시트'의 A28셀을 선택한 후 확인을 누른다.

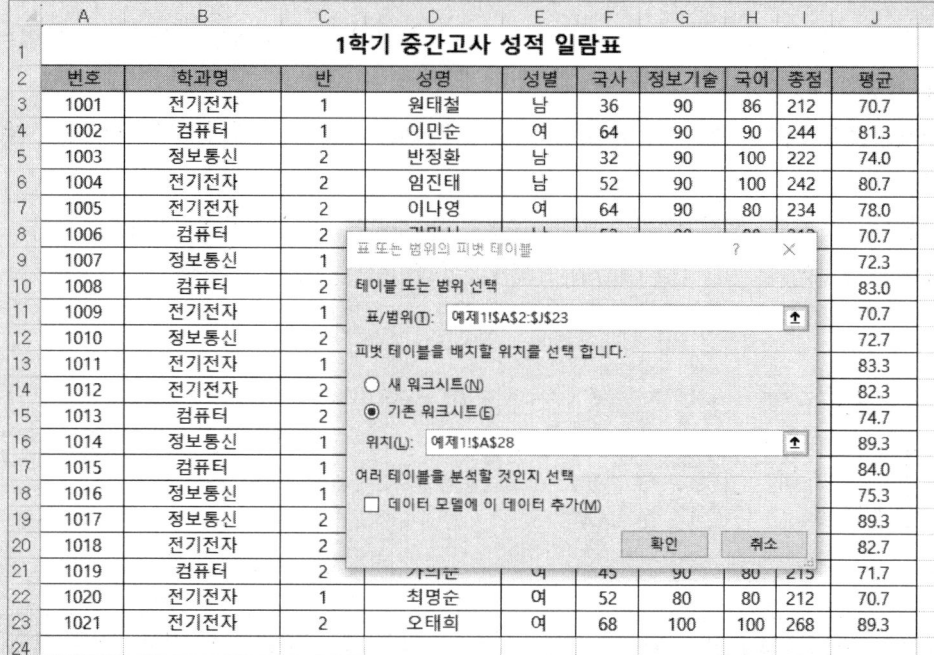

화면에 피벗테이블을 위한 레이아웃이 나타난다.

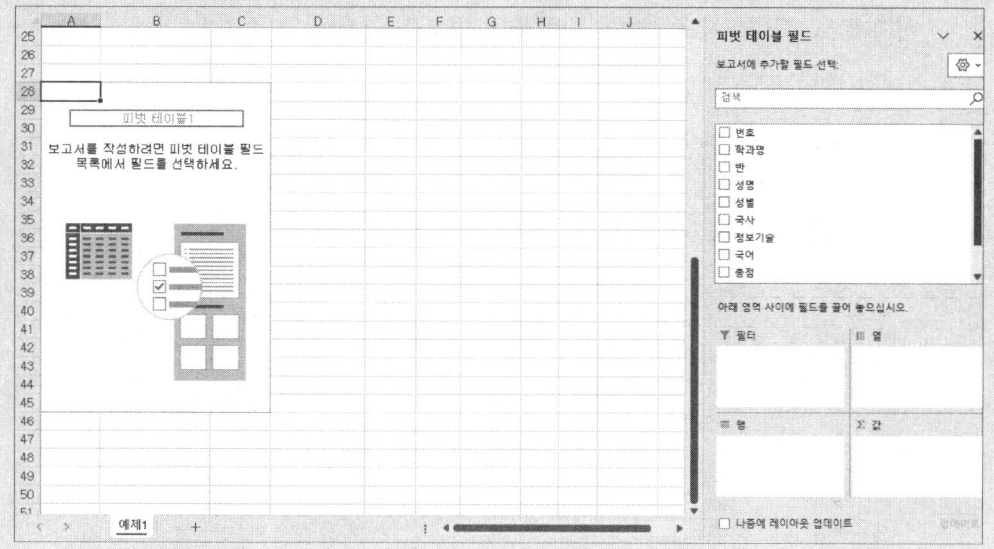

2) 성별을 선택 후 필터 자리에 드래그 앤 드롭 시킨다. 나머지 항목들로 그림에 맞게 각 레이 아웃에 끌어다 놓는다.

3) 국어의 최대값, 국사의 평균, 정보기술의 최소값이 필요하므로 그림처럼 순서대로 눌러 값 필드 설정에 들어간다.

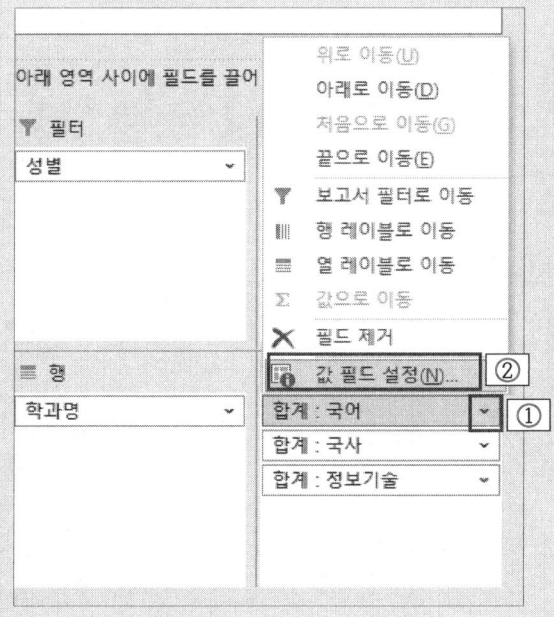

함수를 '최대'로 변경한다.

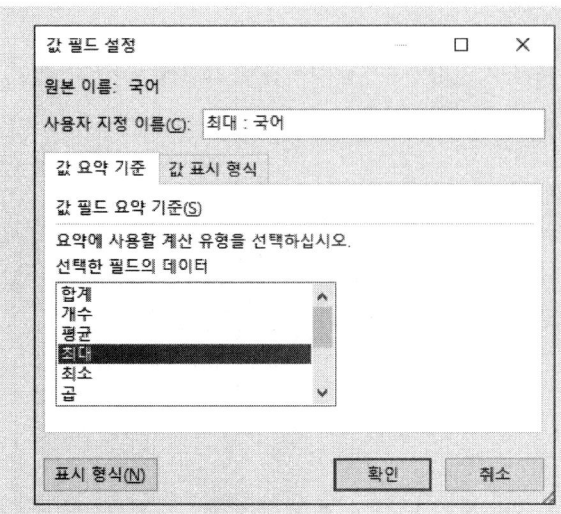

같은 방법으로 국사의 평균, 정보기술의 최소로 변경한다.

셀포인터를 표안에 놓고 리본 메뉴의 [옵션]을 누른다

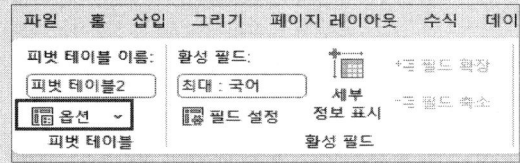

4) 피벗테이블 대화상자에서 [요액 및 필터] 탭의 '행의 총합계 표시' 부분의 체크해제 한 후 [확인] 버튼을 누른다.

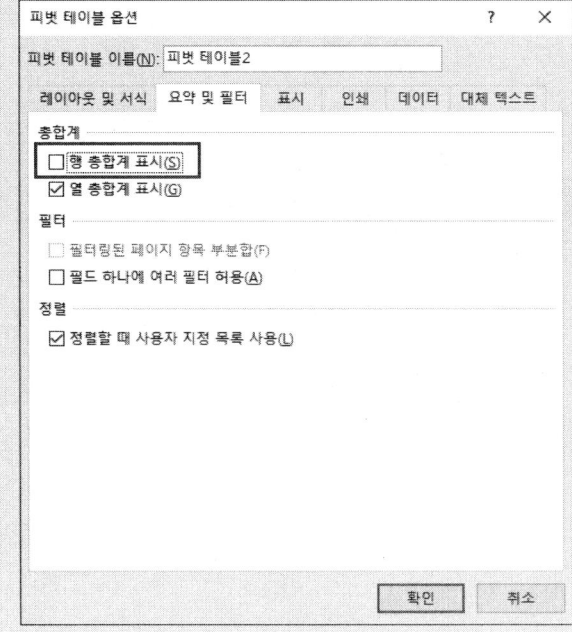

피벗테이블이 완성된 것을 확인 할 수 있다.

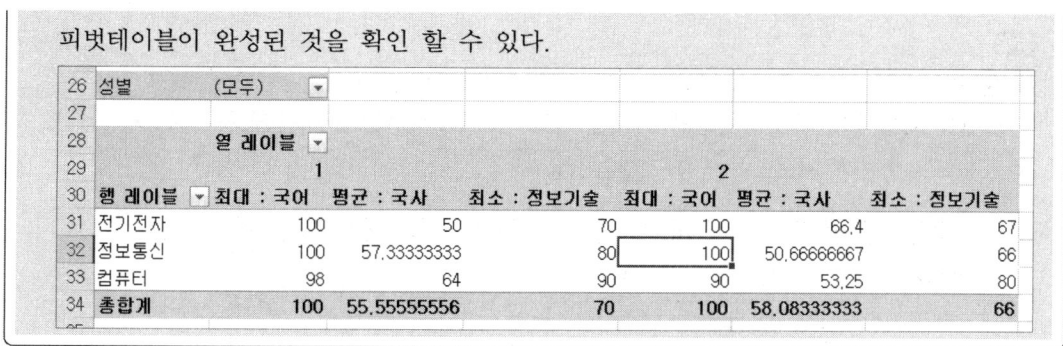

	성별	(모두)					
26							
27							
28		열 레이블					
29		1			2		
30	행 레이블	최대 : 국어	평균 : 국사	최소 : 정보기술	최대 : 국어	평균 : 국사	최소 : 정보기술
31	전기전자	100	50	70	100	66.4	67
32	정보통신	100	57.33333333	80	100	50.66666667	66
33	컴퓨터	98	64	90	90	53.25	80
34	총합계	100	55.55555556	70	100	58.08333333	66

[예제 3강-12] 다음의 '미수금 내역' 표에서 '행'에는 '업체명', '열'에는 '판매상품', 데이터에는 금액의 합계를 위치시키고 빈셀은 '*'를 표시하시오. 행의 총합계는 표시하지 마시오. I3셀부터 표시하시오.

	미수금 내역					
	A	B	C	D	E	F	G
3	일자	업체코드	업체명	금액	판매상품	판매사원코드	예상수금일
4	2025-11-19	A1003	해광기계	2,850,200	PDP TV	ES010	2026-01-08
5	2025-12-03	A2001	동양산업사	9,949,200	드럼세탁기	ES009	2026-01-12
6	2025-12-04	A1002	대해문화사	5,622,600	LCD TV	ES008	2026-01-13
7	2025-12-08	A1001	오성산업	7,991,200	김치냉장고	ES005	2026-01-17
8	2025-12-09	A2002	세원금속	1,413,500	에어컨	ES010	2026-01-18
9	2025-12-13	A2001	동양산업사	6,313,100	김치냉장고	ES005	2026-01-22
10	2025-12-13	A1003	해광기계	5,844,800	에어컨	ES001	2026-01-22
11	2025-12-17	A1004	일신물산	2,418,700	LCD TV	ES008	2026-01-26
12	2025-12-18	A2002	세원금속	5,659,800	드럼세탁기	ES007	2026-01-27
13	2025-12-20	A1004	일신물산	6,234,900	PDP TV	ES010	2026-01-29
14	2025-12-22	A1001	오성산업	1,072,200	에어컨	ES005	2026-01-31
15	2025-12-23	A2003	메탈콤퍼넌트	2,597,400	김치냉장고	ES008	2026-02-01
16	2025-12-26	A1002	대해문화사	2,271,300	에어컨	ES004	2026-02-04
17	2025-12-28	A2003	메탈콤퍼넌트	5,908,000	드럼세탁기	ES010	2026-02-06
18	2025-12-30	A2004	성진주공	7,428,000	LCD TV	ES004	2026-02-08
19	2025-12-31	A1003	해광기계	2,398,700	PDP TV	ES010	2026-02-09
20	2025-12-31	A2004	성진주공	7,152,600	드럼세탁기	ES008	2026-02-09

풀이

1) 셀 포인터를 표 안에 놓고 [삽입]탭의 [피벗테이블] 아이콘을 클릭한다.
범위를 확인하고 피벗테이블의 위치는 I3을 선택한 후 [확인] 버튼을 누른다.

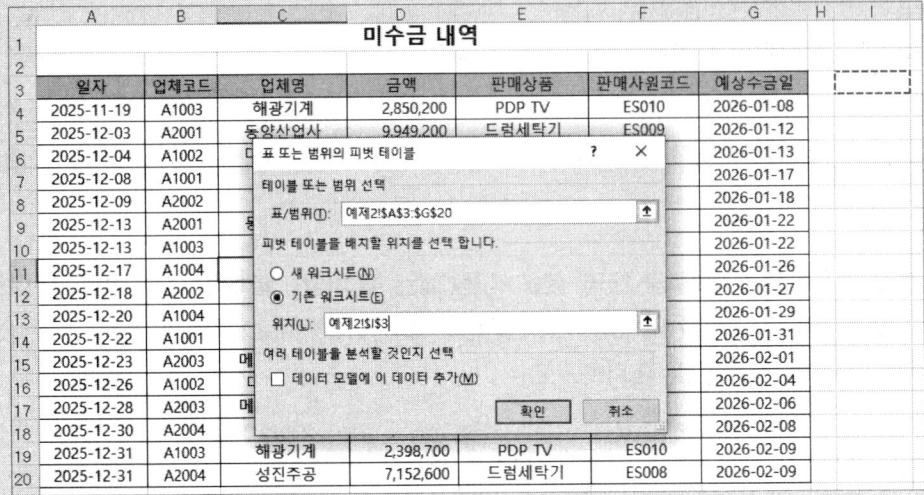

'행'에는 업체명, '열'에는 '판매상품'을, '값'에는 '금액'을 끌어다 위치시킨다.

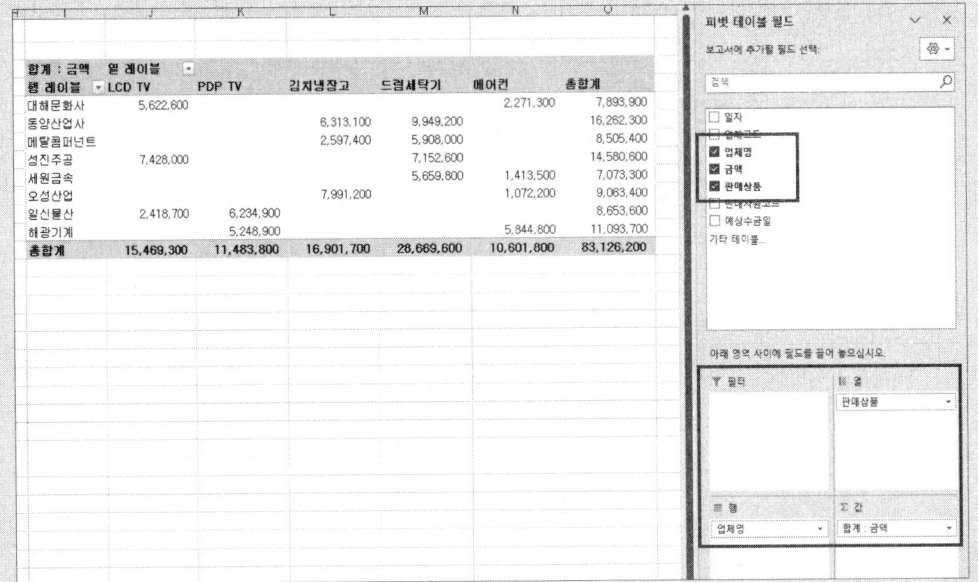

합계 : 금액	열 레이블					
행 레이블	LCD TV	PDP TV	김치냉장고	드럼세탁기	에어컨	총합계
대해문화사	5,622,600				2,271,300	7,893,900
동양산업사			6,313,100	9,949,200		16,262,300
메탈콤퍼넌트			2,597,400	5,908,000		8,505,400
성진주공	7,428,000			7,152,600		14,580,600
세원금속				5,659,800	1,413,500	7,073,300
오성산업			7,991,200		1,072,200	9,063,400
일신물산	2,418,700	6,234,900				8,653,600
해광기계		5,248,900			5,844,800	11,093,700
총합계	15,469,300	11,483,800	16,901,700	28,669,600	10,601,800	83,126,200

2) 셀 포인터를 피벗테이블 안에 놓고, 오른쪽 마우스 클릭 후 빠른 메뉴에서 '피벗테이블 옵션'을 선택한다.

합계 : 금액	열 레이블				에어컨	총합계
행 레이블	LCD TV	PDP T				
대해문화사	5,622,600				2,271,300	7,893,900
동양산업사				9,949,200		16,262,300
메탈콤퍼넌트				5,908,000		8,505,400
성진주공	7,428,000			7,152,600		14,580,600
세원금속				5,659,800	1,413,500	7,073,300
오성산업					1,072,200	9,063,400
일신물산	2,418,700					8,653,600
해광기계					5,844,800	11,093,700
총합계	15,469,300	11,		8,669,600	10,601,800	83,126,200

(빠른 메뉴)
- 메뉴 검색
- 복사(C)
- 셀 서식(F)...
- 필드 표시 형식(T)...
- 새로 고침(R)
- 피벗 테이블 삭제(D)
- 정렬(S)
- "합계 : 금액" 제거(V)
- 값 요약 기준(M)
- 값 표시 형식(A)
- 자세한 정보 표시(E)
- 값 필드 설정(N)...
- 피벗 테이블 옵션(O)...
- 필드 목록 숨기기(D)

'피벗테이블 옵션' 대화상자에서 [레이아웃 및 서식] 탭의 빈 셀 표시 옆에 '*'을 입력한다

피벗 테이블 옵션 ? ×

피벗 테이블 이름(N): 피벗 테이블3

레이아웃 및 서식 | 요약 및 필터 | 표시 | 인쇄 | 데이터 | 대체 텍스트

레이아웃

☐ 레이블이 있는 셀 병합 및 가운데 맞춤(M)

압축 형식의 행 레이블 들여쓰기(C): 1 자

보고서 필터 영역에 필드 표시(D): 행 우선

각 열의 보고서 필터 필드 수(F): 0

서식

☐ 오류 값 표시(E):

☑ 빈 셀 표시(S): *

☑ 업데이트 시 열 자동 맞춤(A)

☑ 업데이트 시 셀 서식 유지(P)

확인   취소

[요약 및 필터] 탭으로 가서 '행 총합계 표시'에 체크 해제 한 후 [확인]을 누른다.

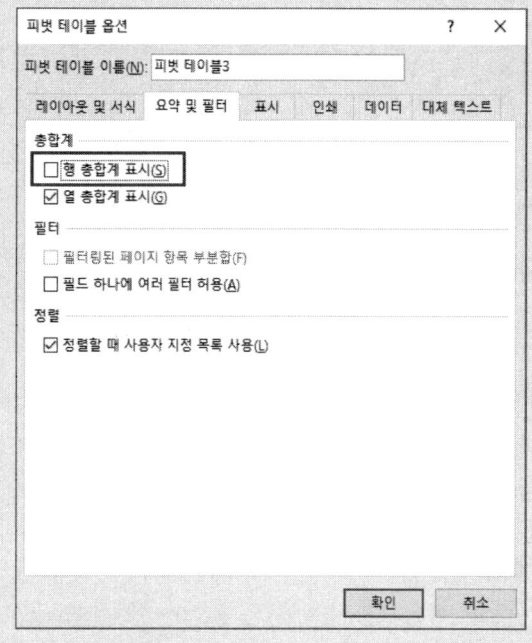

3) '*' 표시가 들어간 셀만 CTRL 키로 잡아 가운데 정렬을 눌러준다.

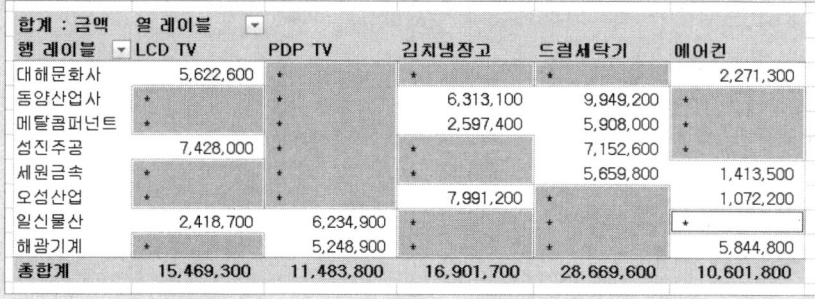

합계 : 금액	열 레이블				
행 레이블	LCD TV	PDP TV	김치냉장고	드럼세탁기	에어컨
대해문화사	5,622,600	*	*	*	2,271,300
동양산업사	*	*	6,313,100	9,949,200	*
메탈콤퍼넌트	*	*	2,597,400	5,908,000	*
섬진주공	7,428,000	*	*	7,152,600	*
세원금속	*	*	*	5,659,800	1,413,500
오섬산업	*	*	7,991,200	*	1,072,200
일신물산	2,418,700	6,234,900	*	*	*
해광기계	*	5,248,900	*	*	5,844,800
총합계	15,469,300	11,483,800	16,901,700	28,669,600	10,601,800

피벗테이블이 완성되었다.

합계 : 금액	열 레이블				
행 레이블	LCD TV	PDP TV	김치냉장고	드럼세탁기	에어컨
대해문화사	5,622,600	*	*	*	2,271,300
동양산업사	*	*	6,313,100	9,949,200	*
메탈콤퍼넌트	*	*	2,597,400	5,908,000	*
섬진주공	7,428,000	*	*	7,152,600	*
세원금속	*	*	*	5,659,800	1,413,500
오섬산업	*	*	7,991,200	*	1,072,200
일신물산	2,418,700	6,234,900	*	*	*
해광기계	*	5,248,900	*	*	5,844,800
총합계	15,469,300	11,483,800	16,901,700	28,669,600	10,601,800

[예제 3강-13] 다음의 '1사분기 판매현황표'를 이용하여 담당자는 '필터', 지역은 '행', 판매월은 '열'로 처리하고, '데이터'에 판매수량, 판매금액의 평균을 계산하고, 행의 총합계는 표시하지 않는 피벗테이블을 작성하시오.

- 피벗 테이블 보고서는 동일 시트의 [G3] 에 시작하시오
- 숫자 서식은 '쉼표 스타일'을 지정하시오

판매월	지역	담당자	판매수량	판매금액
		1사분기 판매현황		
1월	서울	김다오	140	938,000
1월	강릉	고길동	380	1,406,000
1월	서울	이배찌	240	1,729,000
1월	광주	임산타	391	3,362,600
1월	부산	최모스	139	1,070,300
2월	서울	김다오	378	2,457,000
2월	강릉	고길동	120	1,008,000
2월	서울	이배찌	520	6,280,000
2월	광주	임산타	100	780,000
2월	부산	최모스	290	1,892,000
3월	서울	김다오	490	2,107,000
3월	서울	성유리	382	2,215,600
3월	서울	이배찌	390	4,056,000
3월	부산	최모스	170	1,000,200

풀이

1) 셀포인터를 표 안에 놓고 [삽입] 탭의 [피벗테이블] 아이콘을 누른다
범위를 확인하고 피벗테이블 위치를 G3로 한 후 [확인]을 누른다

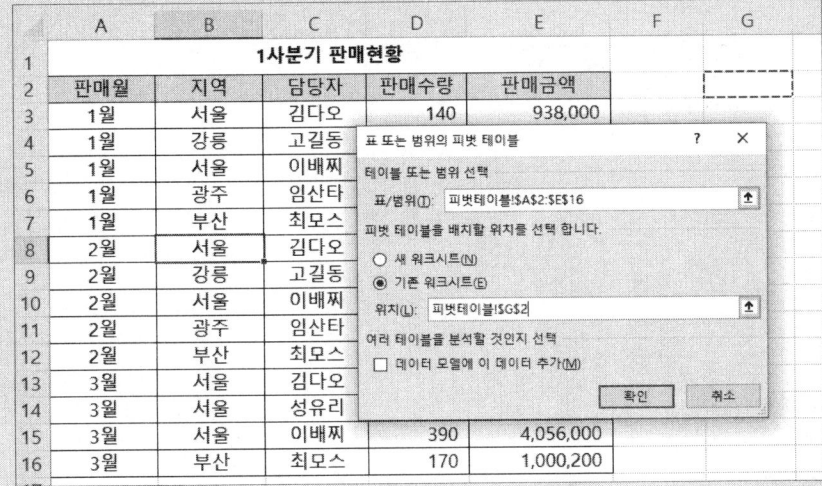

2) 담당자는 '필터'에 지역은 '행', 판매월은 '열'로, '데이터'에 판매수량, 판매금액 끌어다 위치
   시킨다.

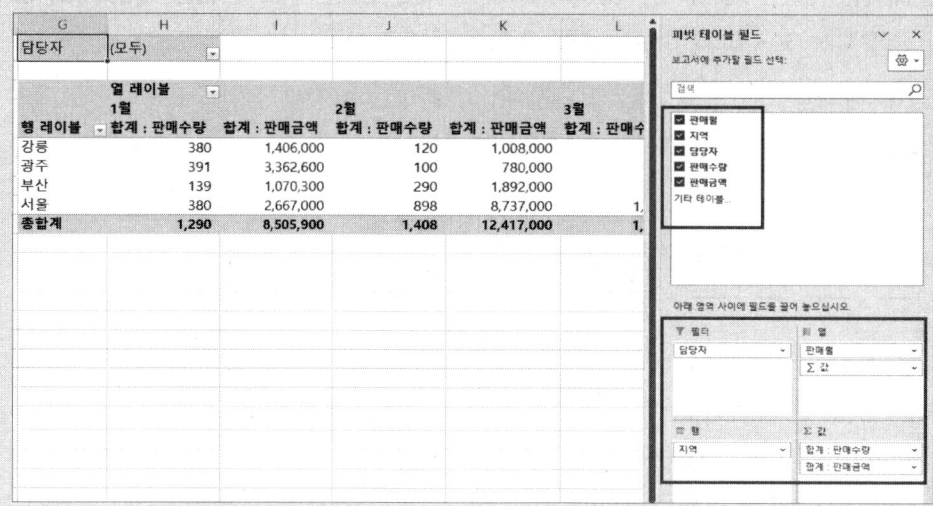

'판매수량', '판매금액'의 평균을 계산해야 하므로. 판매수량과 판매금액의 내림화살표를 눌
러 나온 메뉴의 '값필드 설정'을 눌러 '평균'으로 변경한다.

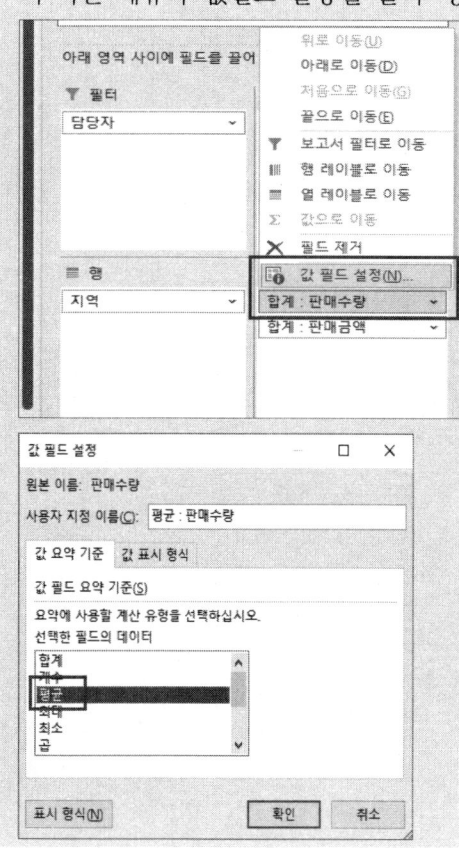

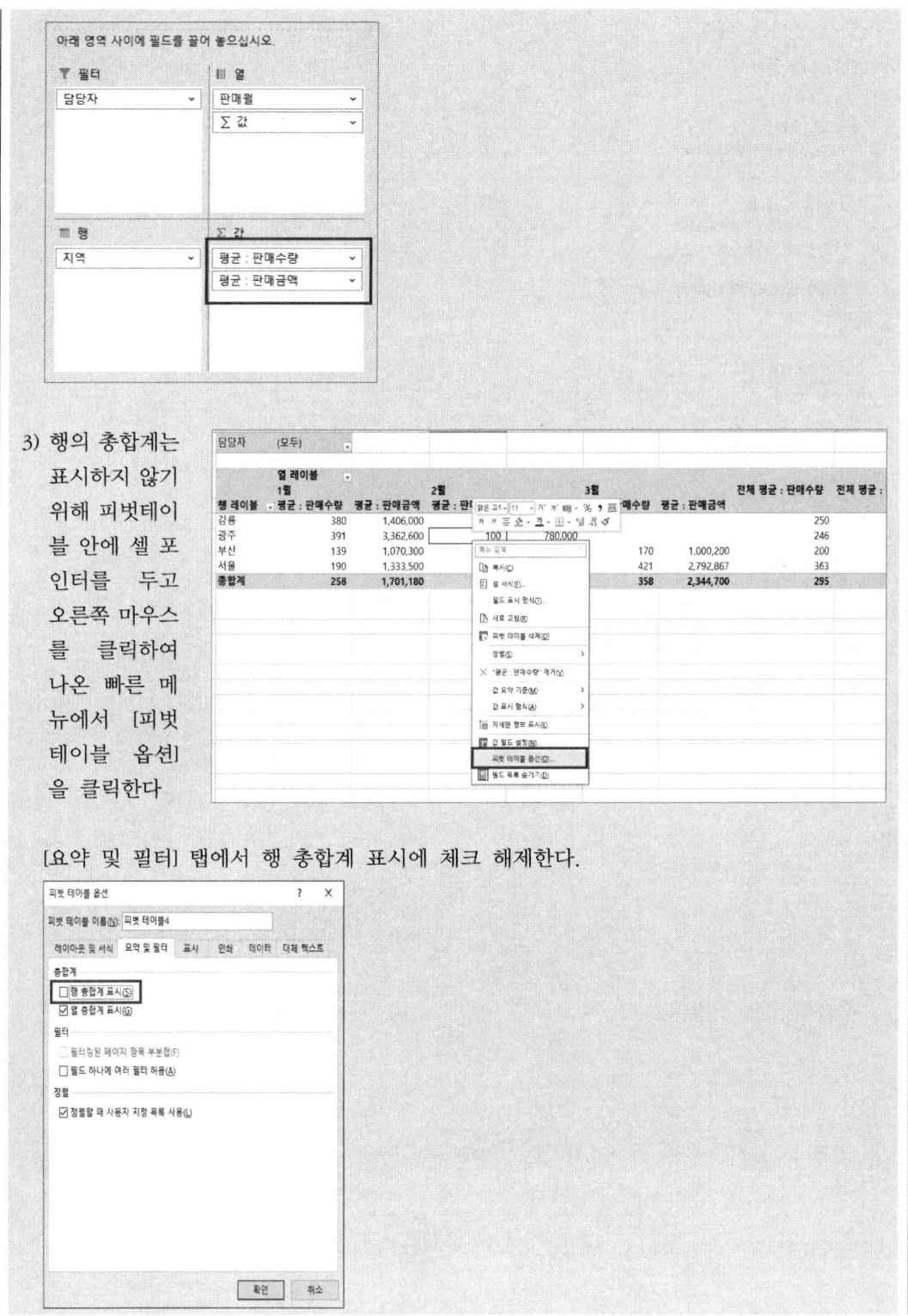

3) 행의 총합계는 표시하지 않기 위해 피벗테이블 안에 셀 포인터를 두고 오른쪽 마우스를 클릭하여 나온 빠른 메뉴에서 [피벗 테이블 옵션]을 클릭한다

[요약 및 필터] 탭에서 행 총합계 표시에 체크 해제한다.

4) 숫자 서식은 '쉼표 스타일'을 지정하기 위해 '판매금액'의 값필드 설정에서 [표시형식] 버튼을 누른다.

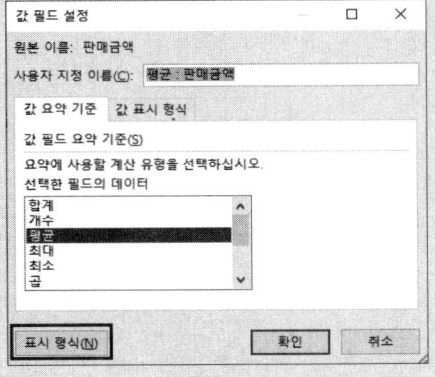

셀서식 대화상자에서 숫자의 '1000단위 구분기호 사용'에 체크를 넣는다

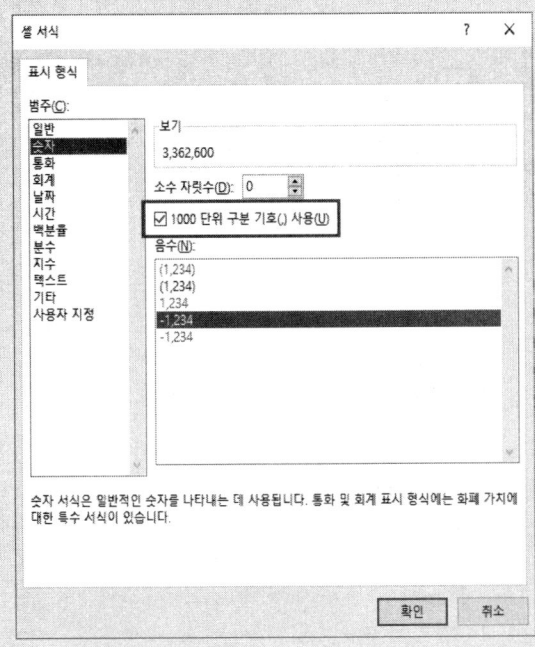

피벗테이블이 작성되었다.

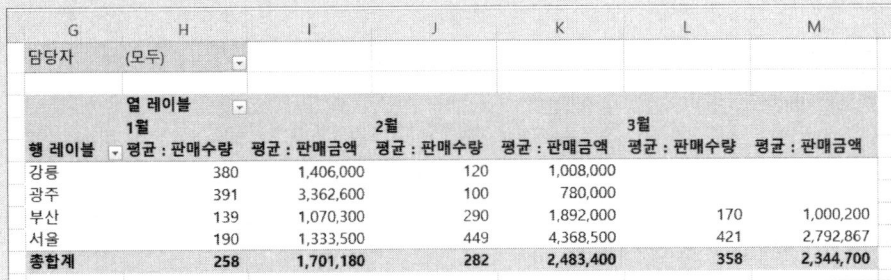

행 레이블	열 레이블 1월 평균 : 판매수량	평균 : 판매금액	2월 평균 : 판매수량	평균 : 판매금액	3월 평균 : 판매수량	평균 : 판매금액
강릉	380	1,406,000	120	1,008,000		
광주	391	3,362,600	100	780,000		
부산	139	1,070,300	290	1,892,000	170	1,000,200
서울	190	1,333,500	449	4,368,500	421	2,792,867
총합계	258	1,701,180	282	2,483,400	358	2,344,700

담당자　(모두)

4장 **기타작업**

1. 매크로

- 바로 가기 키나 명령단추 등을 이용해서 여러 가지 작업들을 묶어 한번에 실행할 수 있도록 한 기능을 매크로라고 한다.
- 작업과정을 기록해서 만들 수도 있다.
- 매크로를 작성하려면 리본 메뉴에 [개발도구] 탭이 삽입되어 있어야 한다.
- [개발도구] 탭은 [파일]-[Excel옵션]-[리본 사용자 지정]에서 추가할 수 있다.

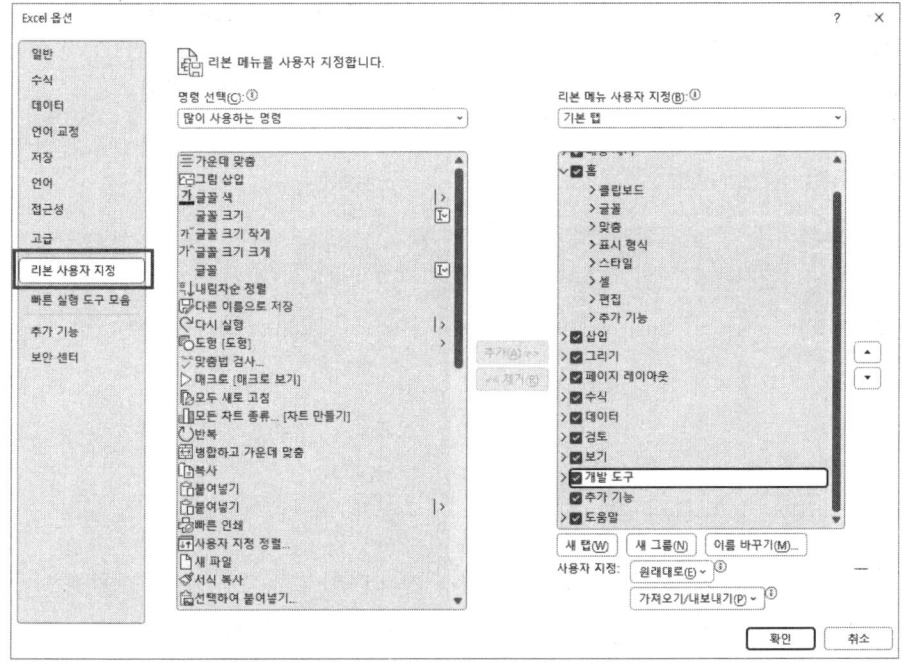

[예제 4강-1] 아래의 '성적표' 테이블에서 '총점'과 '평균'을 구하는 매크로를 작성하시오.

- '총점'을 구하는 매크로는 '총점'이라는 이름으로 작성하고, 기본도형의 '사각형:빗면'과 연결하시오.
- '사각형:빗면'의 위치는 [B13:B14] 위치에 배치하시오.

- '평균'을 구하는 매크로 이름은 '평균'으로 작성하고, 기본 도형의 '웃는 얼굴'과 연결하시오.
- '웃는 얼굴'의 위치는 [D13:D14] 위치에 배치하시오.

	A	B	C	D	E	F
1	성 적 표					
2	이름	국어	영어	수학	총점	평균
3	홍길동	100	90	85		
4	나영희	90	100	77		
5	김철수	85	95	100		
6	박호동	75	88	90		
7	고길동	90	79	95		
8	최병찬	65	79	81		
9	나영희	93	88	79		
10	나잘란	99	88	91		

풀이

1) 셀포인터를 표 밖에 놓고 [개발도구] 탭의 [매크로 기록] 아이콘을 클릭한다.
매크로 이름에 '총점'을 입력하고 [확인] 버튼을 클릭한다.
이제부터 동작하는 모든 것이 기록 되므로 주의해서 마우스를 동작한다.

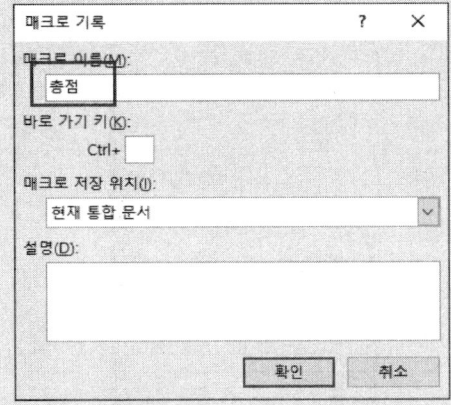

E3셀에 셀포인터를 두고 [홈] 탭의 [자동합계] 아이콘을 누른 후 엔터를 누른다,

	A	B	C	D	E	F
1	성 적 표					
2	이름	국어	영어	수학	총점	평균
3	홍길동	100	90	=SUM(B3:D3)		
4	나영희	90	100	SUM(number1, [number2], ...)		
5	김철수	85	95	100		
6	박호동	75	88	90		
7	고길동	90	79	95		
8	최병찬	65	79	81		
9	나영희	93	88	79		
10	나잘란	99	88	91		

채우기 핸들로 나머지 셀들을 채운 후 [개발도구] 탭의 [기록중지] 버튼을 누르면 '총점' 매크로가 작성되었다.

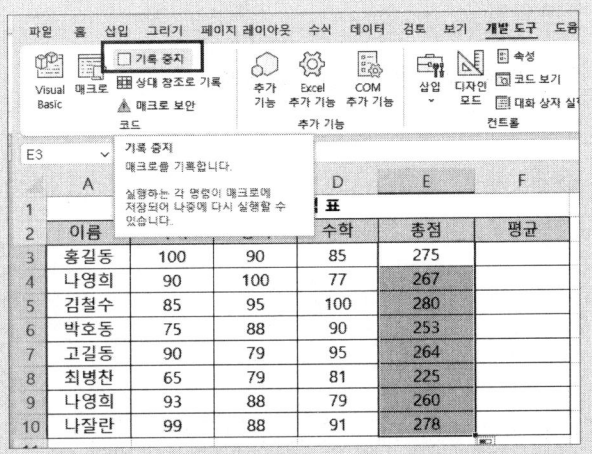

'총점' 매크로를 '기본도형:빗면' 과 연결하기 위해, 도형을 [B13:B14] 영역에 그려 넣는다.

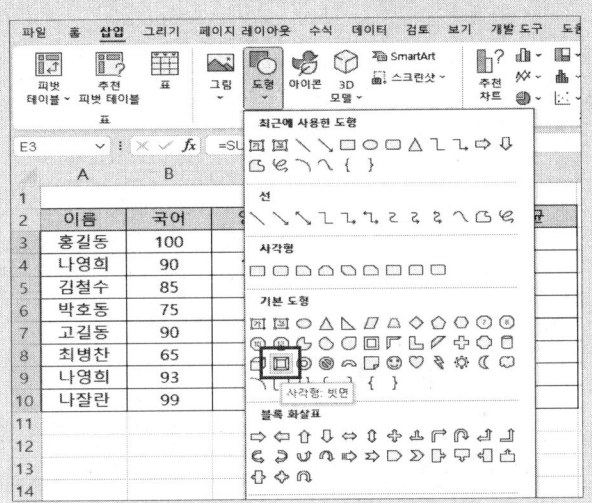

도형을 선택 후 오른쪽 마우스 클릭해서 나오는 빠른 메뉴의 [매크로 지정] 버튼을 눌러 나온 대화상자에서 '총점'을 선택 후 [확인]을 누른다.

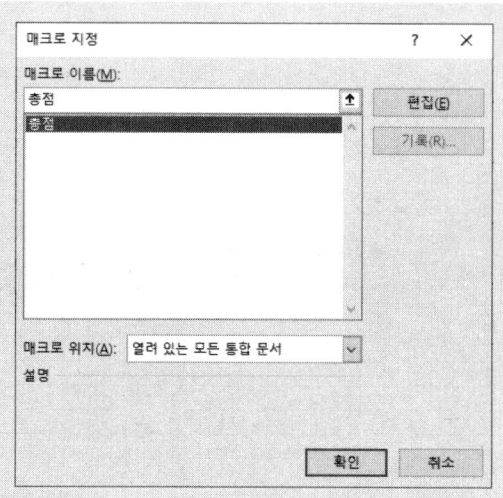

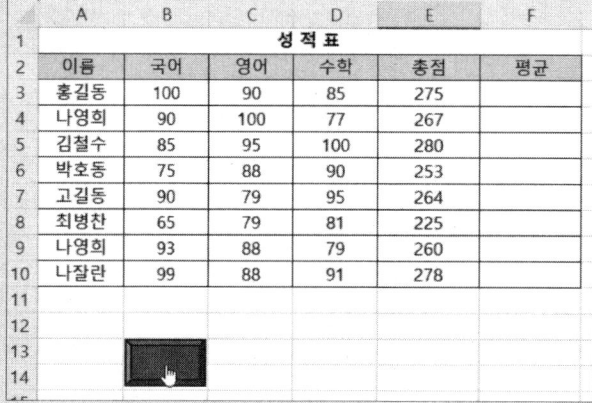

연결한 도형에 마우스를 올리면 손모양이 나오고, 총점이 구해진 것을 다 지우고 손모양이 나올 때 도형을 누르면 빠르게 총점이 구해지는 것을 확인할 수 있다.

2) 같은 방법으로 평균을 구하기 위해서, 표 밖에 셀포인터를 두고 개발도구의 [매크로 기록] 아이콘을 누른다. 매크로 이름에 '평균'을 입력하고 [확인] 버튼을 누른다.

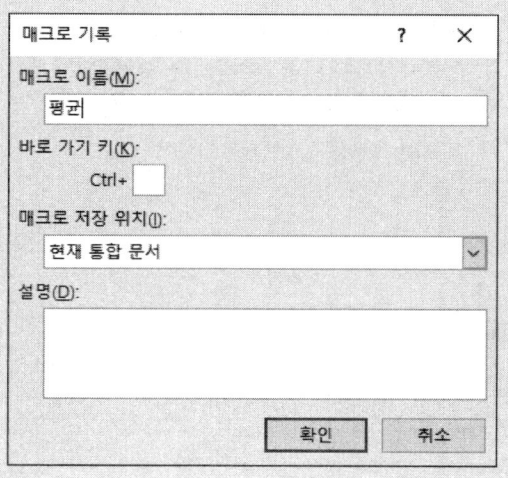

F3셀에 셀포인터를 두고, [홈] 탭의 자동합계 아이콘의 평균을 누른 후, 영역을 [B3:D3]으로 잡아주고 엔터를 누른다. 나머지 셀들은 채우기 핸들로 채워준다.

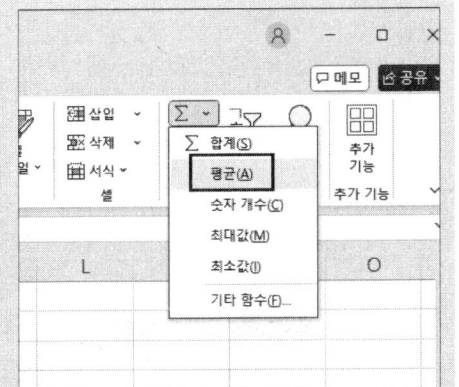

	A	B	C	D	E	F
1	성 적 표					
2	이름	국어	영어	수학	총점	평균
3	홍길동	100	90	85	=AVERAGE(B3:D3)	
					AVERAGE(number1, [number2], ...)	
4	나영희	90	100	77		
5	김철수	85	95	100	280	
6	박호동	75	88	90	253	
7	고길동	90	79	95	264	
8	최병찬	65	79	81	225	
9	나영희	93	88	79	260	
10	나잘란	99	88	91	278	

	A	B	C	D	E	F
1	성 적 표					
2	이름	국어	영어	수학	총점	평균
3	홍길동	100	90	85	275	91.7
4	나영희	90	100	77	267	89.0
5	김철수	85	95	100	280	93.3
6	박호동	75	88	90	253	84.3
7	고길동	90	79	95	264	88.0
8	최병찬	65	79	81	225	75.0
9	나영희	93	88	79	260	86.7
0	나잘란	99	88	91	278	92.7

도형과 연결을 위해 '웃는 얼굴' 도형을 [D13:D14] 영역에 그리고, 마우스 오른쪽을 클릭하여 나온 빠른 메뉴에서 [매크로 지정]을 누른다.

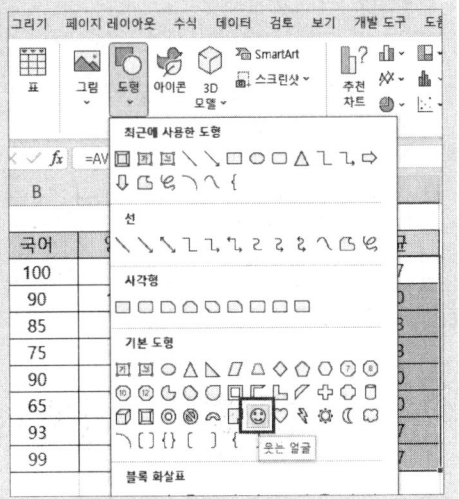

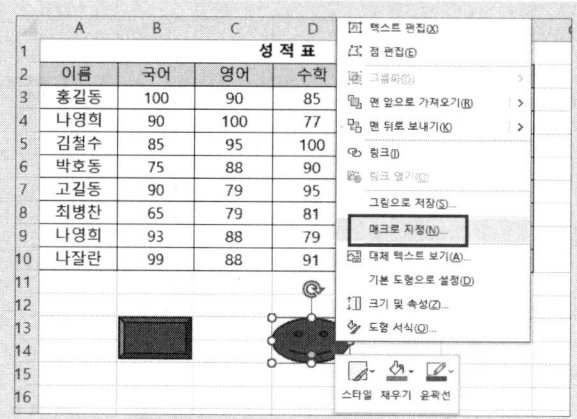

'평균'을 선택 후 확인을 누른다.

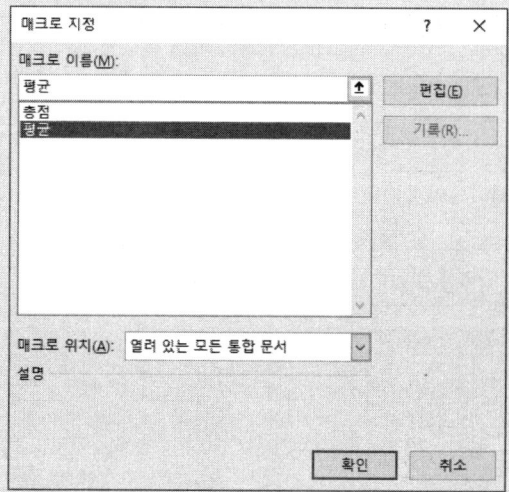

'웃는 얼굴' 도형에 마우스를 올리면 손모양이 나오고 누르면 빠르게 평균이 구해지는 것을
확인할 수 있다.

	A	B	C	D	E	F
1			성 적 표			
2	이름	국어	영어	수학	총점	평균
3	홍길동	100	90	85	275	91.7
4	나영희	90	100	77	267	89.0
5	김철수	85	95	100	280	93.3
6	박호동	75	88	90	253	84.3
7	고길동	90	79	95	264	88.0
8	최병찬	65	79	81	225	75.0
9	나영희	93	88	79	260	86.7
10	나잘란	99	88	91	278	92.7
11						
12						
13						
14						

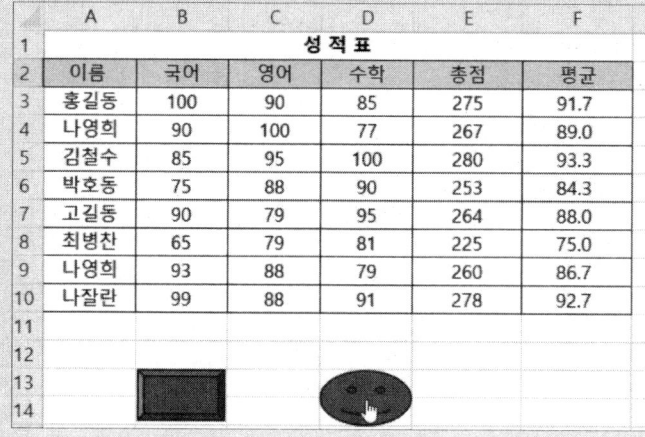

	A	B	C	D	E	F
1			성 적 표			
2	이름	국어	영어	수학	총점	평균
3	홍길동	100	90	85	275	91.7
4	나영희	90	100	77	267	89.0
5	김철수	85	95	100	280	93.3
6	박호동	75	88	90	253	84.3
7	고길동	90	79	95	264	88.0
8	최병찬	65	79	81	225	75.0
9	나영희	93	88	79	260	86.7
10	나잘란	99	88	91	278	92.7
11						
12						
13						
14						

[예제 4강-2] 다음 표의 '월급 정산 명세서'에서 총급여액을 구하는 매크로 '총급여'와 '월기본급', '특별상여금'에 통화 셀서식을 설정하는 매크로 '서식'을 작성하시오.

- 총급여액을 구하는 매크로 '총급여'를 '단추:양식컨트롤'과 연결하시오. '단추:양식컨트롤'의 위치는 [E14:E15]에 위치 시키고, 도형의 캡션은 '총액'으로 하시오.
- 월기본급, 특별상여금에 통화 셀서식을 설정하는 매크로 '서식'은 '단추:양식컨트롤'과 연결하시오. '단추:양식컨트롤'의 위치는 [G14:G15]에 위치 시키고, 도형의 캡션은 '서식'으로 하시오.

	A	B	C	D	E	F	G
1				월급 정산 명세서			
2							
3	사원번호	성명	직위	근무일수	월기본급	특별상여금	총급여액
4	DS-100	강재은	과장	23	6210000	800000	
5	DS-101	성지훈	부장	22	6600000	1000000	
6	DS-102	류상범	사원	23	5520000	600000	
7	DS-103	김기연	대리	23	5520000	700000	
8	DS-104	박기배	사원	22	5940000	600000	
9	DS-105	정윤하	과장	24	6480000	800000	
10	DS-106	지진희	부장	23	6900000	1000000	
11	DS-107	원종민	과장	22	5940000	800000	
12	DS-108	이영범	사원	25	5250000	700000	

풀이

1) 첫 번째 매크로를 작성하기 위해 표 밖에 셀포인터를 두고 [개발도구]의 '매크로기록' 버튼을 클릭한다. 매크로이름에 '총급여'를 입력하고 [확인]을 누른다.

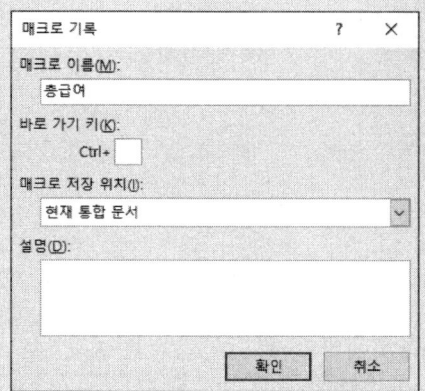

G4셀에 셀포인터를 두고, '=E4+F4'를 입력 후 엔터를 친다. 나머지 셀은 채우기 핸들로 채운다.

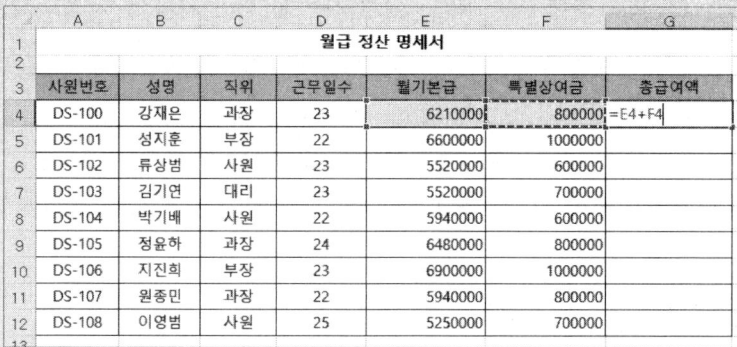

2) 다시 표 밖에 셀포인터를 두고 [개발도구]의 '매크로기록' 버튼을 클릭한다. 매크로이름에 '서식'을 입력하고 [확인]을 누른다.

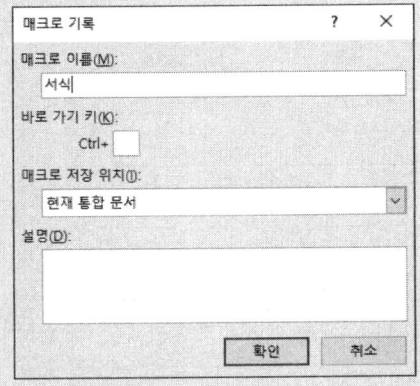

그림처럼 영역을 잡고, ctrl+1을 눌러 셀서식 대화상자를 연다

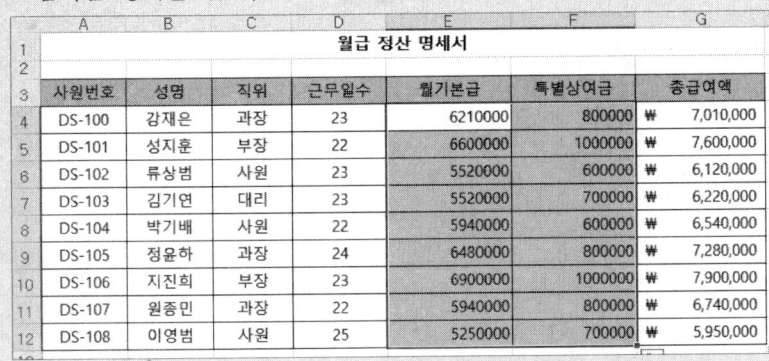

	A	B	C	D	E	F	G
1				월급 정산 명세서			
2							
3	사원번호	성명	직위	근무일수	월기본급	특별상여금	총급여액
4	DS-100	강재은	과장	23	6210000	800000	₩ 7,010,000
5	DS-101	성지훈	부장	22	6600000	1000000	₩ 7,600,000
6	DS-102	류상범	사원	23	5520000	600000	₩ 6,120,000
7	DS-103	김기연	대리	23	5520000	700000	₩ 6,220,000
8	DS-104	박기배	사원	22	5940000	600000	₩ 6,540,000
9	DS-105	정윤하	과장	24	6480000	800000	₩ 7,280,000
10	DS-106	지진희	부장	23	6900000	1000000	₩ 7,900,000
11	DS-107	원종민	과장	22	5940000	800000	₩ 6,740,000
12	DS-108	이영범	사원	25	5250000	700000	₩ 5,950,000

[표시 형식]의 회계를 선택한 후 [확인]을 누른다.

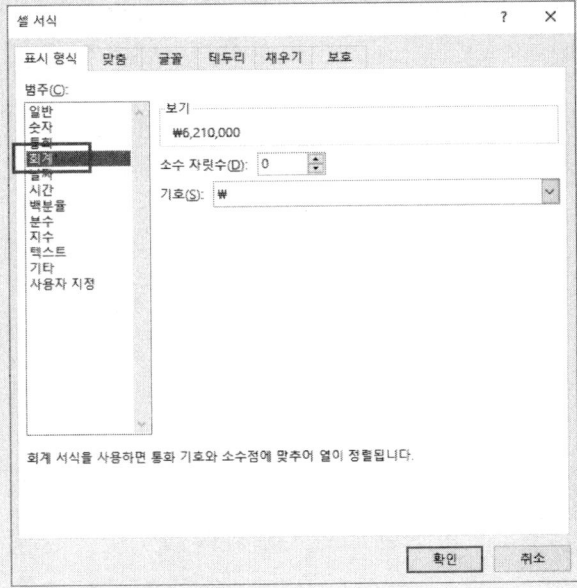

'회계' 서식이 설정된 것을 확인할 수 있다.

	A	B	C	D	E	F	G
1	월급 정산 명세서						
2							
3	사원번호	성명	직위	근무일수	월기본급	특별상여금	종급여액
4	DS-100	강재은	과장	23	₩ 6,210,000	₩ 800,000	₩ 7,010,000
5	DS-101	성지훈	부장	22	₩ 6,600,000	₩ 1,000,000	₩ 7,600,000
6	DS-102	류상범	사원	23	₩ 5,520,000	₩ 600,000	₩ 6,120,000
7	DS-103	김기연	대리	23	₩ 5,520,000	₩ 700,000	₩ 6,220,000
8	DS-104	박기배	사원	22	₩ 5,940,000	₩ 600,000	₩ 6,540,000
9	DS-105	정윤하	과장	24	₩ 6,480,000	₩ 800,000	₩ 7,280,000
10	DS-106	지진희	부장	23	₩ 6,900,000	₩ 1,000,000	₩ 7,900,000
11	DS-107	원종민	과장	22	₩ 5,940,000	₩ 800,000	₩ 6,740,000
12	DS-108	이영범	사원	25	₩ 5,250,000	₩ 700,000	₩ 5,950,000

[개발도구] 탭의 '기록중지'아이콘을 눌러 매크로를 중지한다.

3) 버튼과 연결하기 위해 [개발도구]탭의 [삽입]의 단추(양식컨트롤)을 클릭한다

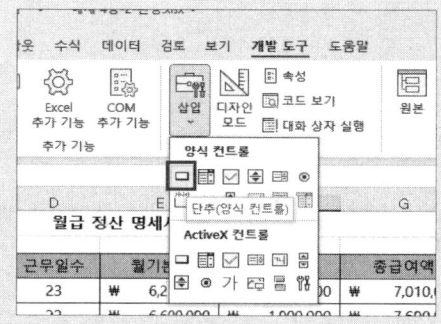

드래그해서 버튼을 그리고 손을 떼면 자동으로 매크로 지정 대화상자가 뜬다.

총급여를 선택하고 [확인]을 누른다.

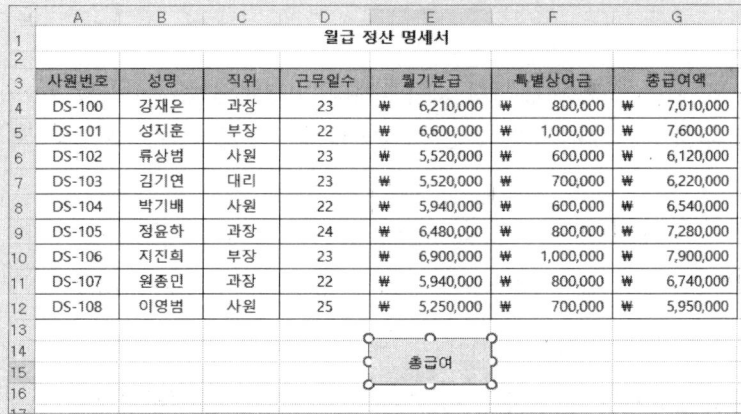

	월급 정산 명세서					
사원번호	성명	직위	근무일수	월기본급	특별상여금	총급여액
DS-100	강재은	과장	23	₩ 6,210,000	₩ 800,000	₩ 7,010,000
DS-101	성지훈	부장	22	₩ 6,600,000	₩ 1,000,000	₩ 7,600,000
DS-102	류상범	사원	23	₩ 5,520,000	₩ 600,000	₩ 6,120,000
DS-103	김기연	대리	23	₩ 5,520,000	₩ 700,000	₩ 6,220,000
DS-104	박기배	사원	22	₩ 5,940,000	₩ 600,000	₩ 6,540,000
DS-105	정윤하	과장	24	₩ 6,480,000	₩ 800,000	₩ 7,280,000
DS-106	지진희	부장	23	₩ 6,900,000	₩ 1,000,000	₩ 7,900,000
DS-107	원종민	과장	22	₩ 5,940,000	₩ 800,000	₩ 6,740,000
DS-108	이영범	사원	25	₩ 5,250,000	₩ 700,000	₩ 5,950,000

버튼 위에 글자를 '총급여'로 바꾼다.

4) 다시 [개발도구] 탭의 [삽입]의 '양식'컨트롤을 눌러

	월급 정산 명세서					
사원번호	성명	직위	근무일수	월기본급	특별상여금	총급여액
DS-100	강재은	과장	23	₩ 6,210,000	₩ 800,000	₩ 7,010,000
DS-101	성지훈	부장	22	₩ 6,600,000	₩ 1,000,000	₩ 7,600,000
DS-102	류상범	사원	23	₩ 5,520,000	₩ 600,000	₩ 6,120,000
DS-103	김기연	대리	23	₩ 5,520,000	₩ 700,000	₩ 6,220,000
DS-104	박기배	사원	22	₩ 5,940,000	₩ 600,000	₩ 6,540,000
DS-105	정윤하	과장	24	₩ 6,480,000	₩ 800,000	₩ 7,280,000
DS-106	지진희	부장	23	₩ 6,900,000	₩ 1,000,000	₩ 7,900,000
DS-107	원종민	과장	22	₩ 5,940,000	₩ 800,000	₩ 6,740,000
DS-108	이영범	사원	25	₩ 5,250,000	₩ 700,000	₩ 5,950,000

매크로 '서식'과 연결 후 [확인]을 누른다.

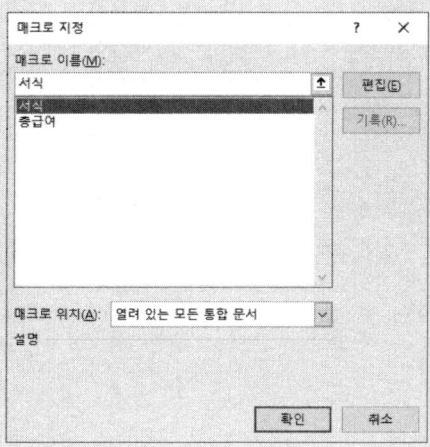

버튼 위 캡션을 '서식'으로 변경한다.

	A	B	C	D	E	F	G
1	월급 정산 명세서						
2							
3	사원번호	성명	직위	근무일수	월기본급	특별상여금	총급여액
4	DS-100	강재은	과장	23	₩ 6,210,000	₩ 800,000	₩ 7,010,000
5	DS-101	성지훈	부장	22	₩ 6,600,000	₩ 1,000,000	₩ 7,600,000
6	DS-102	류상범	사원	23	₩ 5,520,000	₩ 600,000	₩ 6,120,000
7	DS-103	김기연	대리	23	₩ 5,520,000	₩ 700,000	₩ 6,220,000
8	DS-104	박기배	사원	22	₩ 5,940,000	₩ 600,000	₩ 6,540,000
9	DS-105	정윤하	과장	24	₩ 6,480,000	₩ 800,000	₩ 7,280,000
10	DS-106	지진희	부장	23	₩ 6,900,000	₩ 1,000,000	₩ 7,900,000
11	DS-107	원종민	과장	22	₩ 5,940,000	₩ 800,000	₩ 6,740,000
12	DS-108	이영범	사원	25	₩ 5,250,000	₩ 700,000	₩ 5,950,000
13							
14					총급여		서식
15							
16							

매크로를 테스트 하기 위해 총급여액을 지우고 '월기본급'과 '특별상여금'의 서식을 일반으로 변경한 후 '총급여' 버튼을 눌러 청급여가 구해지는지 확인한다.
같은 방법으로 '서식' 버튼을 눌러 '서식'이 잘 바뀌는지 확인한다.

[예제 4강-3] 다음 '카드 사용 내역서'표에서 사용금액부터 결재금액의 합계를 구하는 매크로 '합계'를 구하고, 숫자영역에 천단위 구분기호 서식을 넣는 매크로 '서식'을 작성하시오.

- '합계' 매크로는 기본도형의 '하트'와 연결하고, [C14:C15]에 위치 시키시오.
- '서식' 매크로는 기본도형의 '해'와 연결하고, [E14:E15]에 위치 시키시오.

	A	B	C	D	E	F
1	카드 사용 내역서					
2	사용일자	사용내역	사용금액	할부수수료	수수료	결재금액
3	05월 05일	식대	52000	6240	1560	59800
4	05월 06일	의류구입	150000	18000	4500	172500
5	05월 07일	진료비	15000	1800	450	17250
6	05월 08일	식품구입	32500	3900	975	37375
7	05월 09일	학원비	85000	10200	2550	97750
8	05월 10일	도서구입	35000	4200	1050	40250
9	05월 11일	식품구입	28500	3420	855	32775
10	05월 12일	관리비	156000	18720	4680	179400
11	05월 13일	통신비	45600	5472	1368	52440
12	합계					

풀이

1) '합계' 매크로를 구하기 위해 표 밖에 셀포인터를 위치시키고, [개발도구]탭의 '매크로 기록' 아이콘을 클릭한다.

'매크로이름에 '합계'를 입력하고 [확인]을 누른다.

매크로 기록	?	×
매크로 이름(M):		
합계		
바로 가기 키(K):		
Ctrl+		
매크로 저장 위치(I):		
현재 통합 문서		
설명(D):		
	확인	취소

셀포인터를 C12셀에 두고, [홈] 탭의 자동합계 아이콘을 클릭한다.

	A	B	C	D	E	F
1			카드 사용 내역서			
2	사용일자	사용내역	사용금액	할부수수료	수수료	결재금액
3	05월 05일	식대	52000	6240	1560	59800
4	05월 06일	의류구입	150000	18000	4500	172500
5	05월 07일	진료비	15000	1800	450	17250
6	05월 08일	식품구입	32500	3900	975	37375
7	05월 09일	학원비	85000	10200	2550	97750
8	05월 10일	도서구입	35000	4200	1050	40250
9	05월 11일	식품구입	28500	3420	855	32775
10	05월 12일	관리비	156000	18720	4680	179400
11	05월 13일	통신비	45600	5472	1368	52440
12	합계		=SUM(C3:C11)			

SUM(number1, [number2], …)

나머지는 채우기핸들로 채우고 [개발도구] 탭의 '기록중지' 아이콘을 누른다.

2) '서식' 매크로를 작성하기 위해 표 밖에 셀포인터를 두고, [개발도구]탭의 '매크로 기록' 아이콘을 클릭한다.

매크로이름에 '서식'을 입력하고 [확인]을 누른다.

매크로 기록	?	×
매크로 이름(M):		
서식		
바로 가기 키(K):		
Ctrl+		
매크로 저장 위치(I):		
현재 통합 문서		
설명(D):		
	확인	취소

4	A	B	C	D	E	F
1	카드 사용 내역서					
2	사용일자	사용내역	사용금액	할부수수료	수수료	결재금액
3	05월 05일	식대	52000	6240	1560	59800
4	05월 06일	의류구입	150000	18000	4500	172500
5	05월 07일	진료비	15000	1800	450	17250
6	05월 08일	식품구입	32500	3900	975	37375
7	05월 09일	학원비	85000	10200	2550	97750
8	05월 10일	도서구입	35000	4200	1050	40250
9	05월 11일	식품구입	28500	3420	855	32775
10	05월 12일	관리비	156000	18720	4680	179400
11	05월 13일	통신비	45600	5472	1368	52440
12	합계		599600	71952	17988	689540

숫자 영역을 블록 잡은 후 ctrl+1을 눌러 셀서식 대화상자에 들어간다

[표시 형식]에 숫자를 선택하고, '1000단위 구분 기호 사용'에 체크를 넣는다.

[개발도구] 탭의 '기록중지' 버튼을 클릭한다.

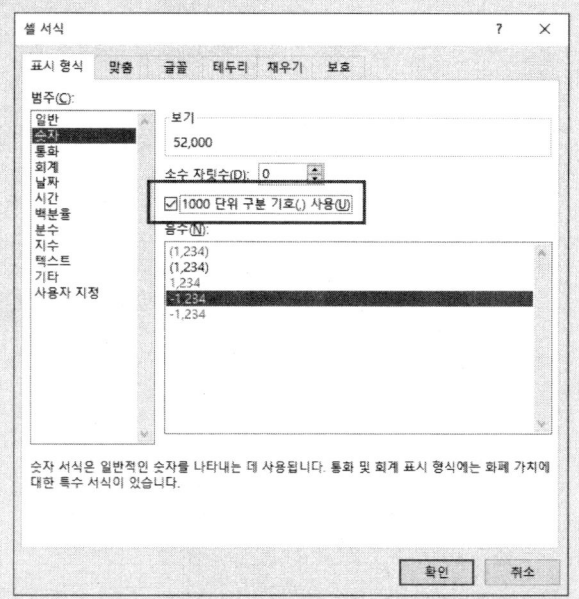

3) '합계' 매크로를 도형과 연결하기 위해 [삽입]의 기본도형의 '하트'를 선택한 후, [C14:C15]에 위치 시킨다. 마우스 오른쪽 버튼을 눌러 [매크로 지정]을 누른다.

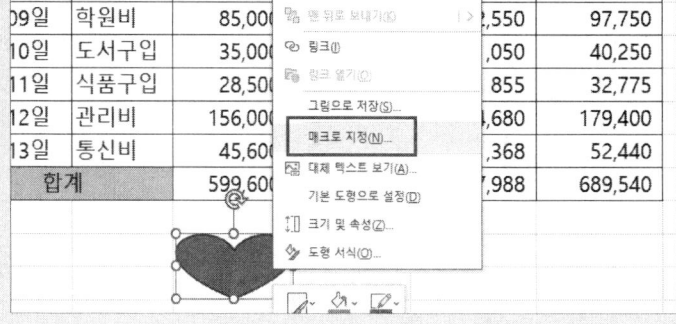

[매크로 지정] 대화상자에서 '합계'를 선택 후 [확인]을 누른다

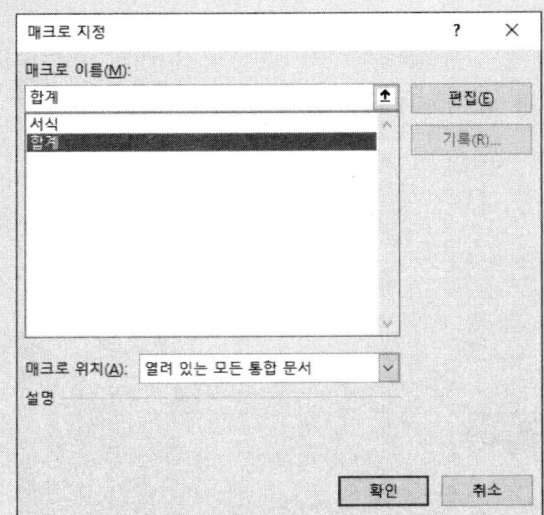

3) '서식' 매크로를 도형과 연결하기 위해 [삽입]의 기본도형의 '해'를 선택한 후, [E14:E15]에 위치 시킨다. 마우스 오른쪽 버튼을 눌러 [매크로 지정]을 누른다.

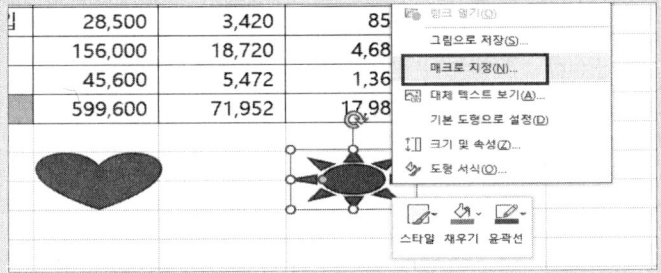

[매크로 지정] 대화상자에서 '서식'을 선택 후 [확인]을 누른다

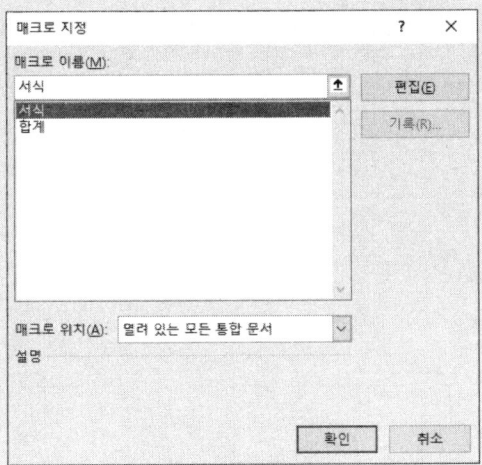

합계를 지우고 서식을 일반으로 돌려놓은 후, '하트'와 '해' 도형을 눌러 각각 매크로가 잘 실행되는지 확인할 수 있다.

	A	B	C	D	E	F
1			카드 사용 내역서			
2	사용일자	사용내역	사용금액	할부수수료	수수료	결재금액
3	05월 05일	식대	52000	6240	1560	59800
4	05월 06일	의류구입	150000	18000	4500	172500
5	05월 07일	진료비	15000	1800	450	17250
6	05월 08일	식품구입	32500	3900	975	37375
7	05월 09일	학원비	85000	10200	2550	97750
8	05월 10일	도서구입	35000	4200	1050	40250
9	05월 11일	식품구입	28500	3420	855	32775
10	05월 12일	관리비	156000	18720	4680	179400
11	05월 13일	통신비	45600	5472	1368	52440
12		합계				
13						
14						
15						

	A	B	C	D	E	F
1			카드 사용 내역서			
2	사용일자	사용내역	사용금액	할부수수료	수수료	결재금액
3	05월 05일	식대	52000	6240	1560	59800
4	05월 06일	의류구입	150000	18000	4500	172500
5	05월 07일	진료비	15000	1800	450	17250
6	05월 08일	식품구입	32500	3900	975	37375
7	05월 09일	학원비	85000	10200	2550	97750
8	05월 10일	도서구입	35000	4200	1050	40250
9	05월 11일	식품구입	28500	3420	855	32775
10	05월 12일	관리비	156000	18720	4680	179400
11	05월 13일	통신비	45600	5472	1368	52440
12		합계	599600	71952	17988	689540
13						
14						
15						

	A	B	C	D	E	F
1			카드 사용 내역서			
2	사용일자	사용내역	사용금액	할부수수료	수수료	결재금액
3	05월 05일	식대	52,000	6,240	1,560	59,800
4	05월 06일	의류구입	150,000	18,000	4,500	172,500
5	05월 07일	진료비	15,000	1,800	450	17,250
6	05월 08일	식품구입	32,500	3,900	975	37,375
7	05월 09일	학원비	85,000	10,200	2,550	97,750
8	05월 10일	도서구입	35,000	4,200	1,050	40,250
9	05월 11일	식품구입	28,500	3,420	855	32,775
10	05월 12일	관리비	156,000	18,720	4,680	179,400
11	05월 13일	통신비	45,600	5,472	1,368	52,440
12		합계	599,600	71,952	17,988	689,540
13						
14						
15						

2. 차트

1) 차트만들기

- 워크시트 영역의 차트 만들 영역을 블록 잡는다.
- 리본메뉴의 [삽입]탭을 눌러 [차트]그룹의 원하는 모양의 차트를 클릭한다.
- 선택한 모양의 차트가 워크시트 영역에 생성된다.
- 차트가 생성되면서 리본메뉴에 [디자인],[레이아웃],[서식]탭이 추가로 생기면서 차트편집을 효율적으로 할 수 있게 된다.

 참고 차트 구성요소

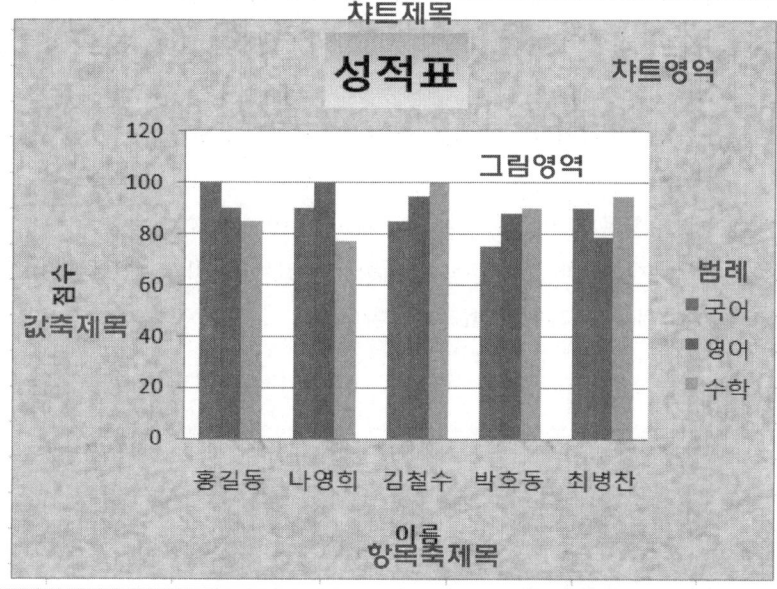

2) 차트의 종류

① 세로막대형
- 범례에 있는 항목을 막대그래프로 나타내준다.
- 묶은 세로 막대형, 누적세로 막대형 등 다양한 종류의 차트가 있다.
- X축(항목축)은 표의 가장 왼쪽에 있는 항목들이 차지하고 범례는 그 외의 데이터로서 숫자만 가능하다.

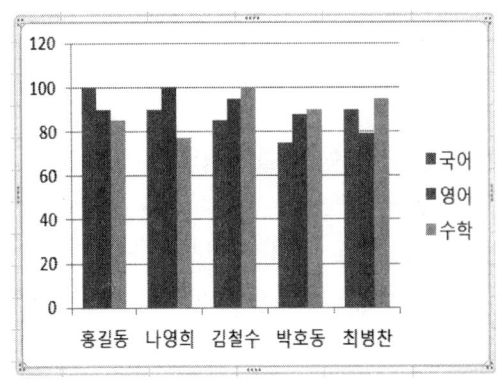

② 꺾은선형

- 일정기간동안 데이터 변화의 추세를 알아보는데 적합한 챠트이다.
- 연속적인 값의 변화를 표현하는 것이며, 변화율에 중점을 두어 차트를 그리고자 할 때 사용한다.
- 누적꺾은선형, 표식이 있는 꺾은 선형 등 7개의 종류가 있다.

③ 원형

- 전체에 대한 항목의 비율을 나타낼 때 편리한 차트이다.
- 단점은 항상 한 개의 항목만을 표시할 수 있는 것이 단점이다.
- 차트를 분리해서 시각적인 효과를 부각시킬 수 도 있다.

 참고 차트의 종류들

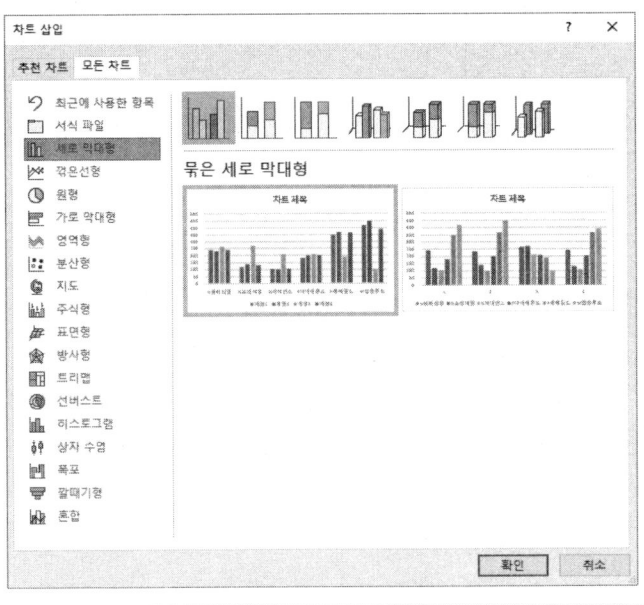

④ 가로막대형

- 막대 길이로 각 항목간의 크기를 비교,분석한다.

- 묶은 가로 막대형, 누적 가로 막대형 등 15개 종류가 있다.

- 항목 축과 값 축이 세로 막대형과 반대이다.

⑤ 영역형

- 전체영역, 특정 영역을 비교할 때 유리한 차트이다.

- 시간에 따른 각 값을 비교할 때도 유리한 차트이다.

⑥ 분산형

- 데이터의 불규칙한 간격이나 묶음을 보여준다.

- 주로, 과학.공학용 데이타분석에 사용하는 차트이다.

⑦ 주식형

- 주가 흐름을 파악하고자 할 때 사용하는 차트이다.

- 거래량, 시가, 종가, 고가, 저가 등을 나타낸다.

⑧ 표면형

- 두 개 데이터 집합에서 최적의 조합을 찾을 때 사용하는 차트이다.

⑨ 도넛형

- 전체에 대한 각부분의 비율을 확인할 때 유리한 것은 원형과 동일하다.

- 원형과 다른점은 여러 개의 데이터계열을 가질 수 있다는 것이다.

⑩ 방사형

- 많은 데이터 계열의 값을 나타내고자 할 때 효과적인 차트이다.

- 차트 가운데를 축으로 해서 뻗어 나오는 값을 그래프적으로 나타낸 것이다.

[예제 4강-4] 다음 '생활용품 판매현황'표에서 제품명, 판매금액, 이익금액으로 구성된 그래프를 <예시>와 같이 작성하시오.

	A	B	C	D	E	F
1			생활용품 판매현황			
2	품명코드	제품명	수량	단가	판매금액	이익금액
3	RW-101	전구	450	7,400	3,330,000	499,500
4	KY-23	삼베방석	342	4,500	1,539,000	323,190
5	NA-11	주방용품1	234	5,700	1,333,800	320,112
6	ML-222	홈매트	345	6,300	2,173,500	586,845
7	INC-111	소프트백	234	17,500	4,095,000	1,105,650
8	CR-101	홈키파	348	5,900	2,053,200	287,448
9	INB-201	락엔락	453	7,800	3,533,400	812,682

- 위치는 [A11:F23]에 배치하시오.
- 차트영역은 '파랑박엽지'로 채운다.
- 차트제목을 입력하고 검은색 테두리를 설정하고 '양피지'를 배경으로 한다
- 그림영역은 흰색 배경으로 한다. 눈금선은 '없음'으로 한다
- 차트는 혼합으로 '판매금액'을 '표식이 있는 꺾은선 그래프'로 한다.
- '이익금액'의 '홈키파'에 레이블이 나타나게 한다.
- 범례의 배경은 '흰색'으로 하고 테두리는 검은색으로 아래 쪽에 배치한다.

〈예시〉

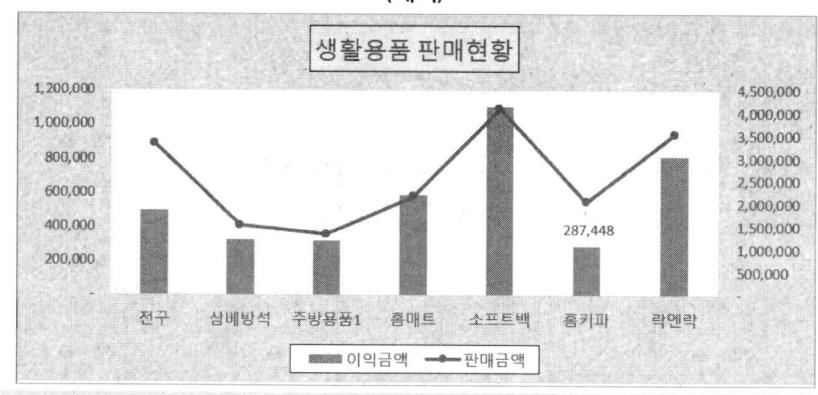

풀이

'생활용품 판매현황'표의 제품명, 판매금액, 이익금액을 영역을 잡고,

	A	B	C	D	E	F
1	생활용품 판매현황					
2	품명코드	제품명	수량	단가	판매금액	이익금액
3	RW-101	전구	450	7,400	3,330,000	499,500
4	KY-23	삼베방석	342	4,500	1,539,000	323,190
5	NA-11	주방용품1	234	5,700	1,333,800	320,112
6	ML-222	홈매트	345	6,300	2,173,500	586,845
7	INC-111	소프트백	234	17,500	4,095,000	1,105,650
8	CR-101	홈키파	348	5,900	2,053,200	287,448
9	INB-201	락엔락	453	7,800	3,533,400	812,682

[삽입] 탭의 [챠트] 그룹의 2차원 묶은세로 막대형을 클릭한다.

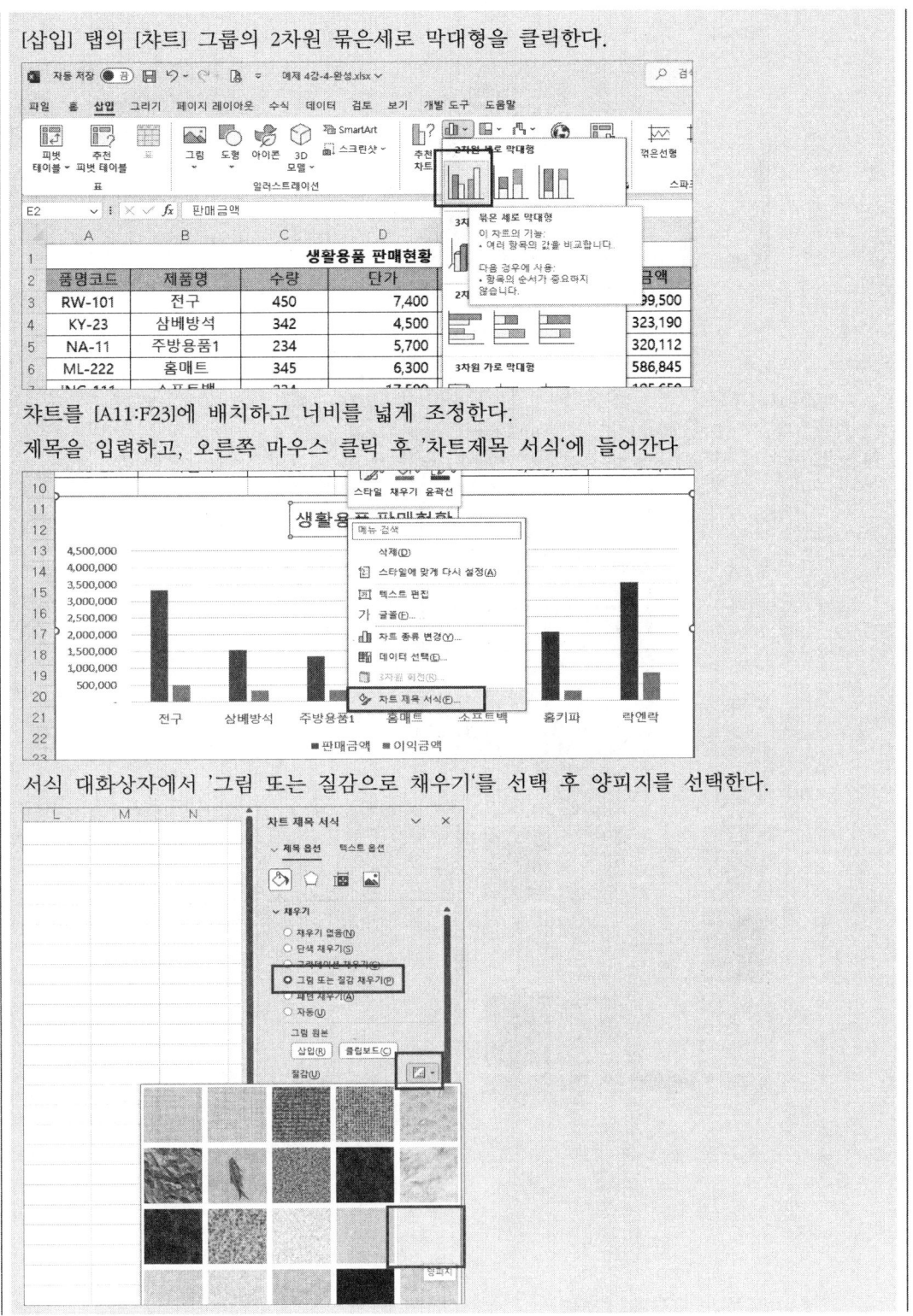

챠트를 [A11:F23]에 배치하고 너비를 넓게 조정한다.

제목을 입력하고, 오른쪽 마우스 클릭 후 '차트제목 서식'에 들어간다

서식 대화상자에서 '그림 또는 질감으로 채우기'를 선택 후 양피지를 선택한다.

차트영역을 선택하고 마우스 오른쪽 바튼 클릭 후 '차트 영역 서식'을 누른다.

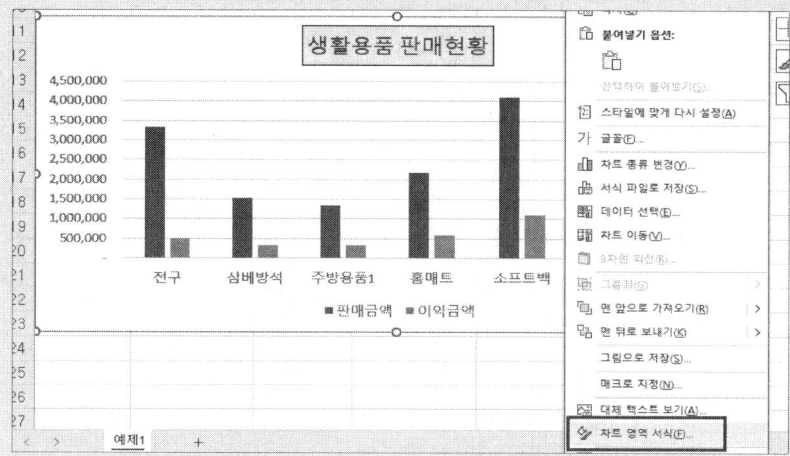

서식대화상자에서 '그림 또는 질감으로 채우기'를 선택 후 파랑박엽지를 선택한다.

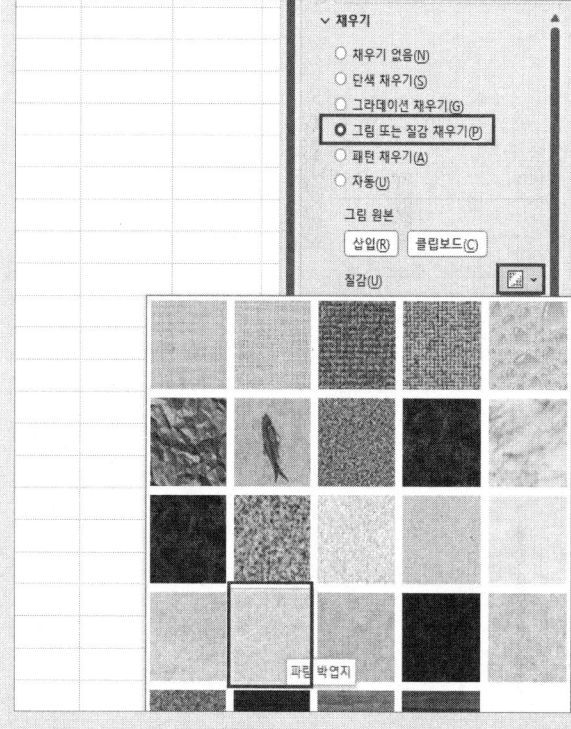

차트 영역의 배경이 변경된 것을 확인 할 수 있다.

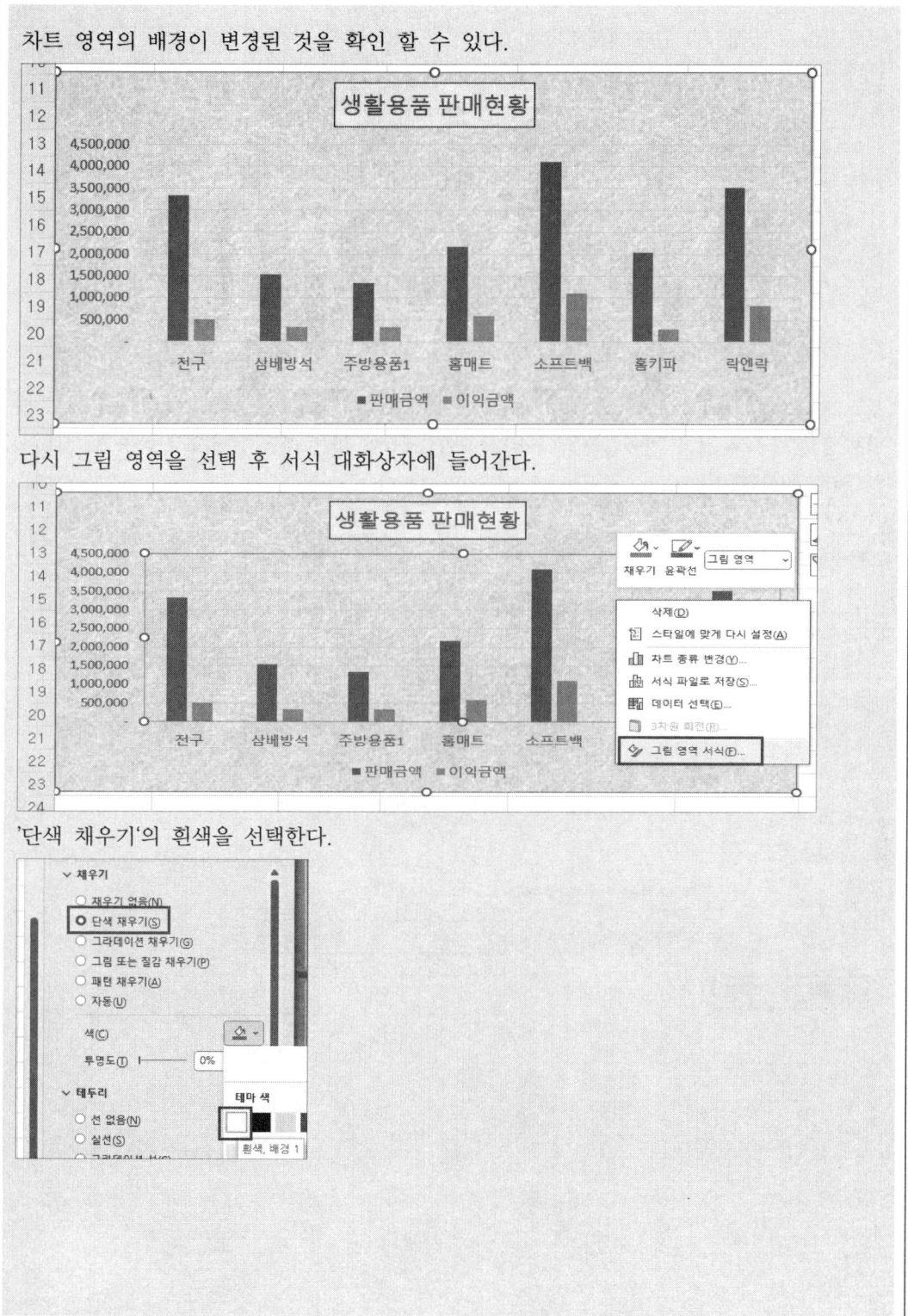

다시 그림 영역을 선택 후 서식 대화상자에 들어간다.

'단색 채우기'의 흰색을 선택한다.

차트 종류를 변경하기 위해 그림영역을 선택 후 마우스 오른쪽 클릭 '차트 종류 변경'을 선택한다

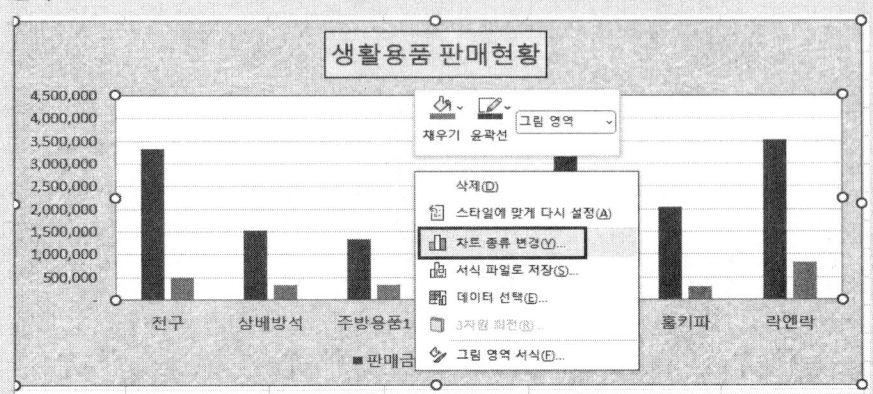

차트에 '혼합'을 누르고 '판매금액'의 차트 종류를 '표식이 있는 꺾은 선형'으로 바꾸고, 보조축에 체크 표시한다.

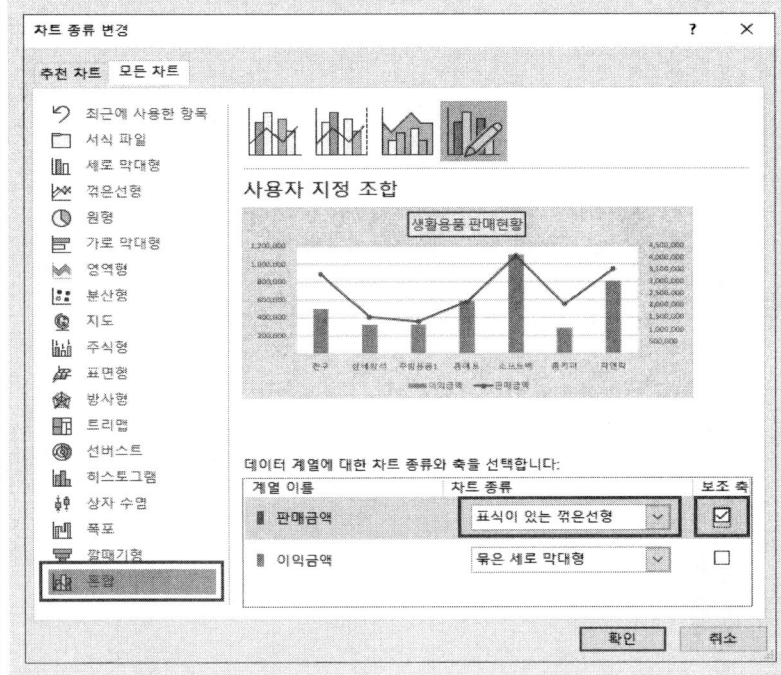

주 눈금선 중 하나를 선택 후 서식대화상자에 가서 '선없음'을 선택한다.

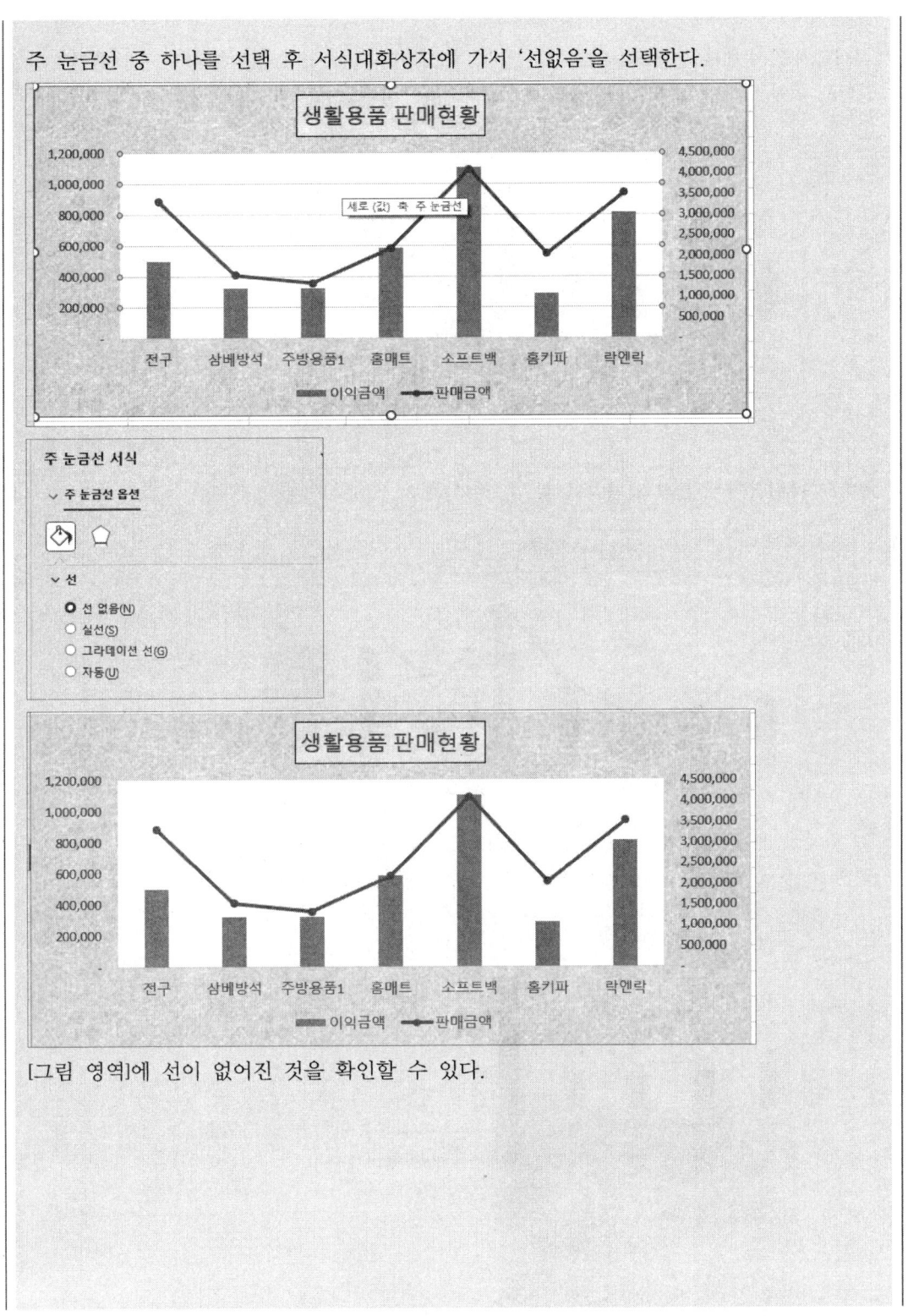

[그림 영역]에 선이 없어진 것을 확인할 수 있다.

'이익금액'의 막대를 선택하면 모두 다 잡히는데 '홈키파' 막대를 한 번 더 클릭하면 '홈키파'만 잡히고 마우스 오른쪽 버튼을 클릭 해 나온 메뉴에서 '데이터 레이블 추가'버튼을 클릭한다

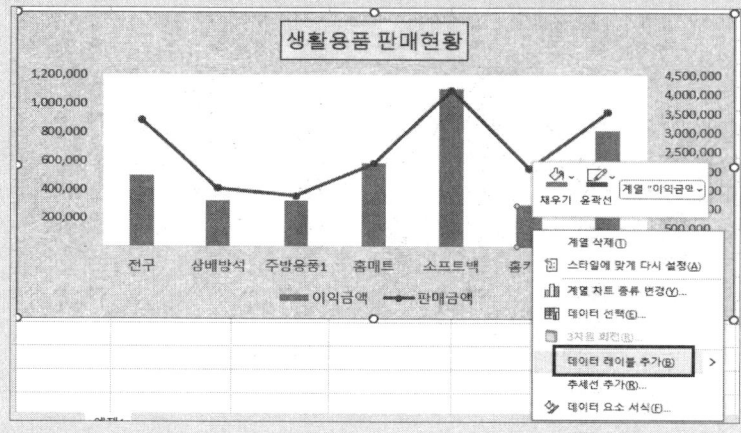

데이터 레이블이 추가된 것을 확인할 수 있다.

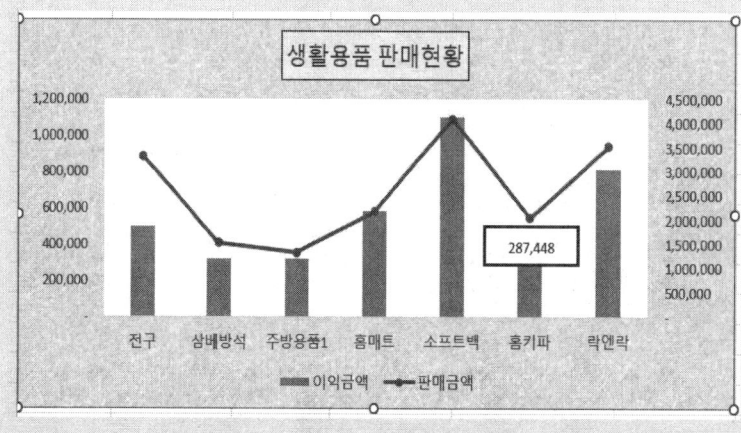

[범례]를 선택 후 마우스 오른쪽 버튼 클릭 해서 [범례 서식]으로 들어간다

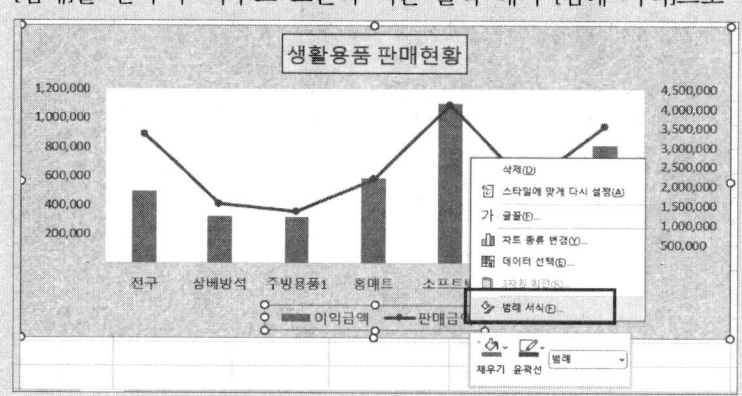

선을 검은색으로 한다.

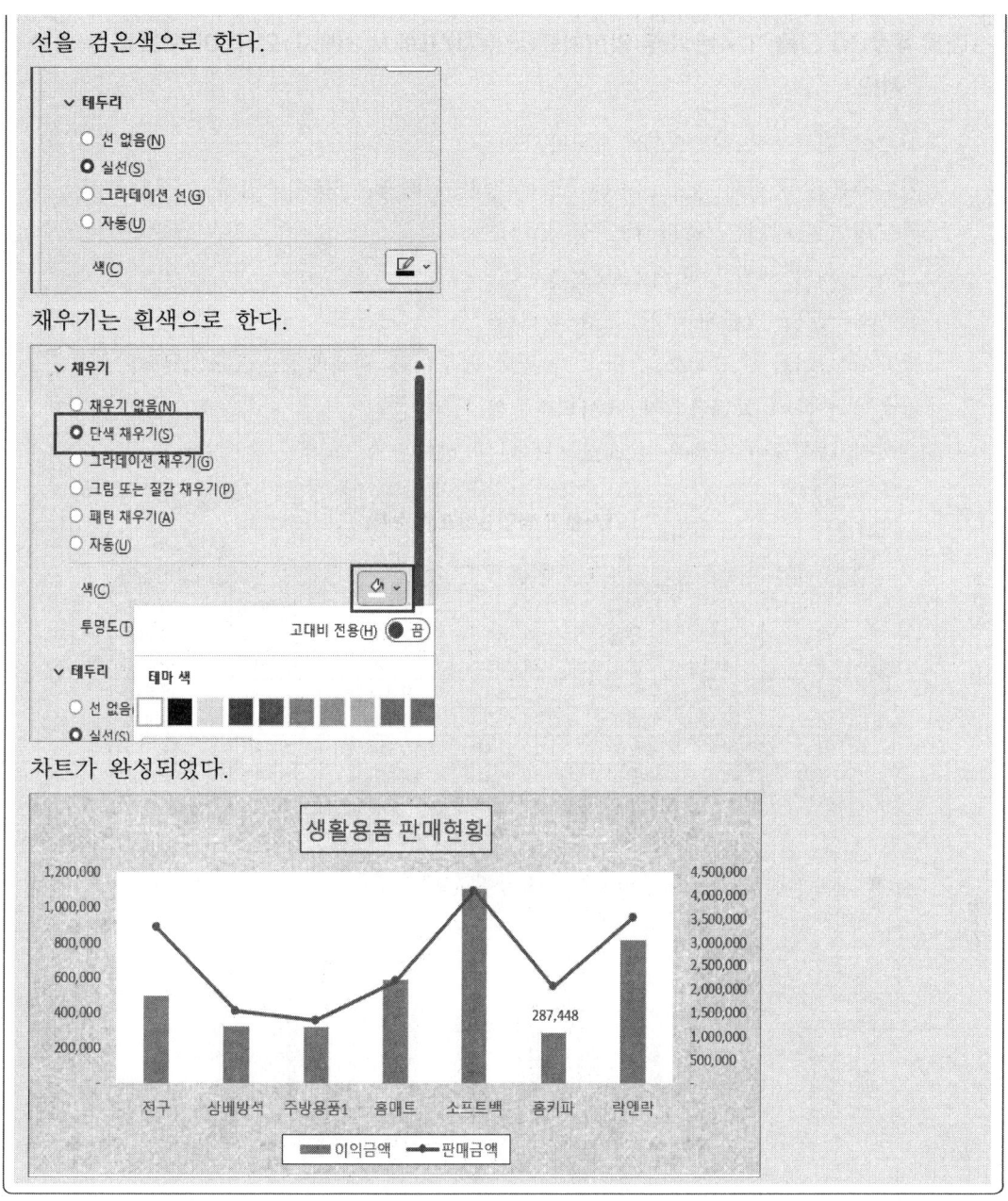

채우기는 흰색으로 한다.

차트가 완성되었다.

[예제 4강-5] 다음 '1/4분기 영업현황표(우수자)'표에서 <예시>와 같이 차트를 완성하시오.

- 차트의 위치는 [A13:G26]에 배치하시오.
- 차트제목은 궁서체, 15pt, 진하게로 설정하고 배경은 '분홍박엽지'로 설정하시오.
- 차트영역은 배경은 '양피지'로 설정하시오.
- 그림 영역의 배경은 흰색으로 설정한다.
- 값축의 제목은 '(단위 : 천)'으로 입력한다.
- 범례의 위치를 오른쪽으로 하고 검은색 테두리와 흰색배경으로 설정한다.
- 값축의 숫자에 화폐단위가 표시되도록한다.
- 데이터 테이블이 항목축 아래로 나타나게 한다.

	A	B	C	D	E	F	G
1				1/4분기 영업현황표(우수자)			
2							단위 : 천
3	지점	직책	성명	1월	2월	3월	1/4분기합계
4	분당	과장	김희경	12,563	21,512	36,000	70,075
5	광교	과장	고유섭	12,541	32,100	32,120	76,761
6	분당	대리	강남영	21,231	25,125	12,100	58,456
7	구리	대리	김규석	23,561	19,875	12,254	55,690
8	광교	차장	최영석	21,452	30,020	22,365	73,837
9	광교	차장	나유원	12,564	10,558	31,230	54,352
10	구리	대리	장길신	18,954	16,554	21,100	56,608

〈예시〉

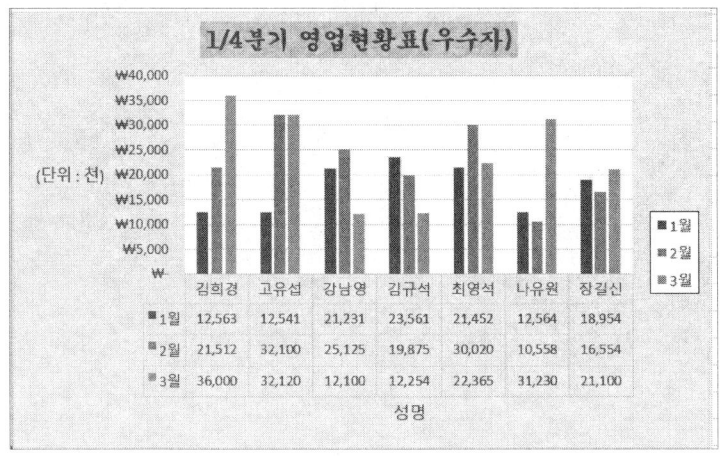

풀이

'1/4분기 영업현황표(우수자)' 표의 성명, 1월, 2월, 3월의 영역을 블록잡고 [삽입]탭의 '묶은 세로 막대형을 클릭한다.

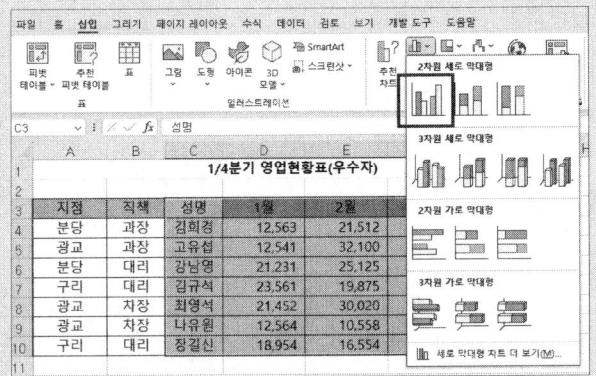

'1/4분기 영업현황표(우수자)'로 차트제목을 입력하고, 마우스 오른쪽 버튼을 눌러나온 메뉴의 '차트 제목 서식'을 누른다.

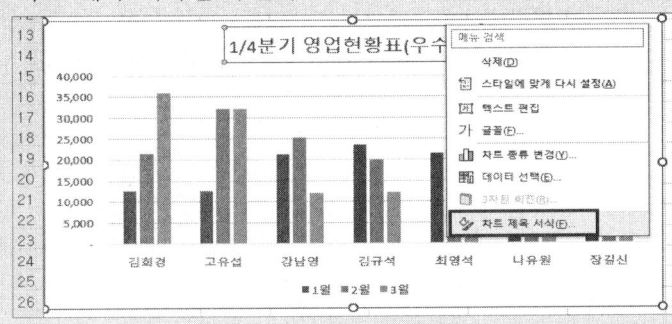

'그림 또는 질감 채우기'의 '분홍박엽지'를 설정한다.

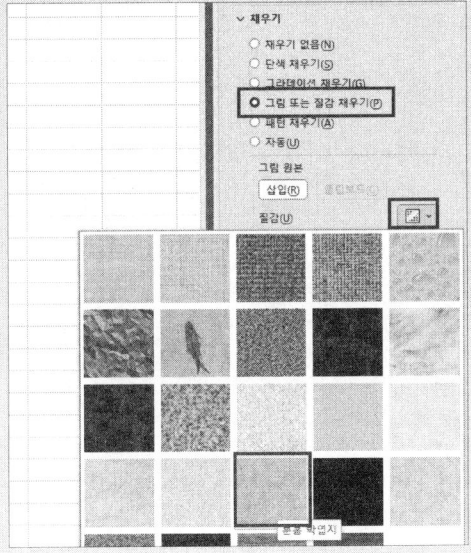

차트제목의 서식을 궁서, 15pt, 진하게로 설정한다.

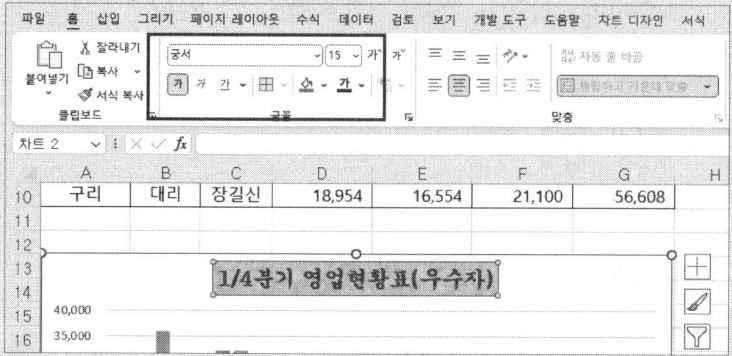

차트 영역의 마우스 오른쪽 버튼을 눌러 '차트'영역'서식'으로 들어와 배경을 '양피지'로 설정한다

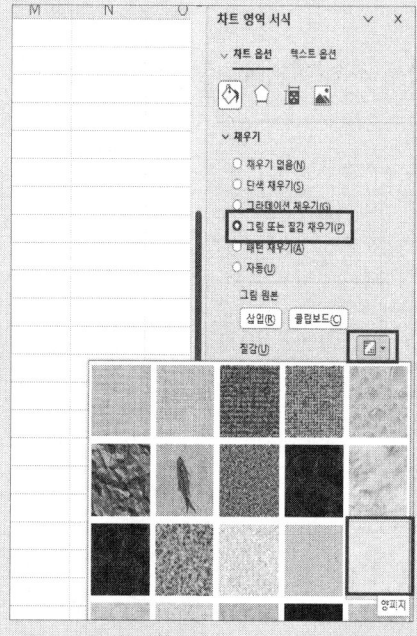

그림영역을 선택하고 마우스 오른쪽 버튼을 눌러나온 메뉴에서 '그림 영역 서식'을 클릭한다

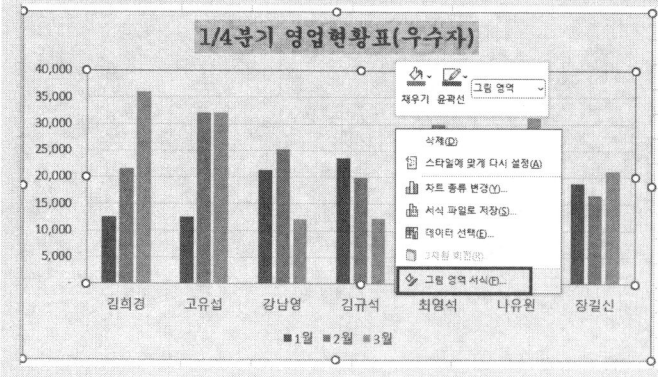

'그림 영역 서식' 대화상자에서 '단색채우기'를 선택하고 색상을 흰색을 선택한다.

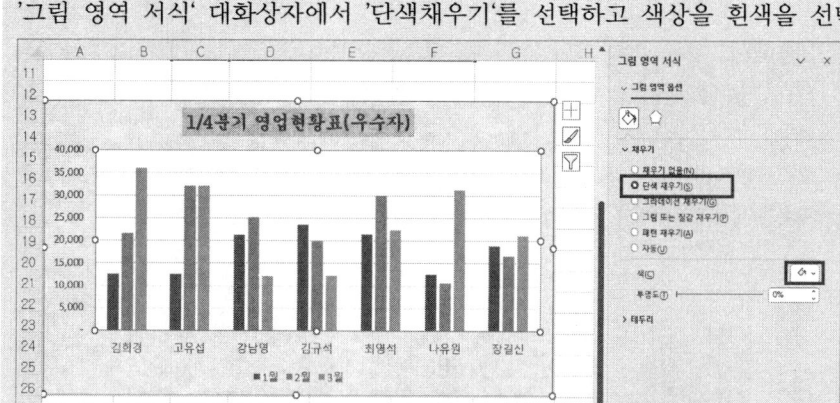

축제목을 입력하기 위해 [차트 디자인]탭의 '차트 요소 추가' 버튼을 누르고 '축 제목'의 '기본 세로'를 선택한다.

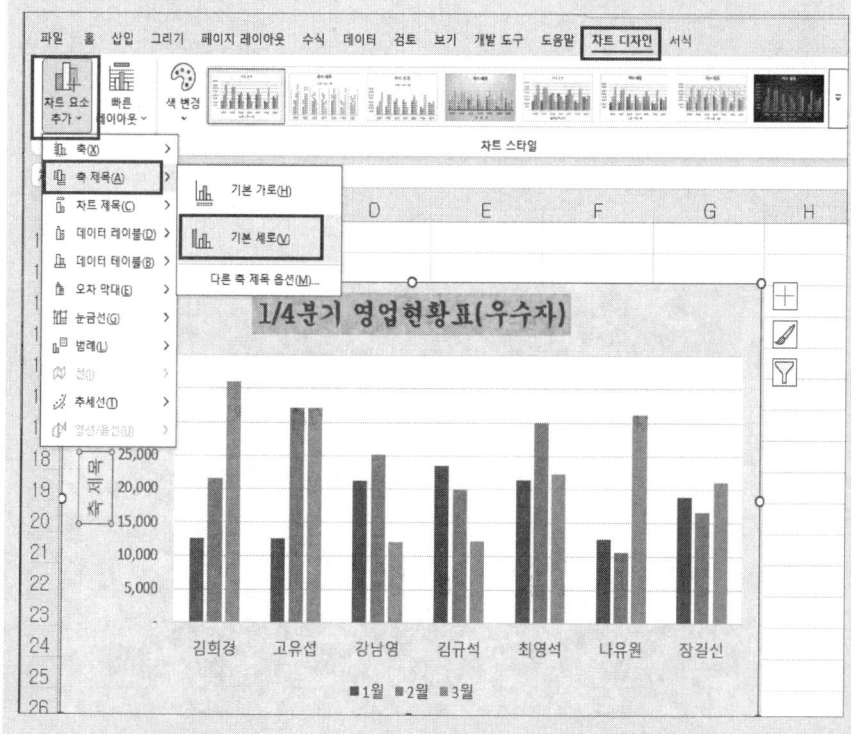

축제목의 방향을 가로로하기 위해 '축제목 서식' 대화상자에서 '크기 및 속성' 아이콘을 눌러나오 메뉴에서 '텍스트방향'을 '가로'로 한다.
축제목에 '(단위 : 천)'을 입력한다

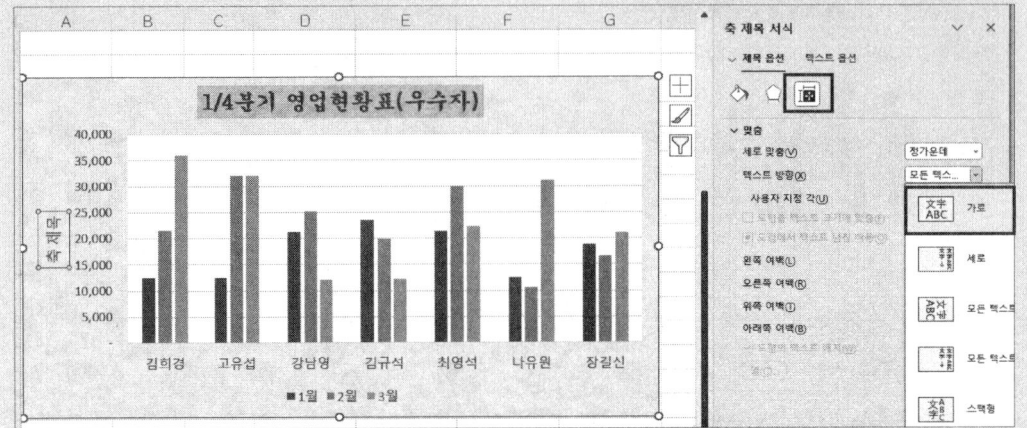

범례를 선택하고 범례서식에 들어가 '범례옵션'메뉴의 범례위치를 오른쪽으로 설정한다.

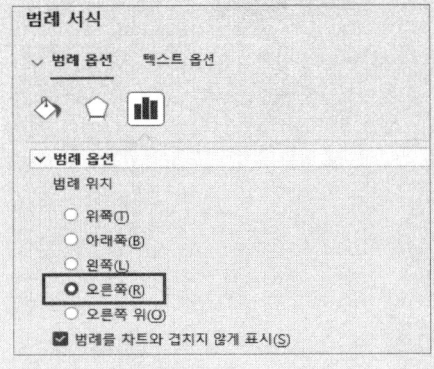

범례서식의 '채우기 및 선' 옵션에서 검은색 테두리와 흰색배경을 설정한다.

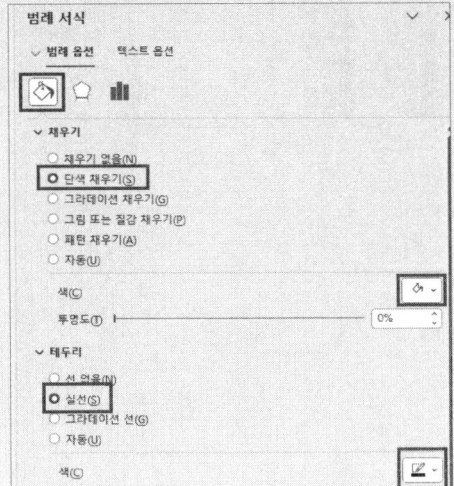

축의 숫자에 화폐단위가 나오게 하기 위하여 축의 숫자 아무거나 선택 후 마우스 오른쪽버튼을 눌러나온 메뉴에서 '축서식'을 선택한다.

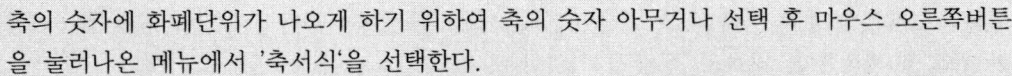
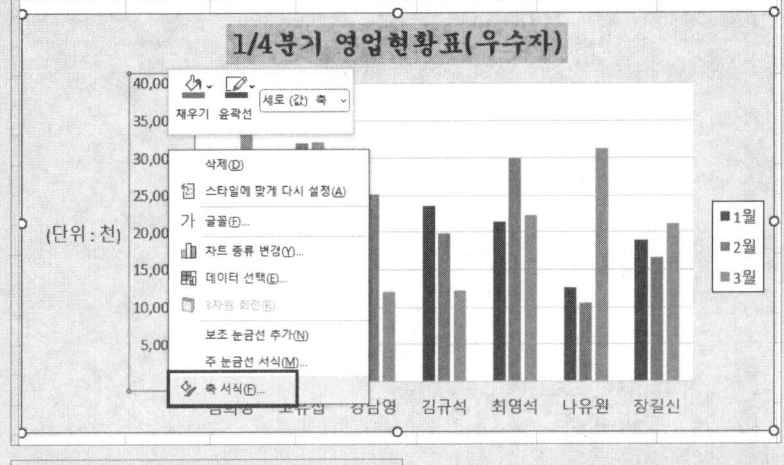

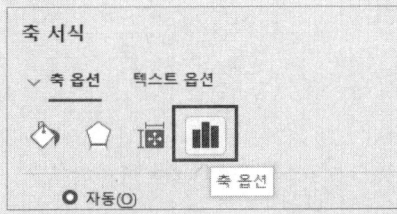

'축서식'의 '표시형식'의 '범주'에 '₩'을 선택한다.

값축의 숫자에 원화 표시가 생긴 것을 확인할 수 있다.

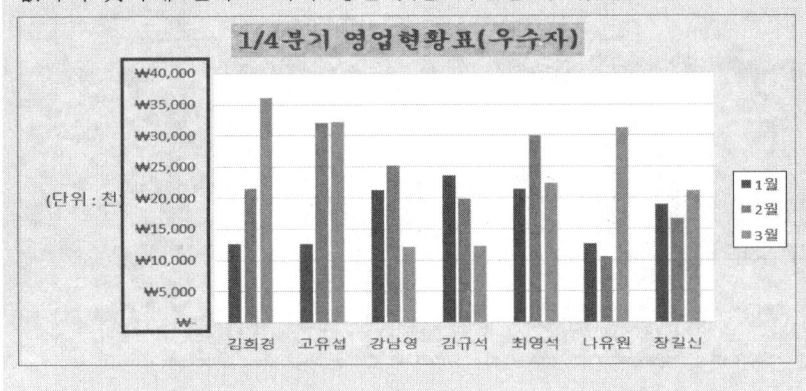

항목축에 제목을 넣기 위해 [차트 디자인]탭의 '차트 요소 추가' 버튼을 누르고 '축 제목'의 '기본 가로'를 선택한다. 제목에 '성명'을 입력한다.

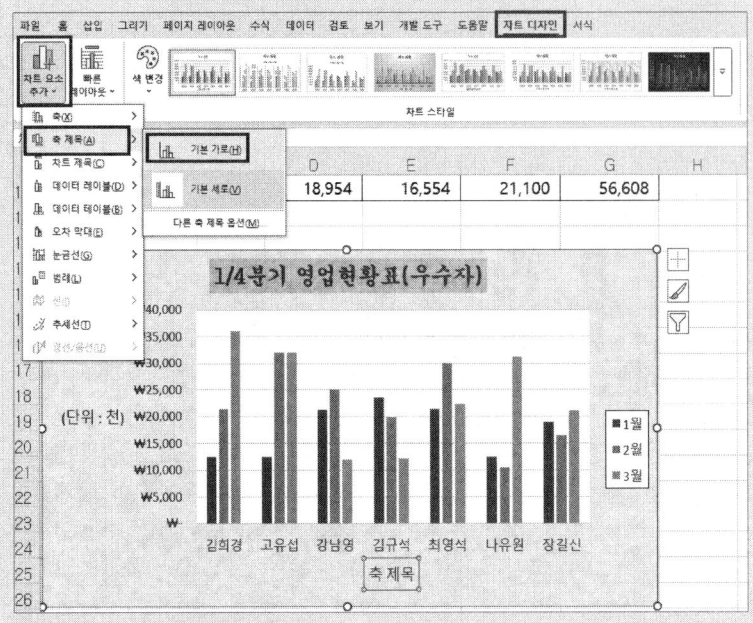

데이터테이블이 나타나게 하기 위해 [차트디자인]탭의 '차트 요소 추가'의 '데이터테이블'의 '범례 표지 포함'을 누른다.

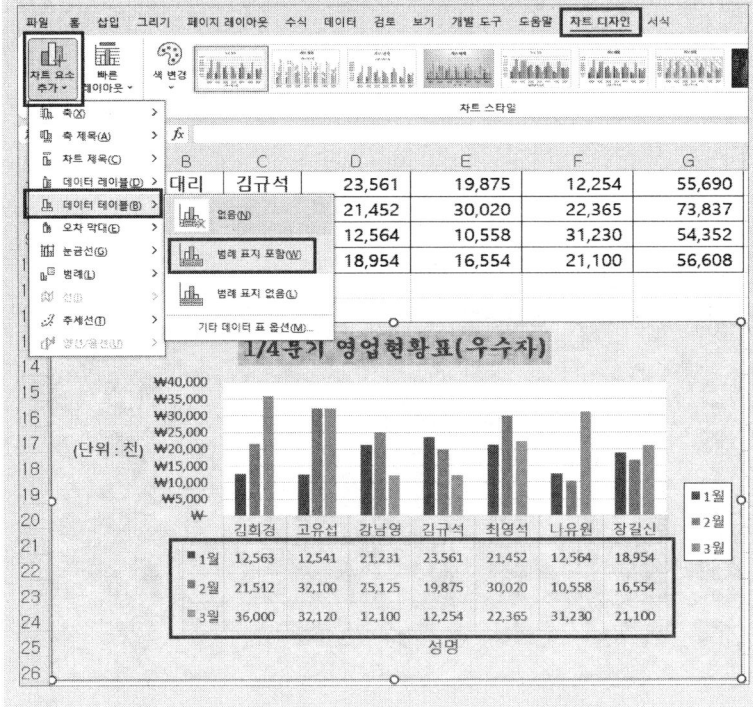

차트가 완성되었다.

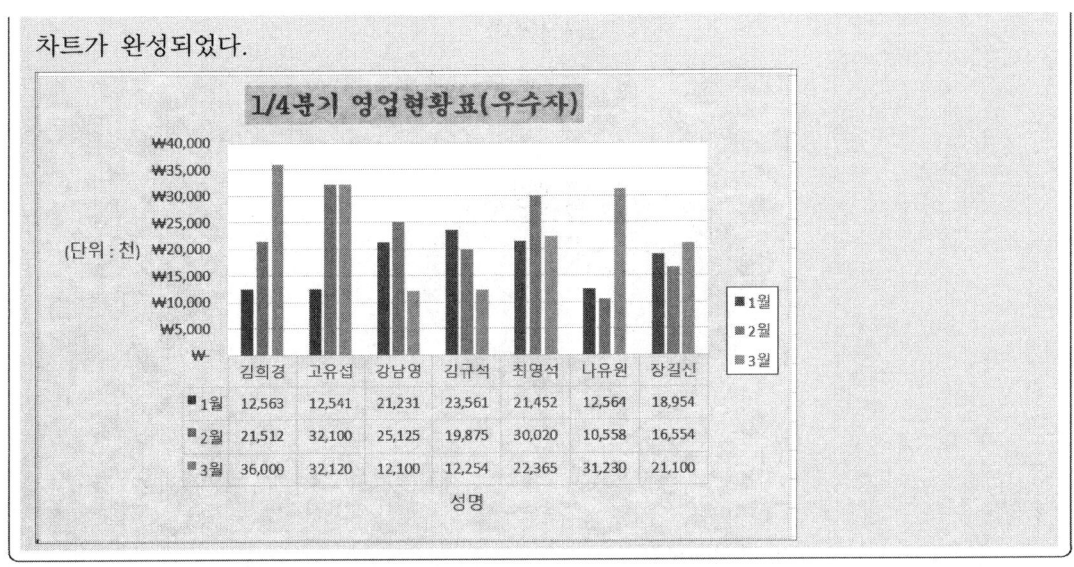

[예제 4강-6] 다음 '분유 제품별 판매 현황' 표에서 아래와 같이 차트를 작성하시오.

① '제품명' 별로 '총계'가 표시되도록 데이터 범위를 정하시오.

② 차트 종류는 '3차원 효과의 원형'으로 하시오.

③ 차트 제목은 그림과 같이 입력하시오. 궁서, 14pt, 진하게로 설정하시오,

④ 범례의 위치는 오른쪽으로 하고, 검은색 테두리를 설정하시오,

⑤ 'P'로 시작하는 계열만 데이터 레이블 '레이블과 백분율 표시'로 지정하고 원형에서 분리하시오.

	A	B	C	D	E	F
1	분유 제품별 판매 현황					
2						단위 : 개
3	제품명	1사분기	2사분기	3사분기	4사분기	총계
4	N임페리얼	220	234	265	240	959
5	N프리미엄	130	138	271	130	669
6	N사이언스	105	102	210	108	525
7	P다이아몬드	181	200	208	203	792
8	P에메랄드	340	370	190	367	1,267
9	M엡솔루트	400	450	100	390	1,340

〈완성예시〉

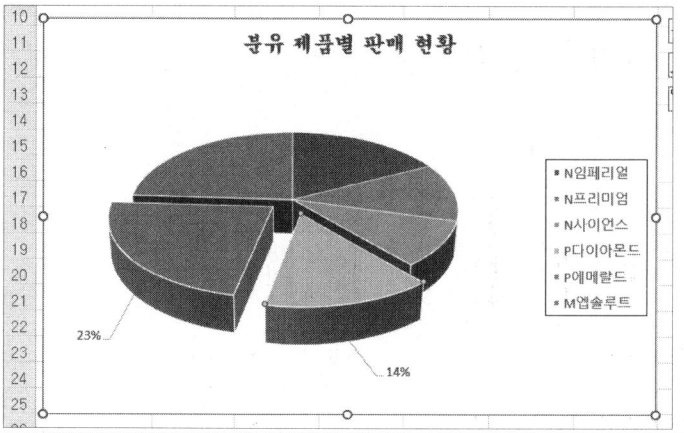

분유 제품별 판매 현황

* N임페리얼
* N프리미엄
* N사이언스
* P다이아몬드
* P에메랄드
* M앱솔루트

23%   14%

🥧 **풀이**

① '제품명' 별로 '총계'가 표시되도록 데이터 범위를 정하시오.

제품명과 총계를 블록잡고

제품명	1사분기	2사분기	3사분기	4사분기	총계
분유 제품별 판매 현황					
					단위 : 개
N임페리얼	220	234	265	240	959
N프리미엄	130	138	271	130	669
N사이언스	105	102	210	108	525
P다이아몬드	181	200	208	203	792
P에메랄드	340	370	190	367	1,267
M앱솔루트	400	450	100	390	1,340

② 차트 종류는 '3차원 효과의 원형'으로 하시오.

[삽입]탭의 '원형'차트의 '3차원 원형'을 선택한다

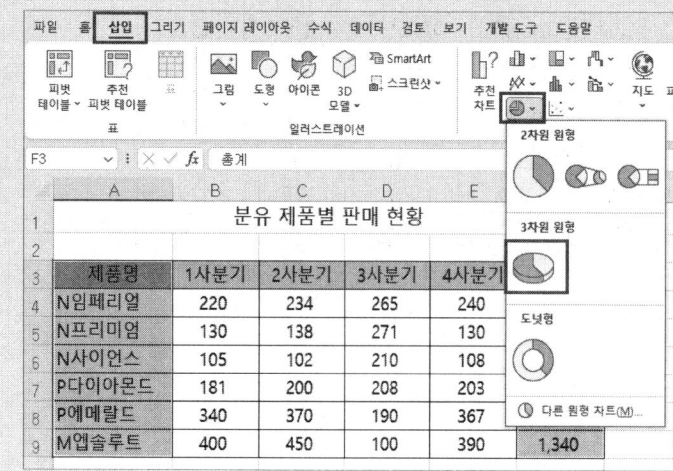

③ 차트 제목은 그림과 같이 입력하시오. 궁서, 14pt, 진하게로 설정하시오.
   제목을 '분유 제품별 판매 현황'으로 입력하고, '궁서, 14pt, 진하게'로 설정한다.

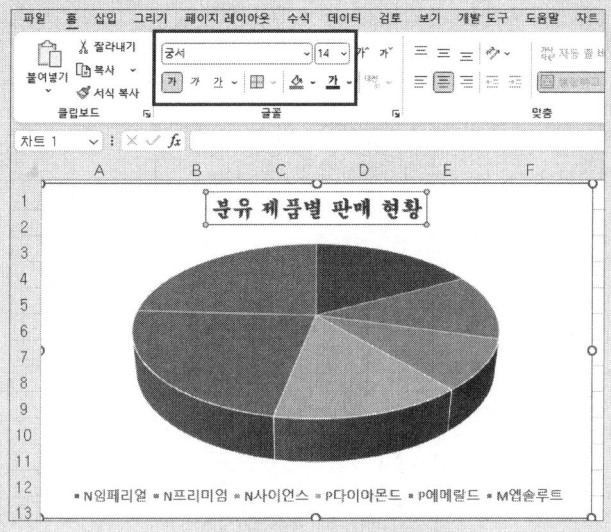

④ 범례의 위치는 오른쪽으로 하고, 검은색 테두리를 설정하시오.
   범례를 선택하고 마우스 오른쪽 버튼을 클릭해 '범례서식'으로 들어간다.

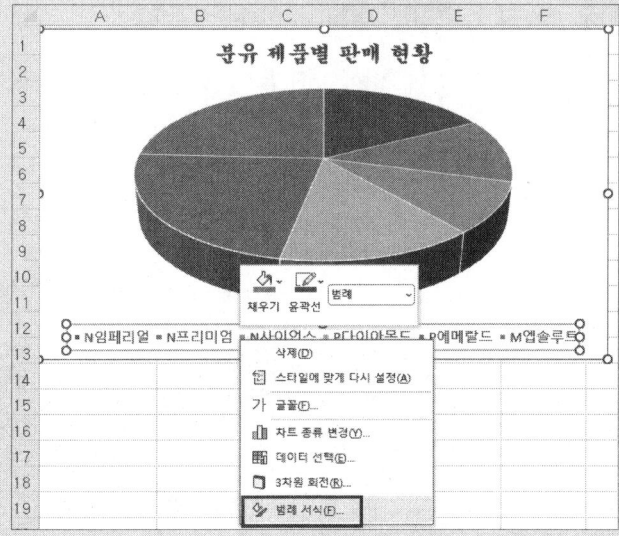

범례서식에서 '범례옵션'의 '범례 위치'에 오른쪽을 선택한다.

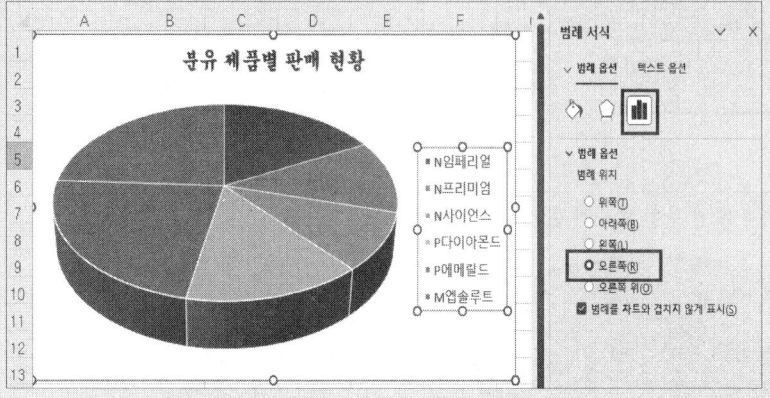

범례서식의 '채우기 및 선'의 실선을 선택하고 색상을 검은색으로 한다.

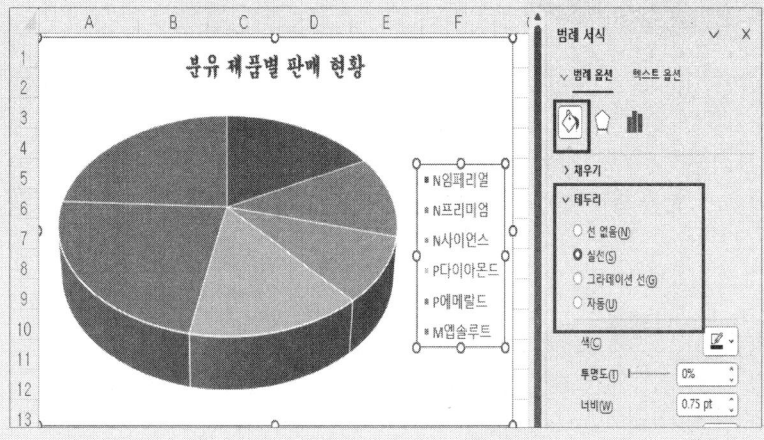

⑤ 'P'로 시작하는 계열만 데이터 레이블
'레이블과 백분율 표시'로 지정하고
원형에서 분리하시오.
노란색 조각만 두 번 클릭해 마우스
오른쪽버튼 클릭 후 '데이터 레이블
추가'를 누른다

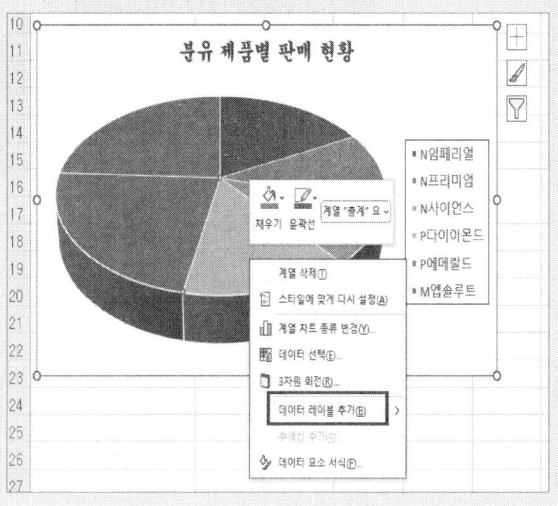

데이터 레이블이 추가되었다.

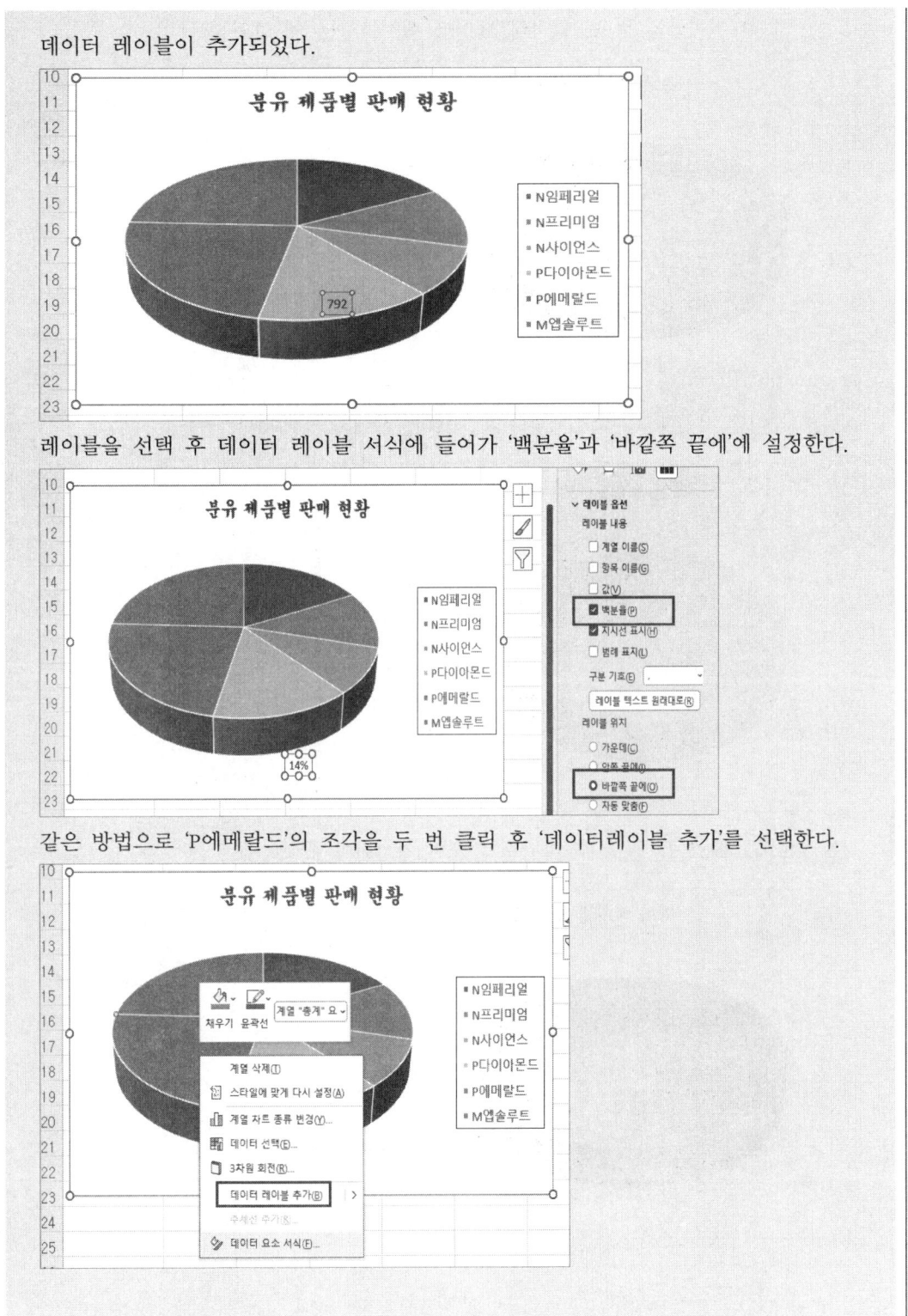

레이블을 선택 후 데이터 레이블 서식에 들어가 '백분율'과 '바깥쪽 끝에'에 설정한다.

같은 방법으로 'P에메랄드'의 조각을 두 번 클릭 후 '데이터레이블 추가'를 선택한다.

생성된 데이터레이블을 두 번 클릭해 '데이터 레이블 서식'에 들어간다.

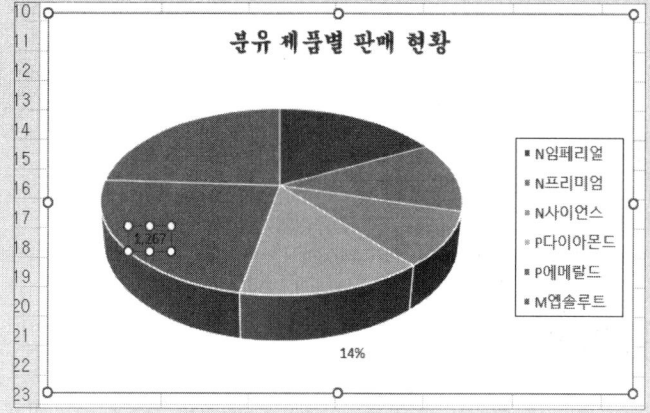

데이터 레이블 서식에 들어가 '백분율'과 '바깥쪽 끝에'에 설정한다.

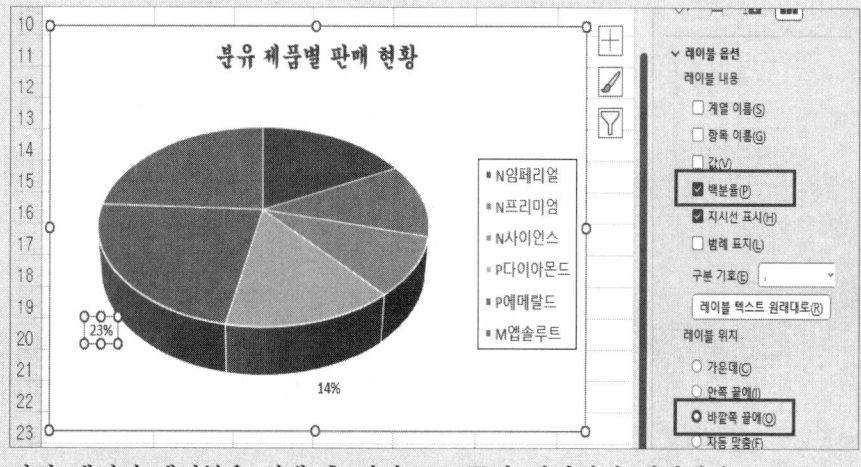

각각 데이터 레이블을 선택 후 바깥으로 끌면 지시선이 생성된다.

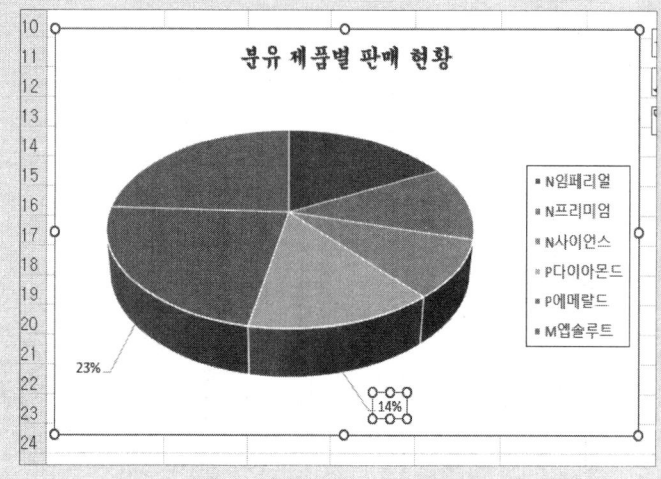

이번에는 노란 조각과 파란 조각을 각각 바깥으로 끌면 지시선이 나타난다.
조건을 만족하는 차트가 완성되었다

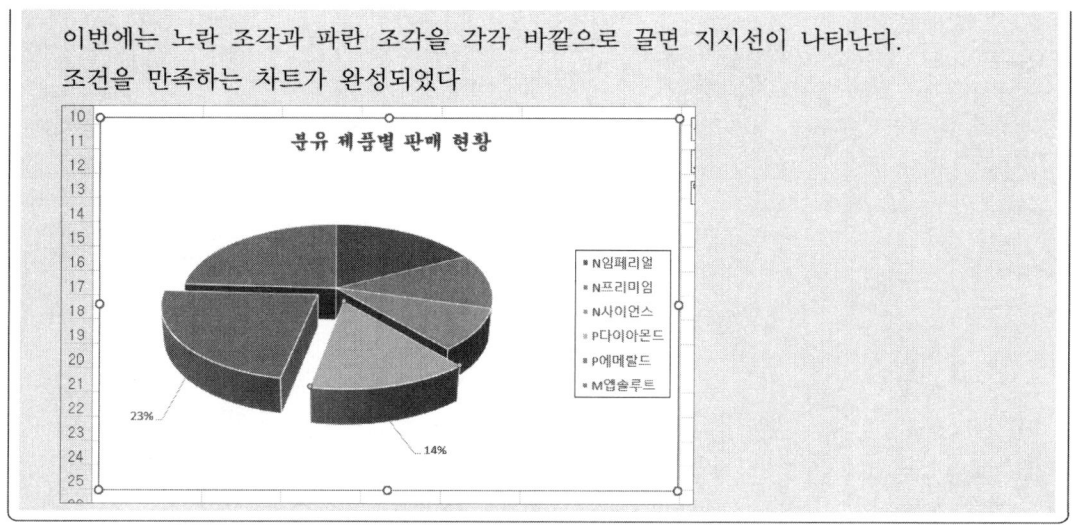

국 가 기 술 자 격 검 정

컴퓨터활용능력 2급 실기 모의고사 1회

프로그램명	제한시간
EXCEL	40분

수험번호 : _____

성   명 : _____

[유 의 사 항]

■ 인적 사항 누락 및 잘못 작성으로 인한 불이익은 수험자 책임으로 합니다.

■ 문제지에 표시된 급별 유형의 "문제파일"을 답안디스켓에서 찾아 열면 암호 상자가 나타나며, 해당 암호 상자에 다음의 암호를 입력하여 문제파일을 엽니다.
  ○ 암호 : 18$258

■ 작성된 답안의 파일명은 지정된 경로 및 파일명을 변경하지 마시고 저장해야 합니다. 이를 준수하지 않으면 실격처리 됩니다.
  〈답안파일명 예〉
    ○ 2021버전 : C:\OA\수험번호 8자리
    ■ 외부데이터 위치 : C:\OA\파일명

■ 별도 지시사항이 없는 경우, 다음과 같이 처리하면 실격처리 됩니다.
  ○ 제시된 시트 순서를 임의로 변경한 경우
  ○ 제시된 시트 이름을 임의로 변경한 경우
  ○ 제시된 시트를 임의로 추가 또는 삭제한 경우

■ 답안은 반드시 문제에서 지시 또는 요구한 셀에 입력하여야 하며, 수험자가 임의로 셀의 위치를 변경하여 입력한 경우에는 채점 대상에서 제외됩니다.
  ※ 아울러 지시하지 않은 셀의 이동, 수정, 삭제, 변경 등으로 인해 셀의 위치가 변경된 경우에도 관련문제 모두 채점 대상에서 제외됩니다.

■ 차트의 개체가 중첩되어 있거나, 동일한 계산결과 시트가 복수로 존재할 경우에는 해당 개체나 시트는 채점 대상에서 제외됩니다.

■ 별도 지시사항이 없는 경우, 주어진 각 시트의 설정값 또는 기본설정값(Default)으로 처리하십시오.

■ 저장시간은 별도로 주어지지 아니하므로 제한된 시간 내에 저장을 완료해야 합니다.

1. '기본작업-1' 시트에 다음의 자료를 주어진 대로 입력하시오. (5점, 각 셀마다 부분점수 인정)

	A	B	C	D	E	F
1	비디오 대여 현황					
2						
3	제품코드	영화 제목	대여일자	분류	대여자	전화번호
4	AK357	괴물	2025-03-02	한국/액션	한기훈	010-6254-6578
5	CK358	캐리비안의 해적	2025-03-10	외화/SF액션	박성희	010-8791-5757
6	MK121	장화신은 고양이	2025-03-08	외화/애니메이션	신영민	010-6505-1596
7	WA465	다크 나이트	2025-03-06	외화/SF액션	강순자	010-3875-1743
8	ES820	미션 임파서블	2025-03-11	외화/액션	김자랑	010-4758-3687
9	HK450	완득이	2025-03-05	한국/드라마	황정길	010-5412-1816
10	YS823	써니	2025-03-08	한국/코미디	홍길동	010-4527-2535

2. '기본작업-2' 시트에 대하여 다음의 지시사항을 처리하시오. (각 2점)

① [A1:H1] 영역은 '병합하고 가운데 맞춤', 글꼴 '궁서체', 크기 17, 글꼴 스타일 '굵게', 밑줄 '이중 실선'으로 지정하시오.

② [A3:A4], [B3:B4], [C3:E3], [F3:F4], [G3:G4], [H3:H4] 영역은 '병합하고 가운데 맞춤'을, [A3:H4] 영역은 글꼴 '돋움체', 크기 12, 글꼴 색 '파랑', 채우기 색 '노랑'으로 지정하시오.

③ [C5:E15] 영역은 사용자 지정 서식을 이용하여 천 단위 구분 기호와 숫자 뒤에"개"를 표시하시오 (표시 예 : 1000 → 1,000개).

④ [H10] 셀에 "2분기 효자품목" 이라는 메모를 삽입하고, 크기는'자동 크기'로 설정하며 항상 표시 되도록 하시오.

⑤ [A3:H15] 영역은 '모든 테두리(⊞)'를 적용하여 표시하시오.

3. '기본작업-3' 시트에 대하여 다음의 지시사항을 처리하시오. (5점)

[A4:G12] 영역에 대해 '실용영어' 가 90 이상이고, '인터넷통신'이 70 이상인 행 전체의 글꼴색을 '빨강', 글꼴 스타일을 '굵게'로 지정하는 조건부 서식을 작성하시오.

▶ 규칙 유형은 '수식을 사용하여 서식을 지정할 셀 결정'을 이용하시오.

문제2 계산작업(40점)
'계산작업'시트에 대하여 다음 작업을 수행하고 저장하시오.(각 문제당 8점)

1. [표1]에서 주민등록번호[D3:D10]의 앞에서 2자리를 이용하여 나이[E3:E10]를 구하시오. (8점)

   ▶ 나이 = 현재년도 - 출생년도 - 1900
   ▶ TODAY, YEAR, LEFT 함수 사용

2. [표2]에서 성과[L3:L10]가 10 이상이면서 근무평가[J3:J10]가 100 이상이거나 교육평가
   [K3:K10]가 200 이상이면 승진여부[M3:M10]에 "승진"을, 이 외에는 공백으로 표시하시오.
   (8점)

   ▶ IF, AND, OR 함수 사용

3. [표3]에서 적립포인트[D14:D21]가 600 이상이면서 등급[E14:E21]이"VIP"인 고객수를
   [E23] 셀에 표시하시오. (8점)

   ▶ 고객수 뒤에 "명"을 표시하시오(예 :1명)
   ▶ COUNTA, COUNTIF, COUNTIFS 중 알맞은 함수와 & 연산자 사용

4. [표4]에서 내신등급[K14:K21]과 등급표[H24:L25]를 이용하여 등급[L14:L21]을 구하시오.
   단, 내신등급이 등급표에 존재하지 않는 경우 등급에"등급오류"라고 표시하시오. (8점)

   ▶ 등급표의 의미 : 내신등급이 1~3이면 "A", 4~6이면 "B", 7~10이면"C", 11~13이면 "D", 14 이상이
     면 "E"를 적용함
   ▶ CHOOSE, IFERROR, VLOOKUP, HLOOKUP 중 알맞은 함수 사용

5. [표5]에서 총점[D27:D36]을 기준으로 순위를 구하여 1~3위는"본선진출", 나머지는 공백으로
   결과 [E27:E36]에 표시하시오. (8점)

   ▶ IF, COUNTIF, SUMIF, rank.eq 중 알맞은 함수를 선택하여 사용

1. '분석작업-1' 시트에 대하여 다음의 지시사항을 처리하시오. (10점, 부분점수 없음)

이익률[I21]이 다음과 같이 변동하는 경우 순이익 합계[I19]의 변동 시나리오를 작성하시오.

▶ [I21] 셀의 이름은 '이익률', [I19] 셀의 이름은 '순이익합계'로 정의하시오.

▶ 시나리오1 : 시나리오 이름은 '이익률증가', 이익률을 35%로 설정하시오.

▶ 시나리오2 : 시나리오 이름은 '이익률감소', 이익률을 25%로 설정하시오.

▶ 위 시나리오에 의한 '시나리오 요약' 보고서는 '분석작업-1'시트 바로 앞에 위치시키시오.

※ 시나리오 요약 보고서 작성 시 정답과 일치하여야 하며, 오자로 인한 부분점수는 인정하지 않음

2. '분석작업-2' 시트에 대하여 다음의 지시사항을 처리하시오. (10점, 부분점수 없음)

'과목별 점수 현황' 표에서 '반'별로 '영어'의 최대값과 '수학'의 최소값이 나타나도록 '부분합'을 작성하시오.

▶ '반'에 대한 정렬 기준은 오름차순으로 하시오.

▶ 최대값과 최소값은 표시되는 순서에 상관없이 처리하시오.

문제4 기타작업(20점) '기타작업'시트에 대하여 다음 작업을 수행하고 저장하시오.

1. '매크로작업' 시트의 [표1]에서 다음과 같은 기능을 수행하는 매크로를 현재 통합 문서에 작성하고 실행하시오. (각 5점)

① [A3:G3] 영역에 대하여 글꼴 색 '파랑', 배경색 '노랑'을 적용하는 '서식' 매크로를 생성하시오.

  ▶ [도형] → [사각형]의 '모서리가 둥근 직사각형(　)'을 동일 시트의 [I3:J4] 영역에 생성한 후 텍스트를 "서식"을 입력하고, 도형을 클릭할 때 '서식' 매크로가 실행되도록 설정하시오.

② [D13:G13] 영역에 평균을 계산한 후 소수점 이하 2자리까지 표시하는 '평균' 매크로를 생성하시오.

  ▶ [도형] → [기본 도형]의 '배지(　)'를 동일 시트의 [I6:J7] 영역에 생성한 후 텍스트를 "평균"으로 입력하고, 도형을 클릭할 때 '평균' 매크로가 실행되도록 설정하시오.

  ※ 셀 포인터의 위치에 상관없이 현재 통합 문서에서 매크로가 실행되어야 정답으로 인정됨

2. '차트작업' 시트의 차트를 지시사항에 따라 아래 그림과 같이 수정하시오. (각 2점)

  ※ 차트는 반드시 문제에서 제공한 차트를 사용하여야 하며, 신규로 작성 시 0점 처리됨

① `박성훈`의 데이터가 차트에 표시되도록 데이터 범위를 추가하고, 전체 차트 종류는 '표식이 있는 꺾은 선형'으로 변경하시오.

② 차트 제목을 그림과 같이 입력하고, 글꼴 스타일 '굵게', 크기 15, 글꼴 색 '자주'로 지정하시오.

③ 세로(값) 축 제목을 가로 제목으로 그림과 같이 입력하고, 눈금의 주 단위는 1,000,000으로. 지정하시오.

④ '실수령액' 데이터 계열 중 '신용성'만 데이터 레이블 '값'을 표시하고, 레이블 위치를 '위쪽'으로 지정하시오.

⑤ 차트 영역의 테두리 스타일은 "둥근 모서리"로 지정하시오.

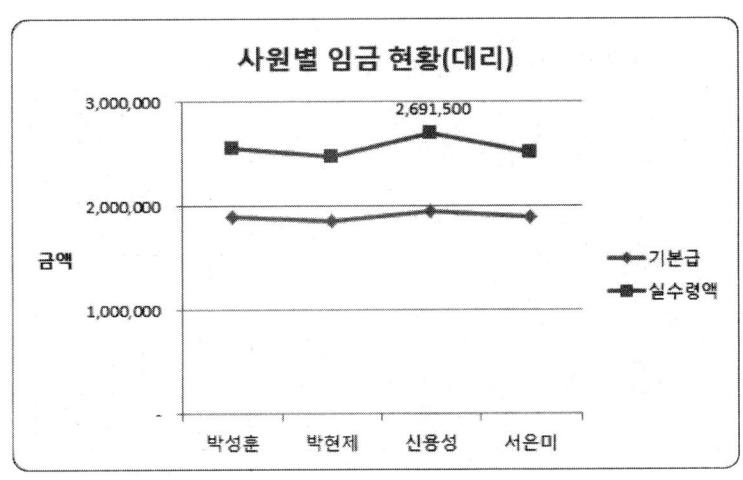

[기본작업-1]

	A	B	C	D	E	F
1	비디오 대여 현황					
2						
3	제품코드	영화 제목	대여일자	분류	대여자	전화번호
4	AK357	괴물	2025-03-02	한국/액션	한기훈	010-6254-6578
5	CK358	캐리비안의 해적	2025-03-10	외화/SF액션	박성희	010-8791-5757
6	MK121	장화신은 고양이	2025-03-08	외화/애니메이션	신영민	010-6505-1596
7	WA465	다크 나이트	2025-03-06	외화/SF액션	강순자	010-3875-1743
8	ES820	미션 임파서블	2025-03-11	외화/액션	김자랑	010-4758-3687
9	HK450	완득이	2025-03-05	한국/드라마	황정길	010-5412-1816
10	YS823	써니	2025-03-08	한국/코미디	홍길동	010-4527-2535

[기본작업-2]

	A	B	C	D	E	F	G	H
1			2분기 유아 완구 판매 현황					2분기 효자품목
2								
3	완구명	판매가	판매량			세금	부대비용	총계
4			4월	5월	6월			
5	미니자동차	₩ 65,000	999개	1,001개	1,122개	₩ 20,293,000	₩ 73,054,800	₩ 109,582,200
6	아기체육관	₩ 32,000	1,251개	1,322개	1,299개	₩ 12,390,400	₩ 44,605,440	₩ 66,908,160
7	악기세트	₩ 40,000	1,182개	1,099개	1,187개	₩ 13,872,000	₩ 49,939,200	₩ 74,908,800
8	쇼핑카트	₩ 20,000	2,025개	2,110개	2,344개	₩ 12,958,000	₩ 46,648,800	₩ 69,973,200
9	병원놀이	₩ 30,000	1,300개	1,328개	1,257개	₩ 11,655,000	₩ 41,958,000	₩ 62,937,000
10	미끄럼틀	₩ 75,000	1,274개	1,332개	1,284개	₩ 29,175,000	₩105,030,000	₩ 157,545,000
11	기차놀이	₩ 55,000	1,080개	1,187개	1,177개	₩ 18,942,000	₩ 68,191,200	₩ 102,286,800
12	종합블록	₩ 45,000	1,374개	1,268개	1,292개	₩ 17,703,000	₩ 63,730,800	₩ 95,596,200
13	낚시놀이	₩ 20,000	2,203개	2,349개	2,311개	₩ 13,726,000	₩ 49,413,600	₩ 74,120,400
14	미니피아노	₩ 62,000	971개	1,127개	1,186개	₩ 20,360,800	₩ 73,298,880	₩ 109,948,320
15	소꿉놀이	₩ 78,000	887개	869개	1,103개	₩ 22,300,200	₩ 80,280,720	₩ 120,421,080
16								

[기본작업-3]

	A	B	C	D	E	F	G
1	정보통신학과 시험 성적 현황						
2							
3	성명	실용영어	정보처리개론	인터넷통신	프로그래밍	총점	평균
4	김선욱	92	88	87	96	363	90.75
5	임상호	96	77	45	98	316	79
6	최진경	84	96	87	86	353	88.25
7	황미주	98	94	100	97	389	97.25
8	김가경	74	98	66	68	306	76.5
9	이원영	58	67	59	78	262	65.5
10	최성철	80	89	92	88	349	87.25
11	윤성완	98	80	78	97	353	88.25
12	김은예	74	68	89	54	285	71.25

[계산작업]

	A	B	C	D	E	F	G	H	I	J	K	L	M
1	[표1]	회원 관리 현황					[표2]	승진 평가 현황					
2	회원코드	성명	성별	주민등록번호	나이		성명	부서명	직급	근무평가	교육평가	성과	승진여부
3	MK81	민진윤	남	800621-1238899	45		신가람	영업부	사원	90	245	18	승진
4	ES11	김해소	여	820101-2352294	43		길가온	기획부	대리	110	230	9	
5	SJ47	유성심	여	910302-2478591	34		김리아	경리부	과장	95	185	8	
6	AR49	이문혁	남	880325-1478528	37		이단비	경리부	대리	105	285	11	승진
7	JI80	하태선	남	850823-1225269	40		한벼리	기획부	과장	95	260	15	승진
8	YS09	강심장	남	811230-2458746	44		유미르	영업부	과장	90	165	16	
9	NG02	최소한	여	840804-2869874	41		이슬비	영업부	대리	100	150	10	승진
10	CE53	이운명	남	840528-1384528	41		강신성	기획부	사원	100	200	7	
11													
12	[표3]	고객 현황					[표4]	입학 지원자 현황					
13	고객코드	성별	나이	적립포인트	등급		학교명	성명	결석일수	자격증	내신등급	등급	
14	K1001	남	66	580	VIP		대한고	서유민	0	유	2	A	
15	K1125	남	48	700	VIP		망원고	엄진아	10	무	14	E	
16	K3948	여	32	650	일반		명유고	표현진	6	무	0	등급오류	
17	K2840	여	29	500	일반		군자고	전수식	4	유	1	A	
18	K1753	여	46	685	VIP		강서고	김정린	5	유	8	C	
19	K2385	남	33	420	일반		영생고	강남원	1	유	4	B	
20	K9375	남	52	600	VIP		수영고	이진국	2	유	12	D	
21	K8923	여	45	360	일반		명천고	안현정	5	무	6	B	
22													
23	적립포인트가 600 이상인 VIP 고객				3명		[등급표]						
24							내신등급	1	4	7	11	14	
25	[표5]	경기 결과					등급	A	B	C	D	E	
26	팀명	1차대회	2차대회	총점	결과								
27	불사조	98	90	188	본선진출								
28	자이언츠	85	88	173									
29	라이징	94	81	175									
30	천하무적	68	91	159									
31	블루파인	77	90	167									
32	신기루	86	93	179	본선진출								
33	블랙이글	91	90	181	본선진출								
34	슛타임	80	87	167									
35	천방지축	76	89	165									
36	미스터리	87	89	176									

[분석작업-1]

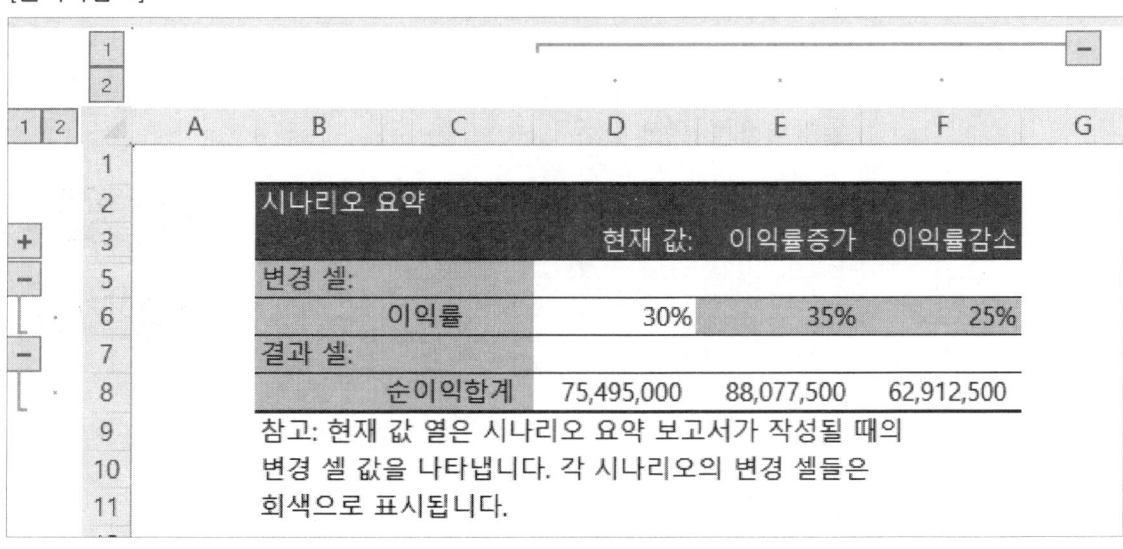

	A	B	C	D	E	F	G
1							
2	시나리오 요약						
3				현재 값:	이익률증가	이익률감소	
5	변경 셀:						
6		이익률		30%	35%	25%	
7	결과 셀:						
8		순이익합계		75,495,000	88,077,500	62,912,500	
9	참고: 현재 값 열은 시나리오 요약 보고서가 작성될 때의						
10	변경 셀 값을 나타냅니다. 각 시나리오의 변경 셀들은						
11	회색으로 표시됩니다.						

[분석작업-2]

과목별 점수 현황

성명	반	국어	영어	수학	사회	과학	합계	평균
김민애	1	88	90	95	91	90	454	90.8
박철수	1	68	66	47	62	55	298	59.6
선우선	1	79	76	78	80	83	396	79.2
한관수	1	68	75	83	82	81	389	77.8
	1 최소값			47				
	1 최대값		90					
유승아	2	59	60	60	68	67	314	62.8
김석훈	2	87	88	83	83	88	429	85.8
이진표	2	91	90	92	90	93	456	91.2
이용우	2	63	62	59	68	70	322	64.4
	2 최소값			59				
	2 최대값		90					
하지은	3	96	95	95	96	97	479	95.8
강민국	3	96	98	91	95	96	476	95.2
김유선	3	86	81	80	88	91	426	85.2
윤은수	3	79	98	80	91	88	436	87.2
	3 최소값			80				
	3 최대값		98					
허영민	4	78	70	46	76	81	351	70.2
이강혁	4	86	86	81	79	81	413	82.6
최성철	4	80	58	56	78	80	352	70.4
장진철	4	88	84	83	84	89	428	85.6
	4 최소값			46				
	4 최대값		86					
	전체 최소값			46				
	전체 최대값		98					

[기타작업-1]

물놀이용품 생산 현황

용품명	생산팀	팀장명	목표량	생산량	불량품	출고량
수영복	1팀	안심해	120,000	125,000	564	124,436
수영모	2팀	권노하	120,000	120,000	857	119,143
물안경	3팀	정수심	120,000	120,000	963	119,037
1인용보트	4팀	곽하늘	15,000	16,000	99	15,901
2인용보트	5팀	차안정	10,000	9,500	68	9,432
튜브	6팀	임근성	100,000	110,000	625	109,375
방수팩	7팀	조은일	50,000	50,000	97	49,903
물총	8팀	배오민	60,000	65,000	95	64,905
구명조끼	9팀	문종모	100,000	90,000	86	89,914
평균			77,222.22	78,388.89	383.78	78,005.11

서식

평균

[기타작업-2]

	A	B	C	D	E	F	G	H
1				사원별 임금 현황				
2								
3	성명	부서명	직위	기본급	수당	상여금	세금	실수령액
4	차정만	영업부	과장	2,400,000	650,000	900,000	335,500	3,614,500
5	박성훈	경리부	대리	1,900,000	300,000	600,000	242,000	2,558,000
6	이철식	생산부	사원	1,650,000	100,000	400,000	192,500	1,957,500
7	박현제	영업부	대리	1,850,000	250,000	600,000	231,000	2,469,000
8	오승석	생산부	과장	2,300,000	600,000	900,000	319,000	3,481,000
9	김민철	경리부	과장	2,400,000	500,000	900,000	319,000	3,481,000
10	신용성	생산부	대리	1,950,000	400,000	600,000	258,500	2,691,500
11	서은미	생산부	대리	1,900,000	250,000	600,000	236,500	2,513,500
12	한동일	영업부	사원	1,600,000	300,000	400,000	209,000	2,091,000
13	홍승호	경리부	사원	1,600,000	250,000	400,000	203,500	2,046,500

사원별 임금 현황(대리)

[기본작업-1]

주어진 데이터를 입력한다.

[기본작업-2]

① [A1:H1] 영역 잡고 '병합하고 가운데 맞춤'을 클릭한다

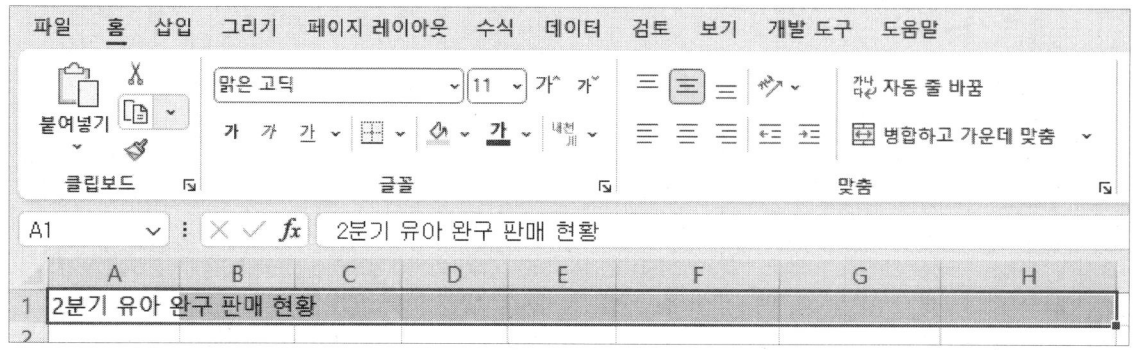

글꼴 '궁서체', 크기 17, 글꼴 스타일 '굵게', 밑줄 '이중 실선'으로 지정한다

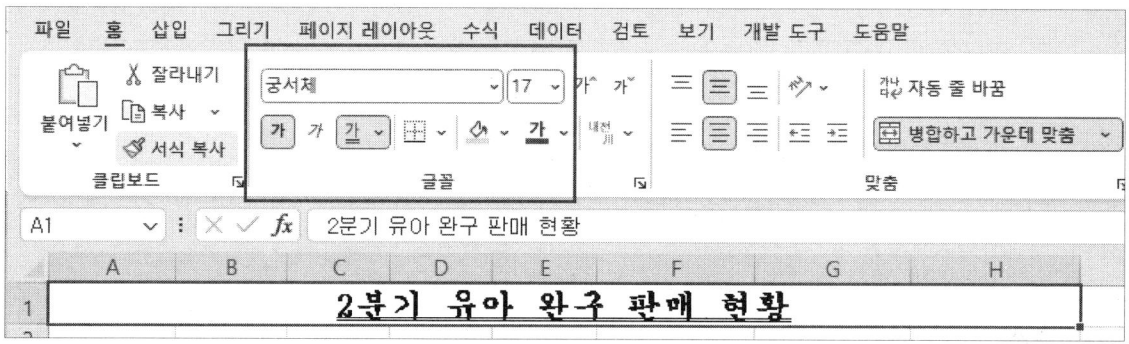

[A3:A4], [B3:B4], [C3:E3], [F3:F4], [G3:G4], [H3:H4] 영역은 '병합하고 가운데 맞춤'한다

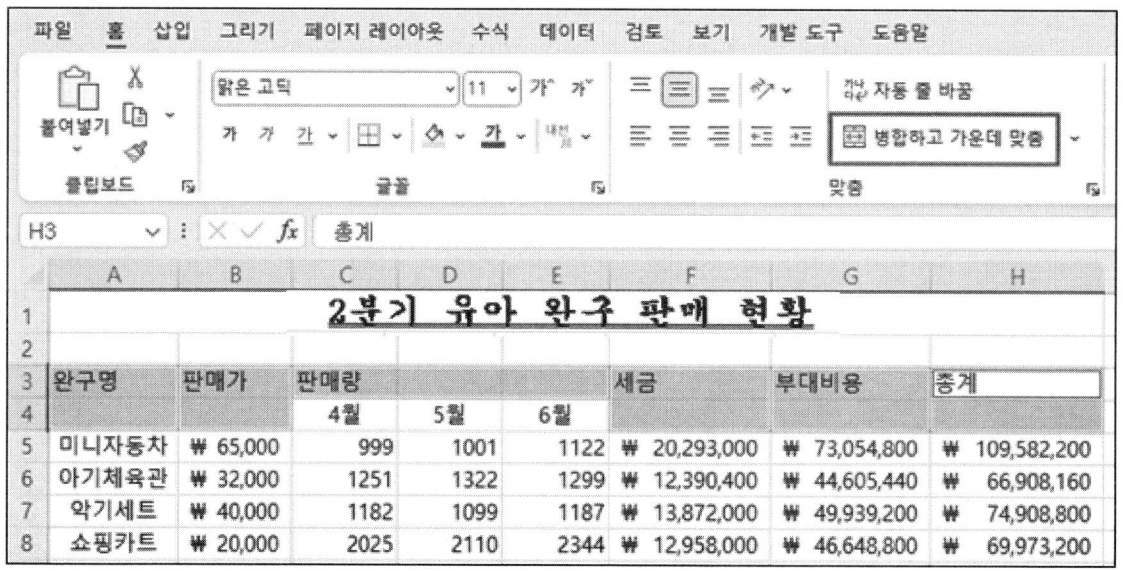

[A3:H4]영역은 글꼴 '돋움체', 크기 12, 글꼴 색 '파랑', 채우기 색 '노랑'으로 지정한다.

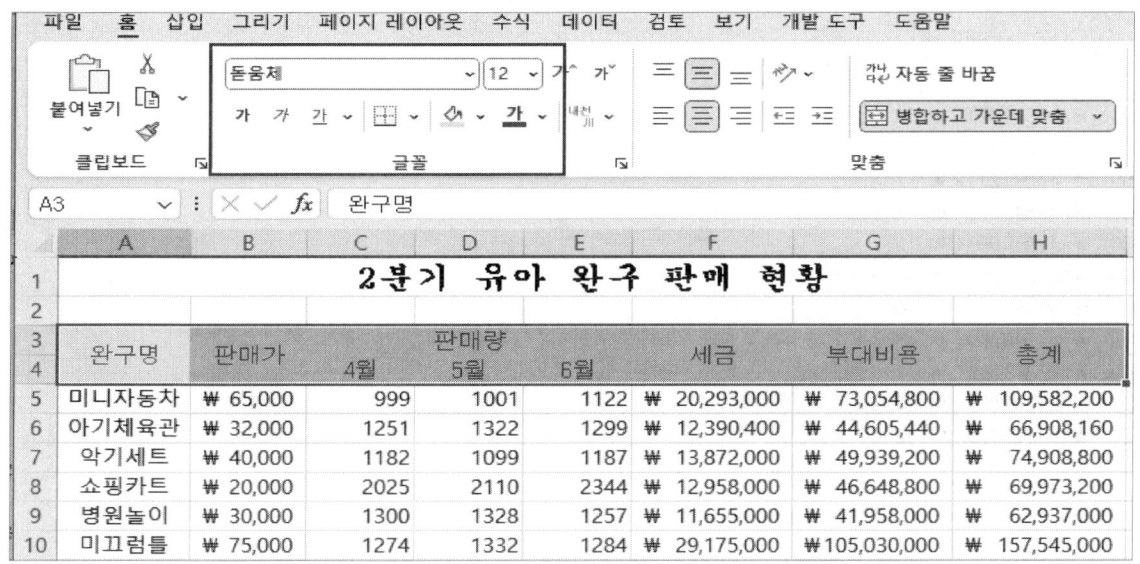

[C5:E15] 영역은 블록잡고 ctrl+1을 눌러 사용자 지정 서식의 사용자지정 대화상자의 '표시형식'의 '#,##0'뒤에 "개"를 입력한다.

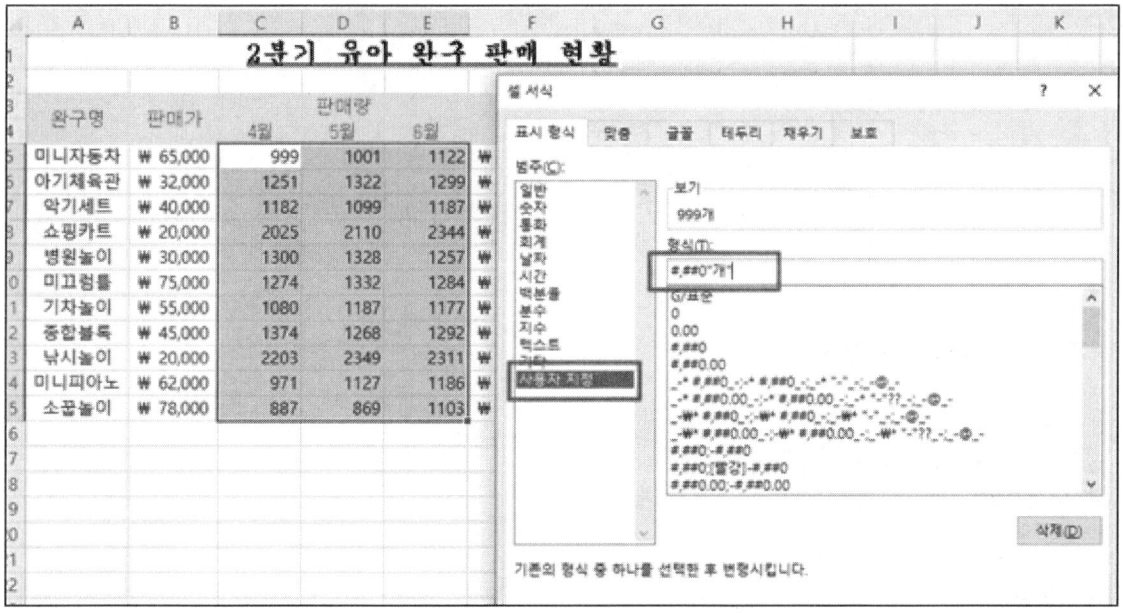

H10셀을 선택 후 마우스 오른쪽 버튼 클릭 후 [새노트]를 클릭한다.

부대비용	총계
₩ 73,054,800	₩ 109,582,200
₩ 44,605,440	₩ 66,908,160
₩ 49,939,200	₩ 74,9
₩ 46,648,800	₩ 69,9
₩ 41,958,000	₩ 62,9
₩105,030,000	₩ 157,545,000
₩ 68,191,200	₩ 102,2
₩ 63,730,800	₩ 95,5
₩ 49,413,600	₩ 74,1
₩ 73,298,880	₩ 109,9
₩ 80,280,720	₩ 120,4

메뉴 검색

- ✂ 잘라내기(T)
- 📋 복사(C)
- 📋 붙여넣기 옵션:
- 선택하여 붙여넣기(S)...
- 삽입(I)...
- 삭제(D)...
- 내용 지우기(N)
- 빠른 분석(Q)
- 필터(E)   ＞
- 정렬(O)   ＞
- 표/범위에서 데이터 가져오기(G)...
- 새 메모(M)
- **새 노트(N)**
- 셀 서식(F)...

'2분기 효자품목'을 입력한다.

부대비용	총계
₩ 73,054,800	₩ 109,582,200
₩ 44,605,440	₩ 66,908,160
₩ 49,939,200	₩ 74,908,800
₩ 46,648,800	₩ 69,973,200
₩ 41,958,000	₩ 62,937,000
₩105,030,000	₩ 157,545,000
₩ 68,191,200	₩ 102,286,800
₩ 63,730,800	₩ 95,596,200
₩ 49,413,600	₩ 74,120,400
₩ 73,298,880	₩ 109,948,320
₩ 80,280,720	₩ 120,421,080

user:
2분기 효자품목

항상 보이게 하기 위해 마우스 오른쪽버튼 클릭 후 '메모표시/숨기기'를 누른다

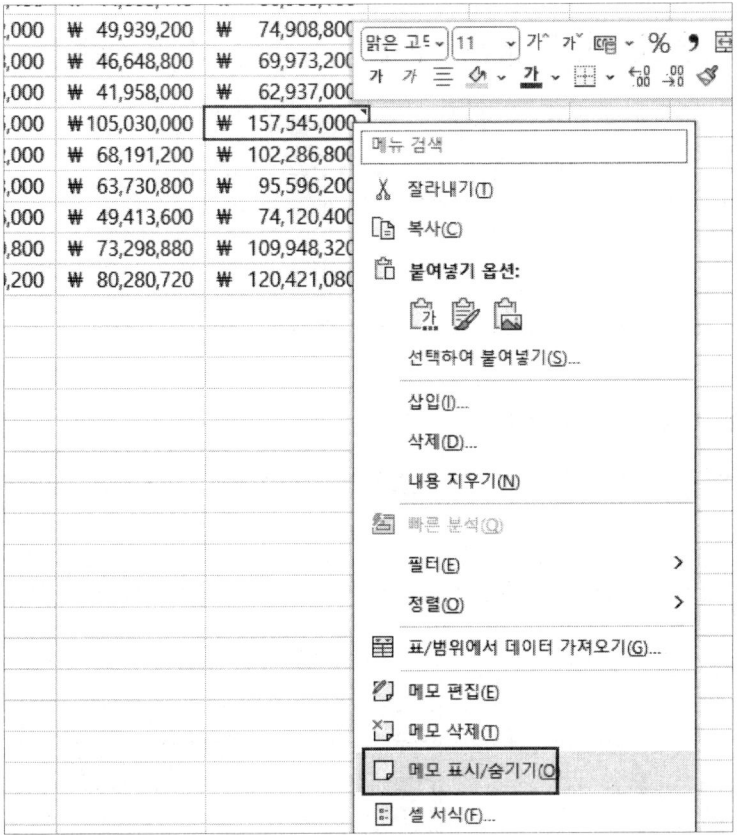

메모를 선택하고 마우스 오른쪽버튼 클릭 후 '메모서식'에서 선의 굵기와 글자를 조절한다

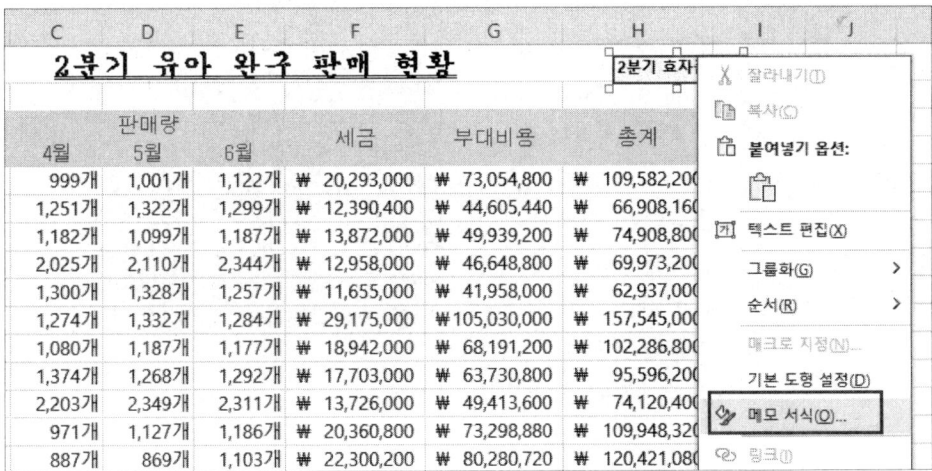

메모를 위쪽으로 이동한다

			판매량					
	A	B	C	D	E	F	G	H
1	2분기 유아 완구 판매 현황							2분기 효자품목
2								
3	완구명	판매가		판매량		세금	부대비용	총계
4			4월	5월	6월			
5	미니자동차	₩ 65,000	999개	1,001개	1,122개	₩ 20,293,000	₩ 73,054,800	₩ 109,582,200
6	아기체육관	₩ 32,000	1,251개	1,322개	1,299개	₩ 12,390,400	₩ 44,605,440	₩ 66,908,160
7	악기세트	₩ 40,000	1,182개	1,099개	1,187개	₩ 13,872,000	₩ 49,939,200	₩ 74,908,800
8	쇼핑카트	₩ 20,000	2,025개	2,110개	2,344개	₩ 12,958,000	₩ 46,648,800	₩ 69,973,200
9	병원놀이	₩ 30,000	1,300개	1,328개	1,257개	₩ 11,655,000	₩ 41,958,000	₩ 62,937,000
10	미끄럼틀	₩ 75,000	1,274개	1,332개	1,284개	₩ 29,175,000	₩105,030,000	₩ 157,545,000

⑤ [A3:H15] 영역을 블록잡고 '모든 테두리'를 적용한다

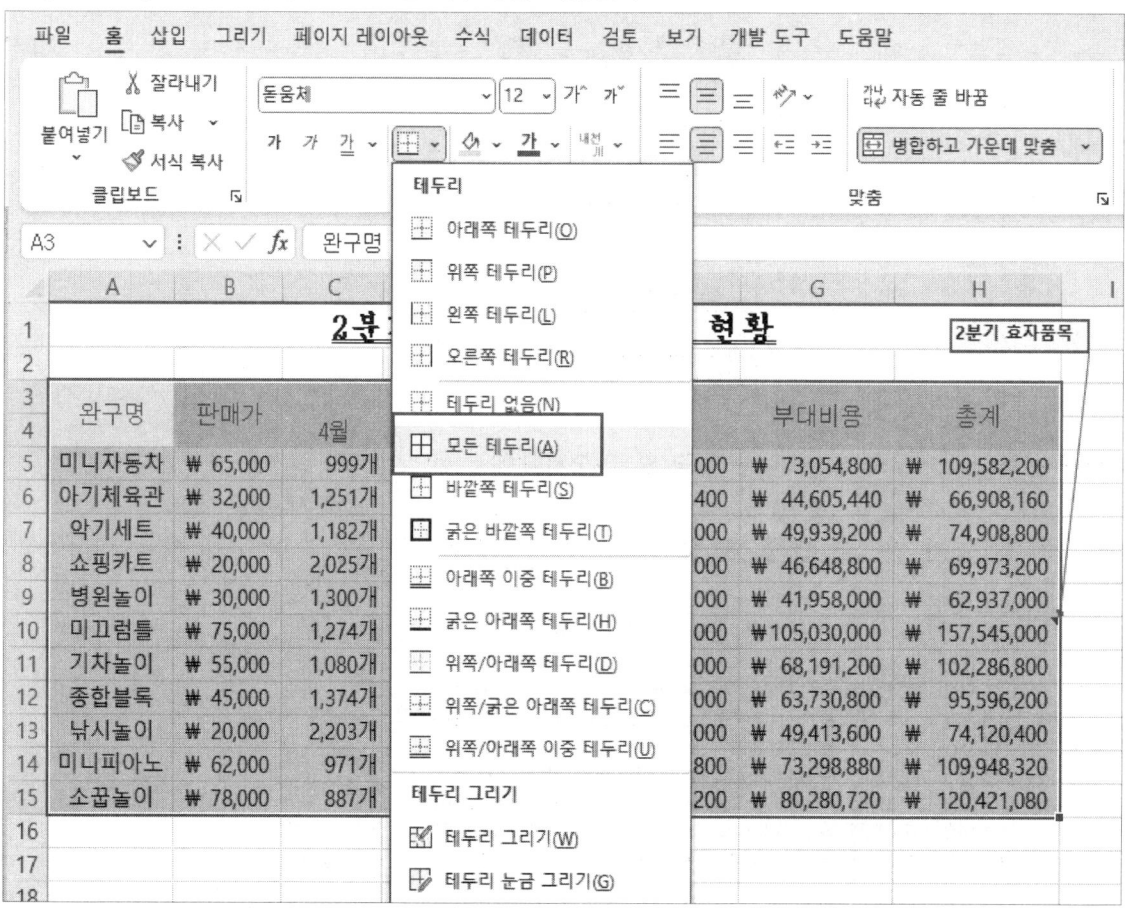

276

완성되었다.

	A	B	C	D	E	F	G	H
1			2분기 유아 완구 판매 현황					2분기 효자품목
2								
3	완구명	판매가	판매량			세금	부대비용	총계
4			4월	5월	6월			
5	미니자동차	₩ 65,000	999개	1,001개	1,122개	₩ 20,293,000	₩ 73,054,800	₩ 109,582,200
6	아기체육관	₩ 32,000	1,251개	1,322개	1,299개	₩ 12,390,400	₩ 44,605,440	₩ 66,908,160
7	악기세트	₩ 40,000	1,182개	1,099개	1,187개	₩ 13,872,000	₩ 49,939,200	₩ 74,908,800
8	쇼핑카트	₩ 20,000	2,025개	2,110개	2,344개	₩ 12,958,000	₩ 46,648,800	₩ 69,973,200
9	병원놀이	₩ 30,000	1,300개	1,328개	1,257개	₩ 11,655,000	₩ 41,958,000	₩ 62,937,000
10	미끄럼틀	₩ 75,000	1,274개	1,332개	1,284개	₩ 29,175,000	₩105,030,000	₩ 157,545,000
11	기차놀이	₩ 55,000	1,080개	1,187개	1,177개	₩ 18,942,000	₩ 68,191,200	₩ 102,286,800
12	종합블록	₩ 45,000	1,374개	1,268개	1,292개	₩ 17,703,000	₩ 63,730,800	₩ 95,596,200
13	낚시놀이	₩ 20,000	2,203개	2,349개	2,311개	₩ 13,726,000	₩ 49,413,600	₩ 74,120,400
14	미니피아노	₩ 62,000	971개	1,127개	1,186개	₩ 20,360,800	₩ 73,298,880	₩ 109,948,320
15	소꿉놀이	₩ 78,000	887개	869개	1,103개	₩ 22,300,200	₩ 80,280,720	₩ 120,421,080
16								

[기본작업-3]

[A4:G12] 영역을 블록잡고, [홈]탭의 [스타일]그룹의 '조건부서식'의 '새규칙'을 누른다

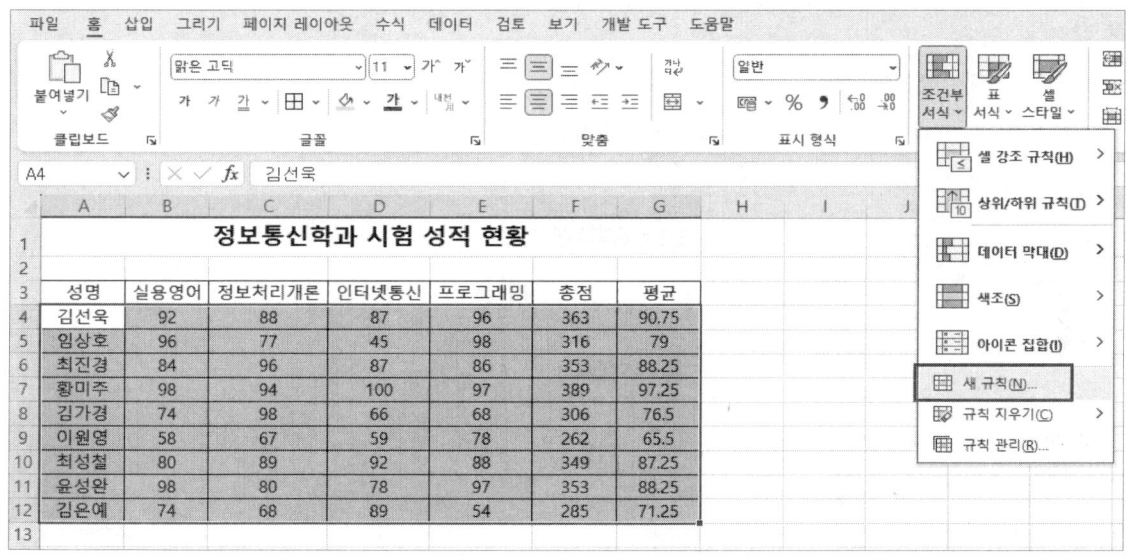

'새 서식 규칙' 대화상자에서 '▶수식을 사용하여 서식을 지정할 셀 결정'을 선택하고, 수식입력난에 '='을 먼저 입력한다.

'실용영어'의 제일 처음 셀을 클릭하면 $B$4가 나오는데 숫자 앞의 $ 기호는 삭제한다.

같은 방식으로 '인터넷통신'의 제일 처음 셀을 클릭 후 숫자 앞의 $ 기호는 삭제한다.

두 조건을 동시에 만족해야 하므로 전체식을 and로 묶어 '=AND($B4>=90,$D4>=70)'로 입력한다.

서식을 지정하기 위해서 [서식] 버튼을 누른다.

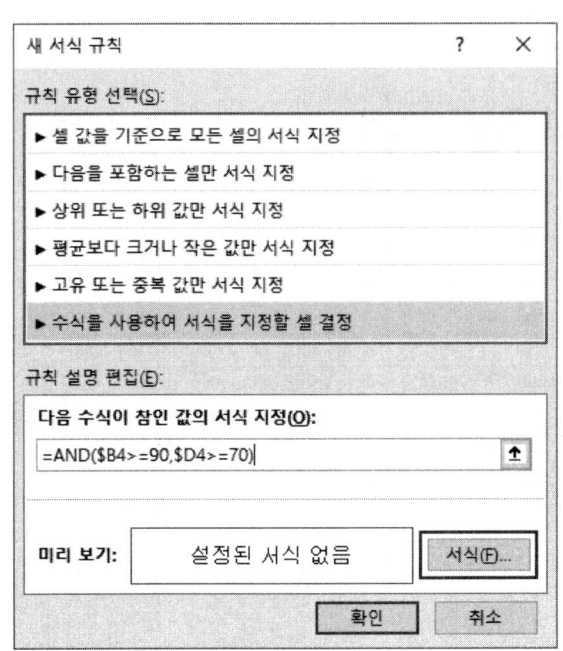

'셀서식' 대화상자에서 글꼴색은 '빨강', 글꼴스타일은 '굵게'로 설정한 후 [확인]을 누른다.

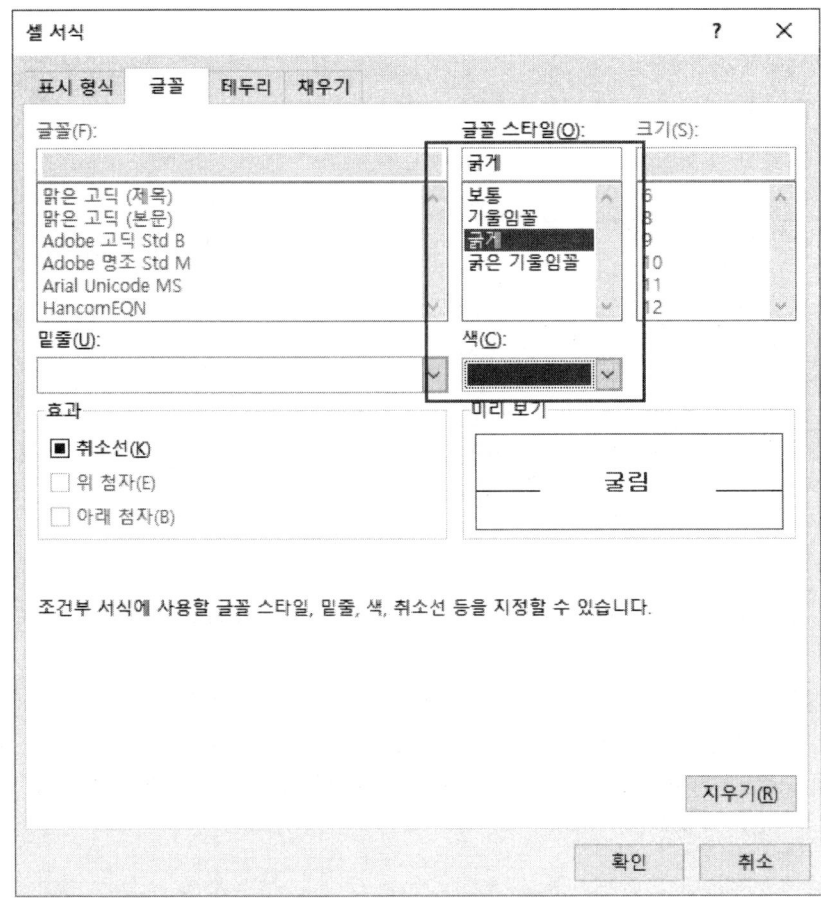

278

'미리보기'에 서식이 설정 되었고, [확인] 버튼을 누른다.

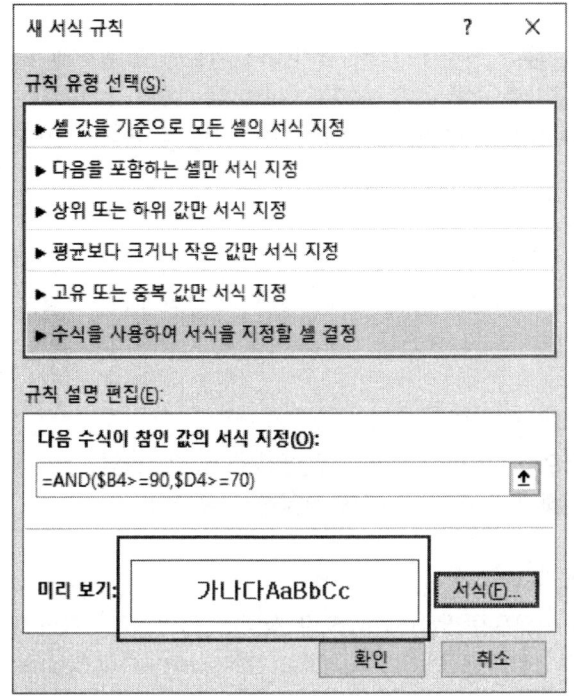

'조건부 서식'이 적용된 것을 확인 할 수 있다.

	A	B	C	D	E	F	G
1			**정보통신학과 시험 성적 현황**				
2							
3	성명	실용영어	정보처리개론	인터넷통신	프로그래밍	총점	평균
4	김선욱	**92**	**88**	**87**	**96**	**363**	**90.75**
5	임상호	96	77	45	98	316	79
6	최진경	84	96	87	86	353	88.25
7	황미주	**98**	**94**	**100**	**97**	**389**	**97.25**
8	김가경	74	98	66	68	306	76.5
9	이원영	58	67	59	78	262	65.5
10	최성철	80	89	92	88	349	87.25
11	윤성완	**98**	**80**	**78**	**97**	**353**	**88.25**
12	김은예	74	68	89	54	285	71.25

[계산작업]

[표1] =YEAR(TODAY())-LEFT(D3,2)-1900

E3셀에 셀 포인터를 두고 '=YEAR(TODAY())'를 입력하면 오늘 날자에서 연도만 추출하게 된다. 민진윤의 주민등록번호에서 왼쪽에서 두글자를 추출하면 '80'만 나오므로 '1980'을 빼주어야 하므로 전체식은 '=YEAR(TODAY())-LEFT(D3,2)-1900'이 된다. 나머지 셀은 채우기 핸들로 채우면 된다.

[표2] =IF(AND(L3>=10,OR(J3>=100,K3>=200)),"승진","")

if의 조건 영역이 여러개가 나오는 유형으로 '이거나,또는'은 'or'로 '이면서,그리고'는 'and'로 조건을 묶는다. 조건의 결과과 "승진" 또는 빈칸이므로 빈칸은 ""로 표현한다.

[표3] =COUNTIFS(D14:D21,">=600",E14:E21,"VIP")&"명"

COUNTIFS 함수는 조건이 여러개 나오는 함수로 =COUNTIFS(조건영역,조건,조건영역2, 조건2)로 전개야한다. 수식의 결과에 문자를 연결하기 위해서는 '&' 연산자를 사용한다.

[표4] =IFERROR(HLOOKUP(K14,$H$24:$L$25,2),"등급오류")

[등급표]의 찾고자하는 등급이 수형으로 되어 있으므로 'hlookup'으로 찾아야 하며 찾은 영역의 2번째 줄이므로 2를 입력하고, 에러가 있으면 "등급오류"를 나타내야하므로 'IFERROR' 함수를 이용해 에러가 없으면 'hlookup'의 결과로하고 에러가 있으면 "등급오류"가 나타나게 된다.

[표5] =IF(RANK.EQ(D27,$D$27:$D$36)<=3,"본선진출","")

순위를 구하기 위해서는 'RANK.EQ' 함수를 사용해야하며, 상식적으로 순위는 점수가 많은 쪽이 1등이므로 내림차순으로 구한다. 순위가 1,2,3 등만 본선진출이므로 3보다 작거나 같아야 한다.

[분석작업-1]

먼저 셀이름을 정의한다. [I21]셀을 선택 후 [수식] 탭의 '이름정의'를 누른다

파일	홈	삽입	그리기	페이지 레이아웃	수식	데이터	검토	보기	개발 도구	도움말

fx 함수 삽입 | ∑ 자동 합계 | ☆ 최근 사용 항목 | 재무 | ? 논리 | 가 텍스트 | ⊙ 날짜 및 시간 | Q 찾기/참조 영역 | θ 수학/삼각 | ⋯ 함수 더 보기 | 이름 관리자 | ⬦ 이름 정의 / ∫x 수식에서 사용 / 📖 선택 영역에서 만들기

함수 라이브러리 · 정의된 이름

I21 | : × ✓ fx | 30%

	A	B	C	D	E	F	G	H	I
16	노트북	경기	조강민	06월 01일	80	600,000	69	41,400,000	12,420,000
17	프린터	부산	한기석	06월 01일	50	150,000	40	6,000,000	1,800,000
18	노트북	부산	허남용	06월 01일	60	600,000	52	31,200,000	9,360,000
19	합계							251,650,000	75,495,000
20									
21								이익률	30%

이름에 '이익률'을 입력하고 [확인]을 누른다.

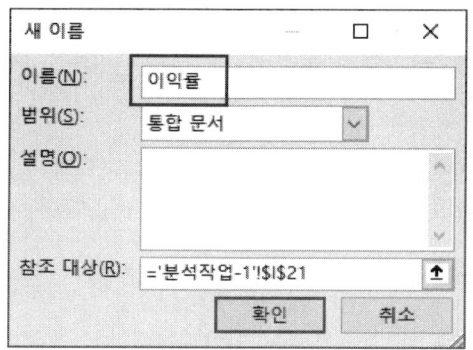

[I19]셀을 선택 후 [수식] 탭의 '이름정의'를 누른다
이름에 '순이익합계'를 입력하고 [확인]을 누른다.

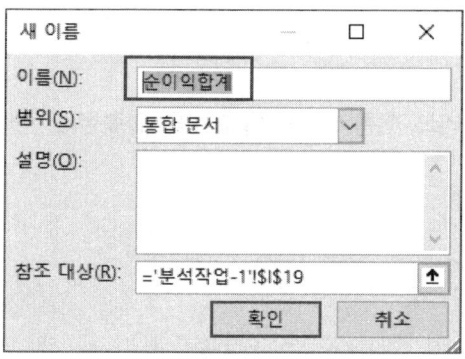

[I21]셀을 선택 후, [데이터]에 '가상분석'의 '시나리오 관리자'를 누른다

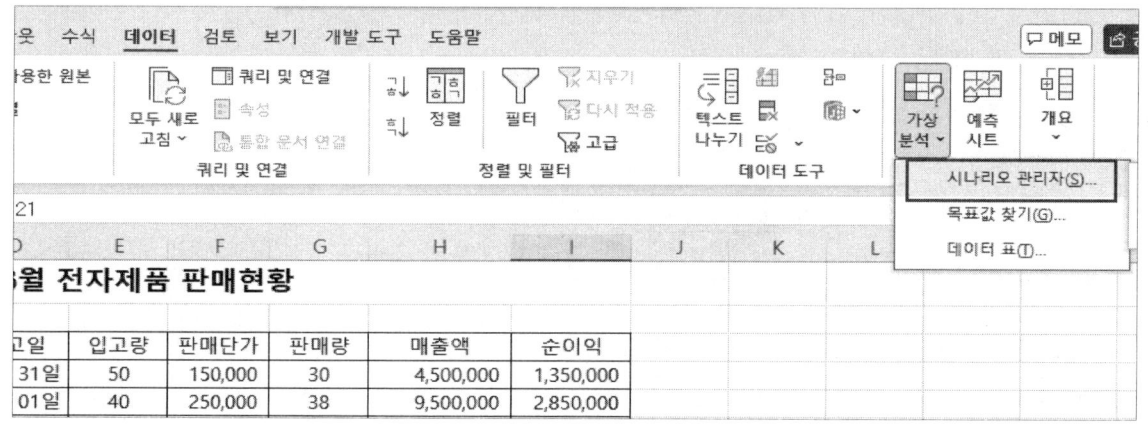

고일	입고량	판매단가	판매량	매출액	순이익				
31일	50	150,000	30	4,500,000	1,350,000				
01일	40	250,000	38	9,500,000	2,850,000				

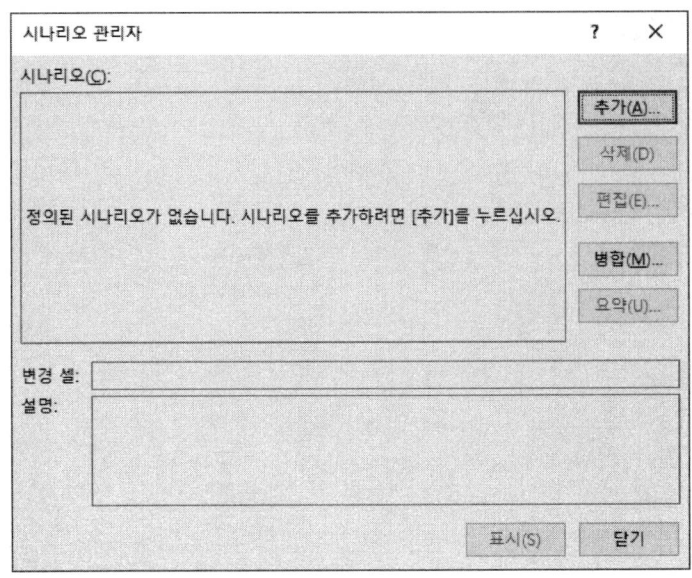

[추가] 버튼을 눌러 나온 '시나리오 편집' 대화상자에서 시나리오 이름에 '이익률증가'를 입력한다. 변경셀은 [I21]을 확인한다후 [확인]을 누른다.

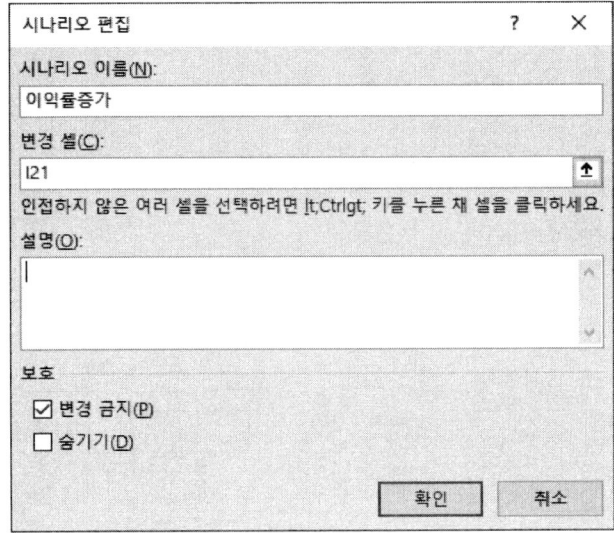

시나리오 값에 '0.35'를 입력한 후 [추가]버튼을 누른다.

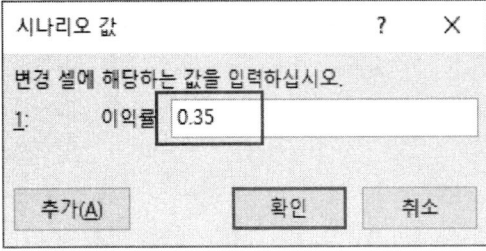

시나리오 이름에 '이익률감소'를 입력하고, 변경셀이 [I21]임을 확인 후 [확인]을 누른다

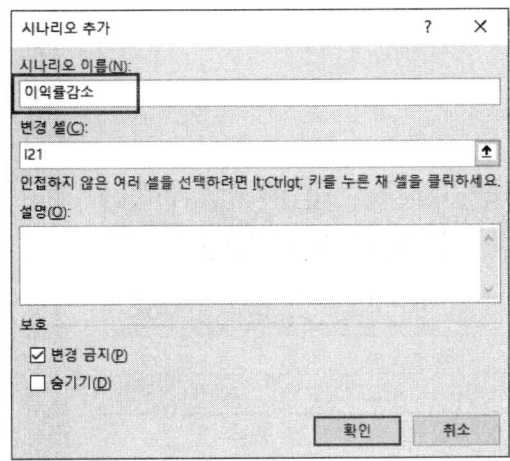

시나리오 값에 '0.35'를 입력한 후 [확인]버튼을 누른다. 시나리오관리자 대화상자가 나오면 [요약] 버튼을 누른다.

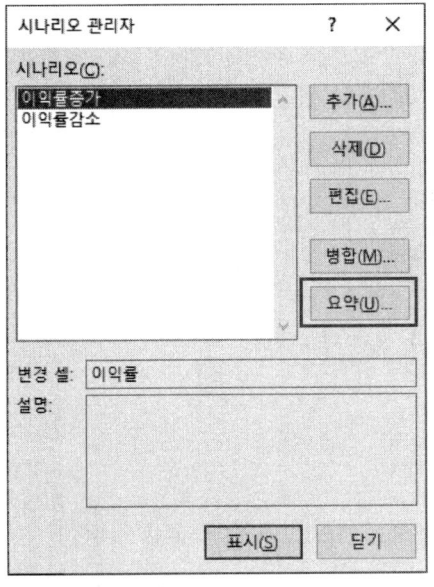

시나리오 요약 대화상자가 나오면 결과셀에 [I19]셀을 클릭하고, [확인]을 누른다.

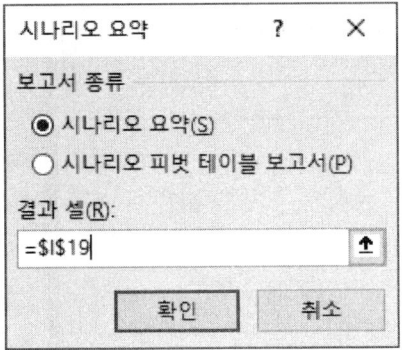

'시나리오 요약' 시트가 '분석작업-1' 시트 앞에 생성된 것을 확인할 수 있다.

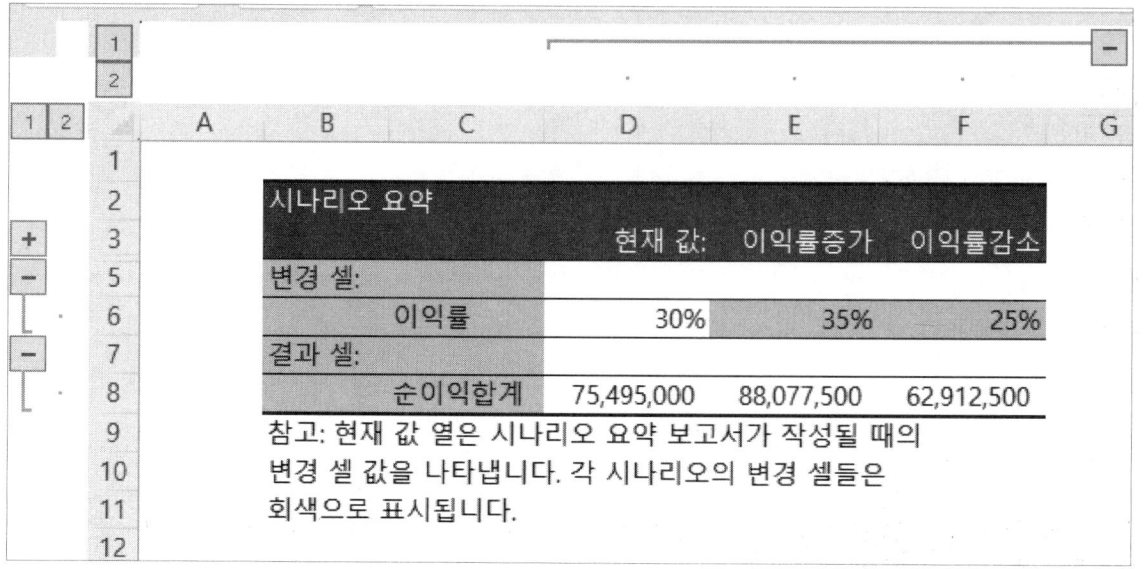

[분석작업-2]

부분합을 구하기 위해서는 먼저 '정렬'을 해야 한다.

'반'별로 부분합을 구해야 하므로, '반'으로 '오름차순' 정렬한다.

셀 포인터를 표 안에 놓고 [데이터] 탭의 정렬 아이콘을 클릭한다.

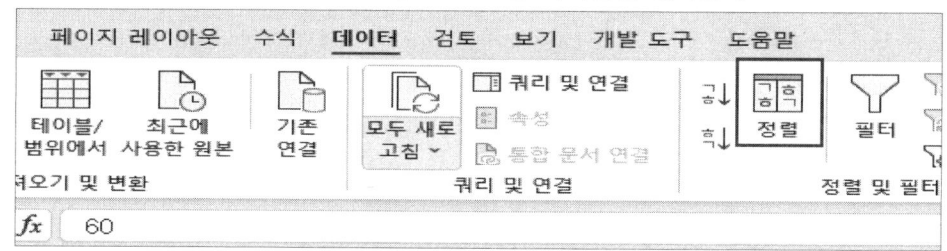

[정렬] 대화상자에서 정렬 기준을 '반'으로 하고 정렬을 '오름차순'으로 하고 [확인] 버튼을 누른다.

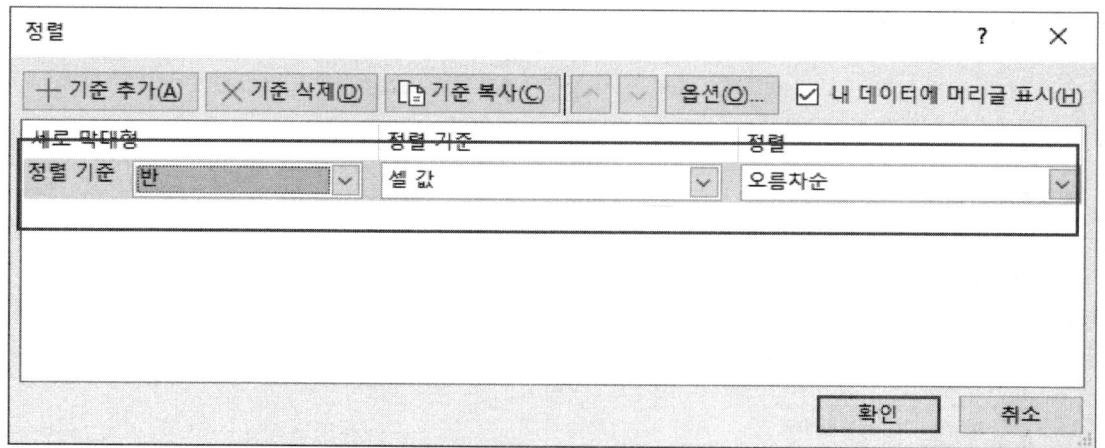

'반'으로 정렬된 것을 확인할 수 있다.

	성명	반	국어	영어	수학	사회	과학	합계	평균
							과목별 점수 현황		
4	김민애	1	88	90	95	91	90	454	90.8
5	박철수	1	68	66	47	62	55	298	59.6
6	선우선	1	79	76	78	80	83	396	79.2
7	한관수	1	68	75	83	82	81	389	77.8
8	유승아	2	59	60	60	68	67	314	62.8
9	김석훈	2	87	88	83	83	88	429	85.8
10	이진표	2	91	90	92	90	93	456	91.2
11	이용우	2	63	62	59	68	70	322	64.4
12	하지은	3	96	95	95	96	97	479	95.8
13	강민국	3	96	98	91	95	96	476	95.2
14	김유선	3	86	81	80	88	91	426	85.2
15	윤은수	3	79	98	80	91	88	436	87.2
16	허영민	4	78	70	46	76	81	351	70.2
17	이강혁	4	86	86	81	79	81	413	82.6
18	최성철	4	80	58	56	78	80	352	70.4
19	장진철	4	88	84	83	84	89	428	85.6

셀포인터를 표 안에 놓고 '그룹화할 항목'에 '반', '사용할 함수'에 '최대', '부분합 계산 항목'에 '영어'를 체크하고 [확인]을 누른다

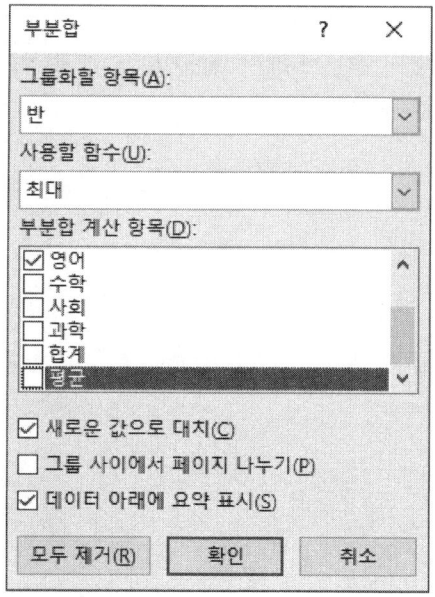

첫 번째 부분합이 작성되었다.

1 2 3		A	B	C	D	E	F	G	H	I	J
	1		과목별 점수 현황								
	2										
	3		성명	반	국어	영어	수학	사회	과학	합계	평균
	4		김민애	1	88	90	95	91	90	454	90.8
	5		박철수	1	68	66	47	62	55	298	59.6
	6		선우선	1	79	76	78	80	83	396	79.2
	7		한관수	1	68	75	83	82	81	389	77.8
	8			1 최대		90					
	9		유승아	2	59	60	60	68	67	314	62.8
	10		김석훈	2	87	88	83	83	88	429	85.8
	11		이진표	2	91	90	92	90	93	456	91.2
	12		이용우	2	63	62	59	68	70	322	64.4
	13			2 최대		90					
	14		하지은	3	96	95	95	96	97	479	95.8
	15		강민국	3	96	98	91	95	96	476	95.2
	16		김유선	3	86	81	80	88	91	426	85.2
	17		윤은수	3	79	98	80	91	88	436	87.2
	18			3 최대		98					
	19		허영민	4	78	70	46	76	81	351	70.2
	20		이강혁	4	86	86	81	79	81	413	82.6
	21		최성철	4	80	58	56	78	80	352	70.4
	22		장진철	4	88	84	83	84	89	428	85.6
	23		4 최대			86					
	24		전체 최대값			98					

이 상태에서 다시 '부분합' 아이콘을 누른다. '사용할 함수'에 '최소', '부분합 계산 항목'에 '수학'을 체크하고 반드시 '새로운 값으로 대치'의 체크를 해제한 후 [확인]을 누른다.

부분합이 작성되었다.

성명	반	국어	영어	수학	사회	과학	합계	평균
				과목별 점수 현황				
김민애	1	88	90	95	91	90	454	90.8
박철수	1	68	66	47	62	55	298	59.6
선우선	1	79	76	78	80	83	396	79.2
한관수	1	68	75	83	82	81	389	77.8
	1 최대			95				
	1 최대		90					
유승아	2	59	60	60	68	67	314	62.8
김석훈	2	87	88	83	83	88	429	85.8
이진표	2	91	90	92	90	93	456	91.2
이용우	2	63	62	59	68	70	322	64.4
	2 최대			92				
	2 최대		90					
하지은	3	96	95	95	96	97	479	95.8
강민국	3	96	98	91	95	96	476	95.2
김유선	3	86	81	80	88	91	426	85.2
윤은수	3	79	98	80	91	88	436	87.2
	3 최대			95				
	3 최대		98					
허영민	4	78	70	46	76	81	351	70.2
이강혁	4	86	86	81	79	81	413	82.6
최성철	4	80	58	56	78	80	352	70.4
장진철	4	88	84	83	84	89	428	85.6
	4 최대			83				
	4 최대		86					
	전체 최대값			95				
	전체 최대값		98					

[기타작업-1] 매크로 작업

표 밖에 셀 포인터를 두고 [개발도구] 탭의 '매크로 기록' 아이콘을 클릭한다.

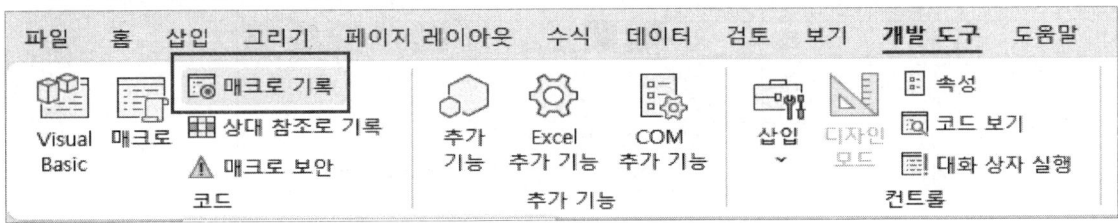

매크로 이름에 '서식'을 입력하고 [확인]을 누른다.

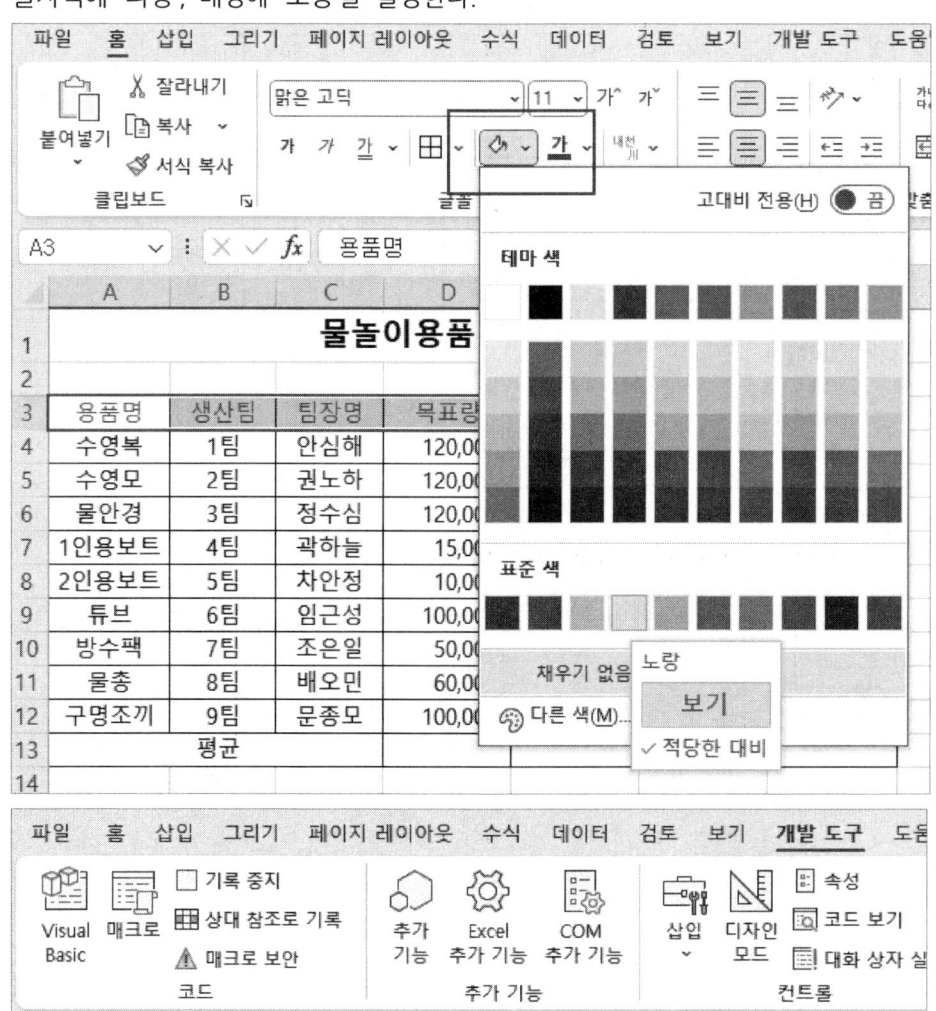

글자색에 '파랑', 배경에 '노랑'을 설정한다.

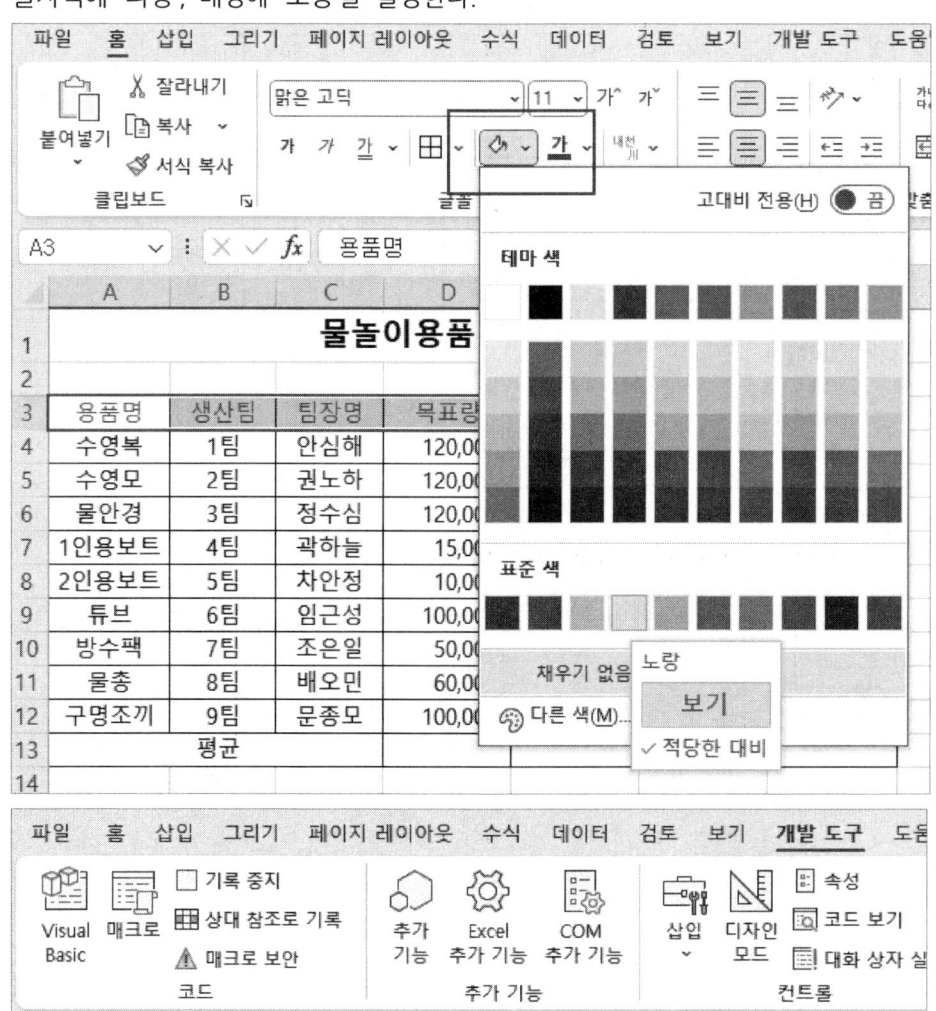

서식을 설정 후 [개발도구] 탭의 '기록중지' 버튼을 누른다.

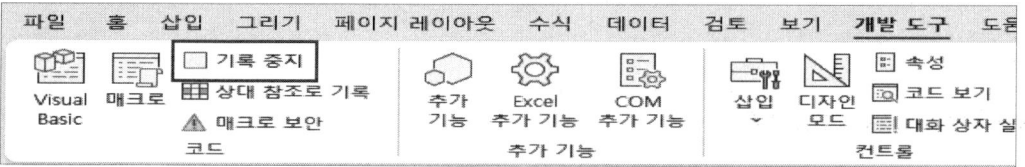

작성된 매크로를 연결하기 위해, [삽입] 탭의 '도형'의 '사각형'의 '모서리가 둥근 사각형'을 선택한다.

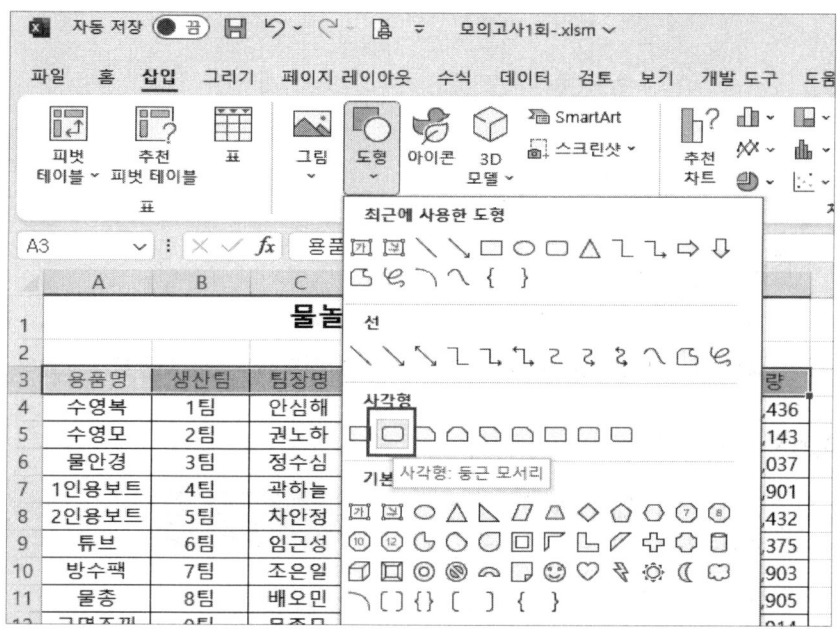

[I3:J4] 영역에 그린 후, 텍스트를 '서식'으로 입력한다.
매크로 지정을 위해 마우스 오른쪽버튼을 눌러 나온 메뉴에서 '매크로 지정'을 클릭한다.

'서식'과 연결하고 [확인]을 누른다.

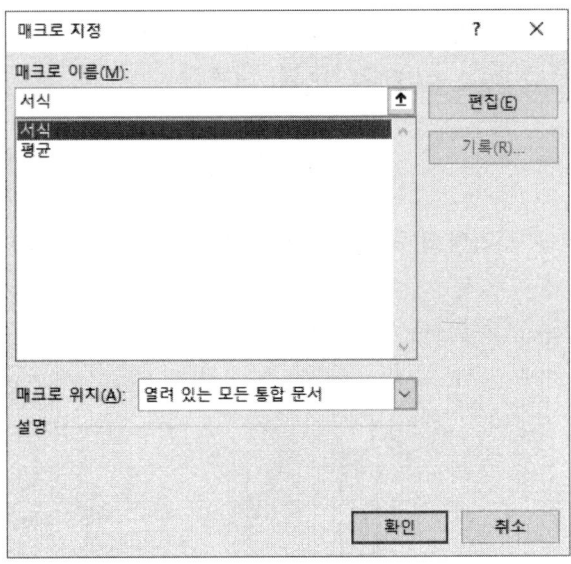

서식을 지정하기 전 상태로 돌려 놓은 후 '서식' 버튼을 누르면 서식이 설정되는 것을 확인할 수 있다.

	A	B	C	D	E	F	G	H	I	J
1			물놀이용품 생산 현황							
2										
3	용품명	생산팀	팀장명	목표량	생산량	불량품	출고량			
4	수영복	1팀	안심해	120,000	125,000	564	124,436		서식	
5	수영모	2팀	권노하	120,000	120,000	857	119,143			
6	물안경	3팀	정수심	120,000	120,000	963	119,037			
7	1인용보트	4팀	곽하늘	15,000	16,000	99	15,901			
8	2인용보트	5팀	차안정	10,000	9,500	68	9,432			
9	튜브	6팀	임근성	100,000	110,000	625	109,375			
10	방수팩	7팀	조온일	50,000	50,000	97	49,903			
11	물총	8팀	배오민	60,000	65,000	95	64,905			
12	구명조끼	9팀	문종모	100,000	90,000	86	89,914			
13		평균								
14										

이번에는 '평균' 매크로를 작성하기 위해 표 밖에 셀포인터를 두고, [개발도구] 탭의 '매크로 기록' 아이콘을 클릭한다. 매크로 이름을 '평균'으로 입력한 후 [확인]을 누른다.

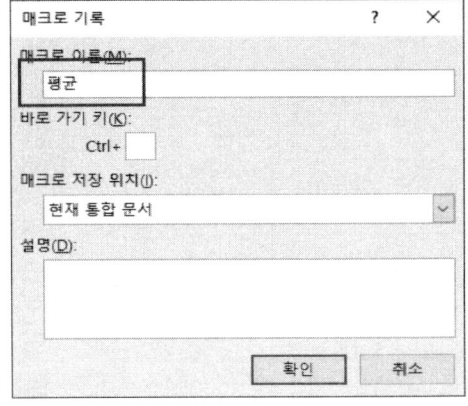

[D13:E13]을 블록 잡고 [평균]을 누른다

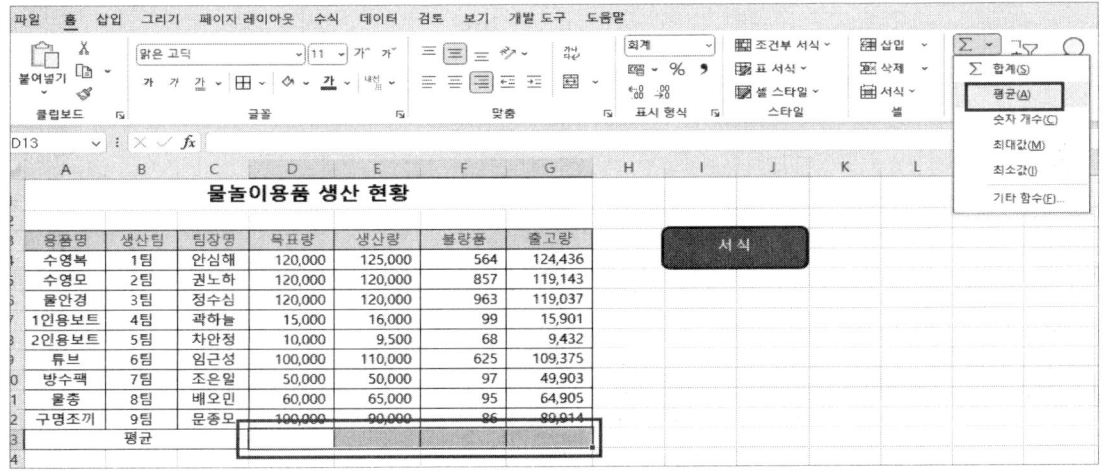

소수 둘째 자리까지 나타내기 위해 ctrl+1을 눌러 '셀서식'의 '표시형식'의 '숫자'의 '소수자릿수'를 '2'로 한다.

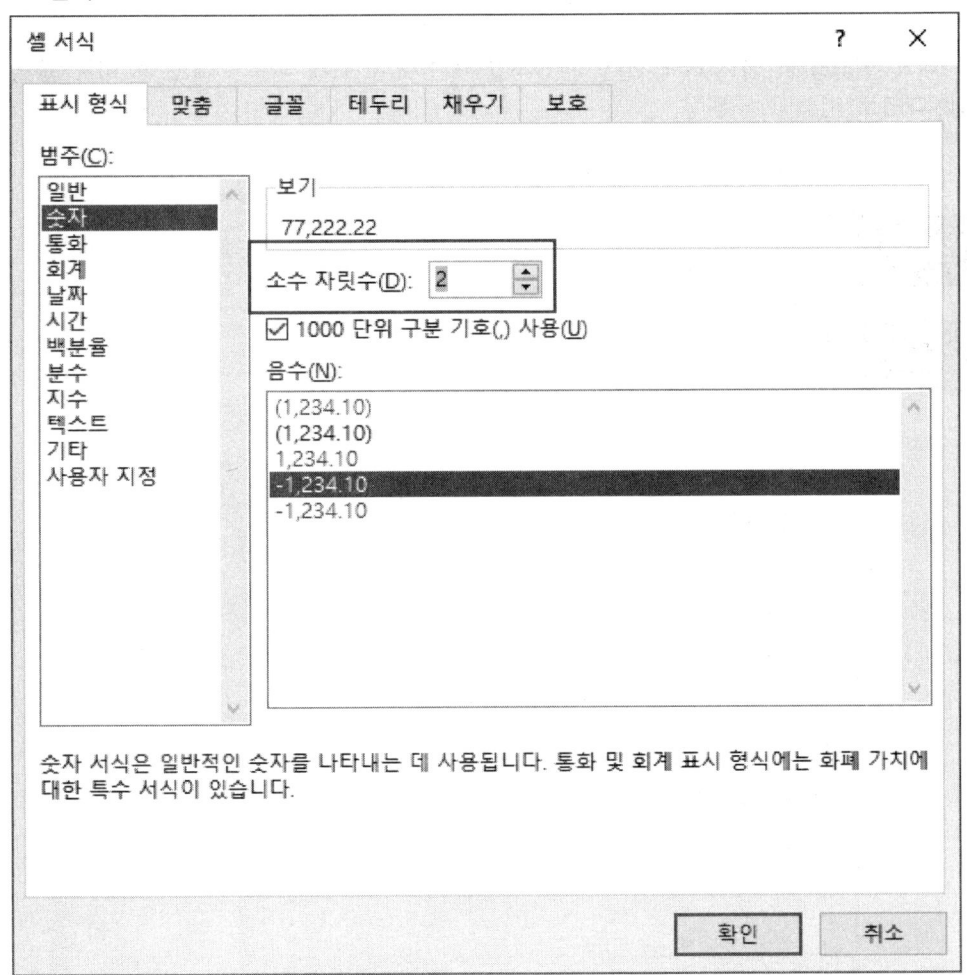

도형과 연결하기 위해서 [삽입] 탭의 '도형'의 '기본도형'의 '배지'를 선택한다.

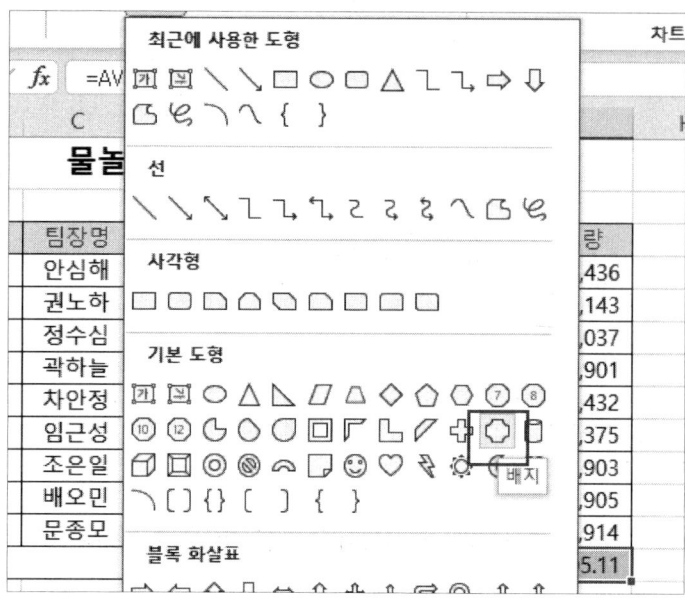

[I6:J7] 영역에 그리고 텍스트를 '평균'으로 한다. 매크로를 지정하기 위해 마우스 오른쪽 버튼 클릭 후 나오는 메뉴에 '매크로 지정'을 누른다.

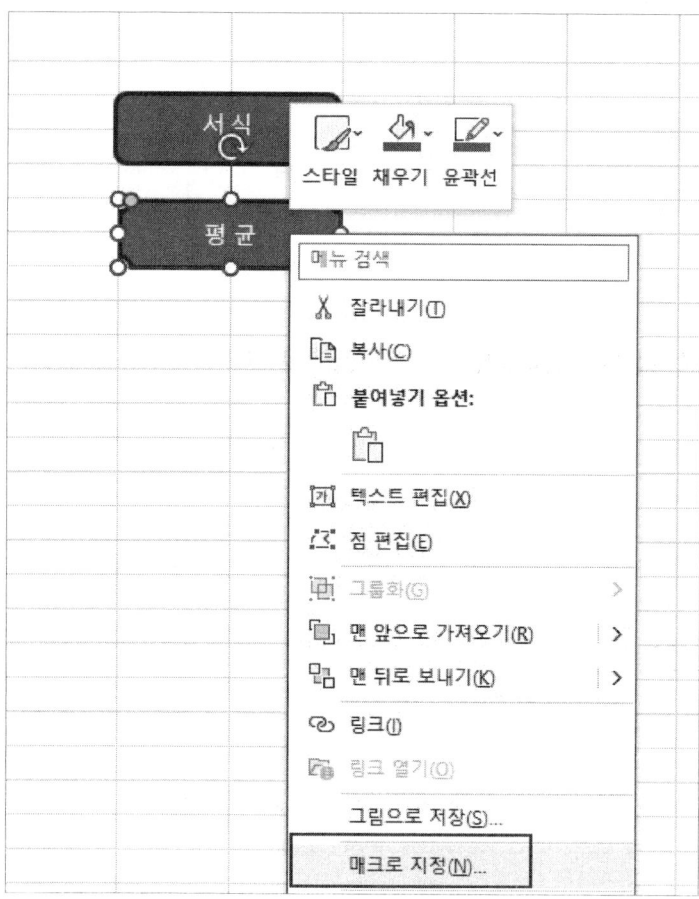

'매크로 지정' 대화상자에서 '평균'을 선택하고 [확인]을 누른다.

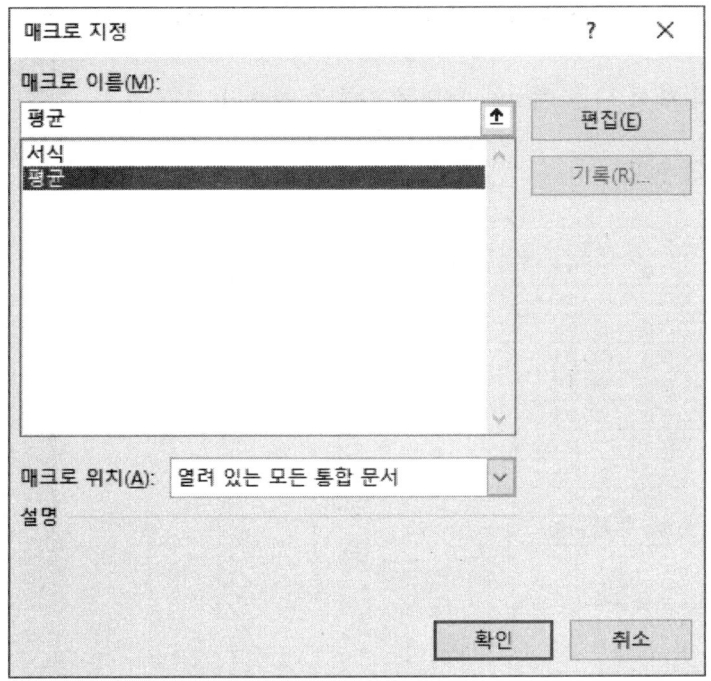

'평균'도형에 마우스를 올리면 손모양이 나오며 클릭하면 매크로가 동작하는 것을 확인할 수 있다.

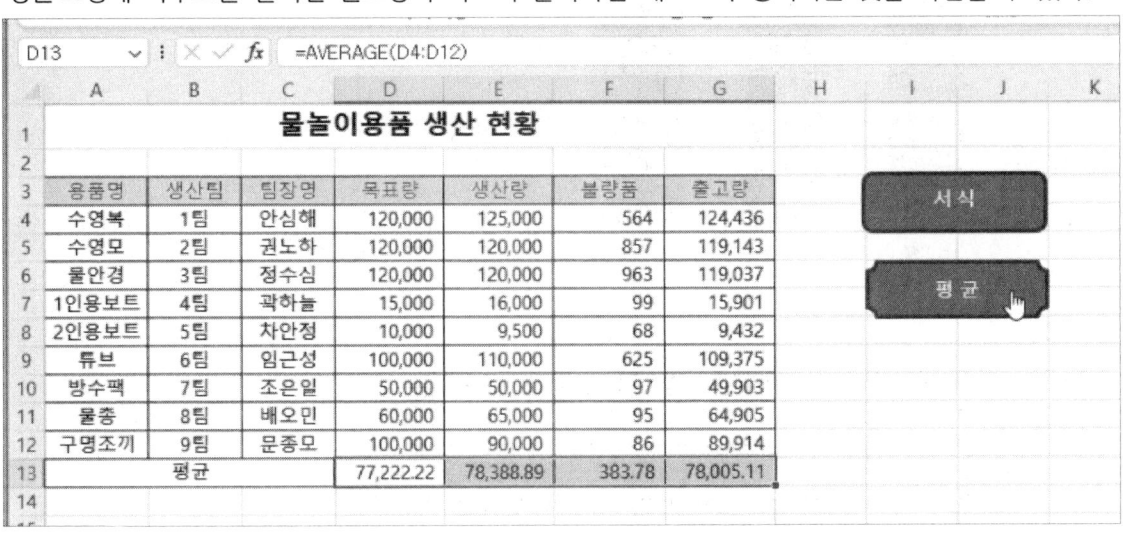

[기타작업-2] 차트작업

① "박성훈"의 데이터가 차트에 표시되도록 데이터 범위를 추가하고, 전체 차트 종류는 '표식이 있는 꺾은 선형'으로 변경하시오.

차트를 선택 후 마우스 오른쪽버튼 클릭 해서 나온 메뉴의 '데이터 선택'을 누른다.

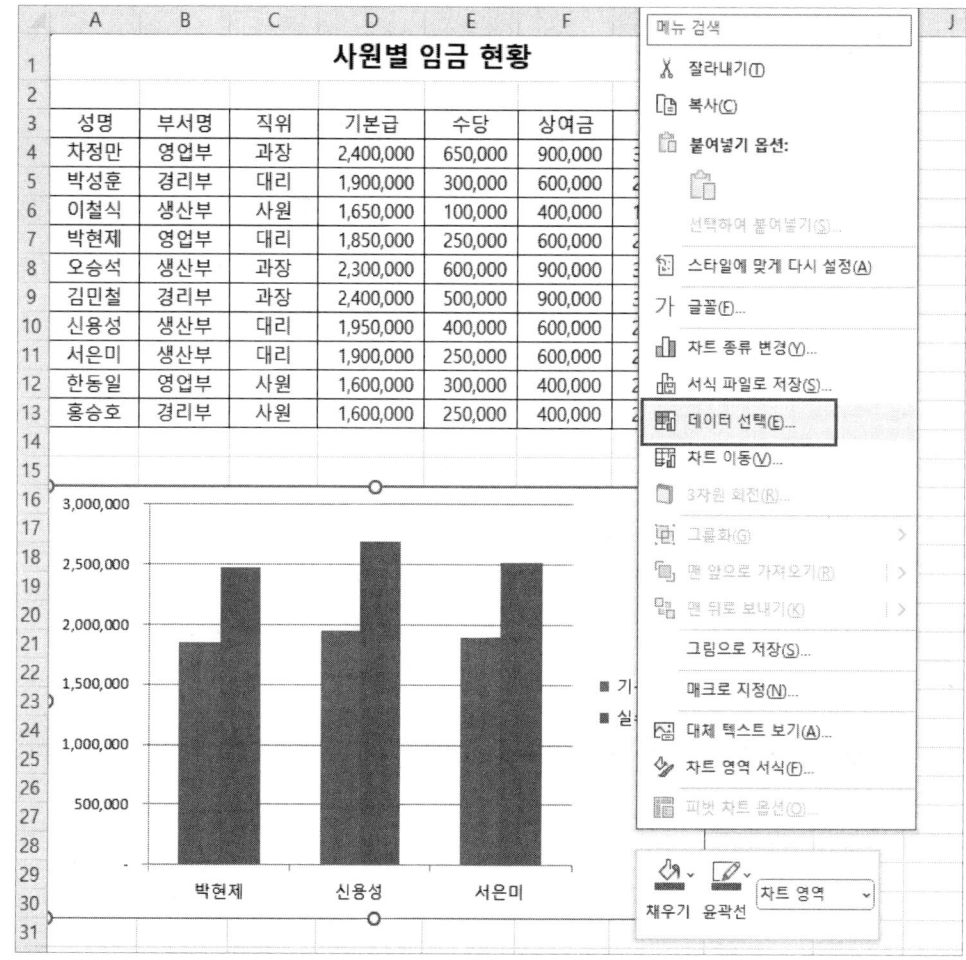

'데이터 원본' 대화상자에서 '차트데이터 범위'를 클릭해서 지우고

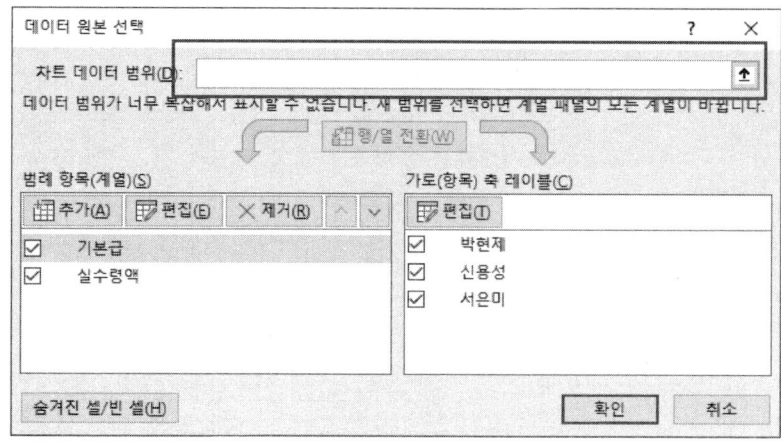

녹색 점선 부분만 드래그해서 영역을 다시 잡아준다.
가로 축에 박성훈이 들어간 것을 확인할 수 있다. [확인]을 누른다.

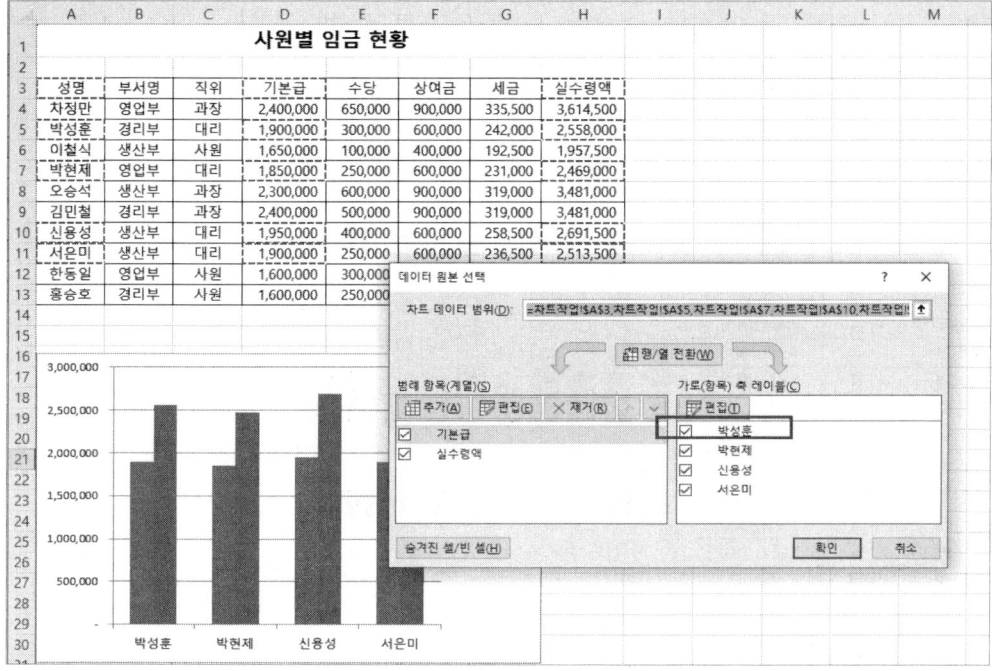

차트 제목을 입력하기 위해서 [차트디자인] 탭의 '차트요소추가'-'차트제목'-'차트위'를 차례대로 누른다.

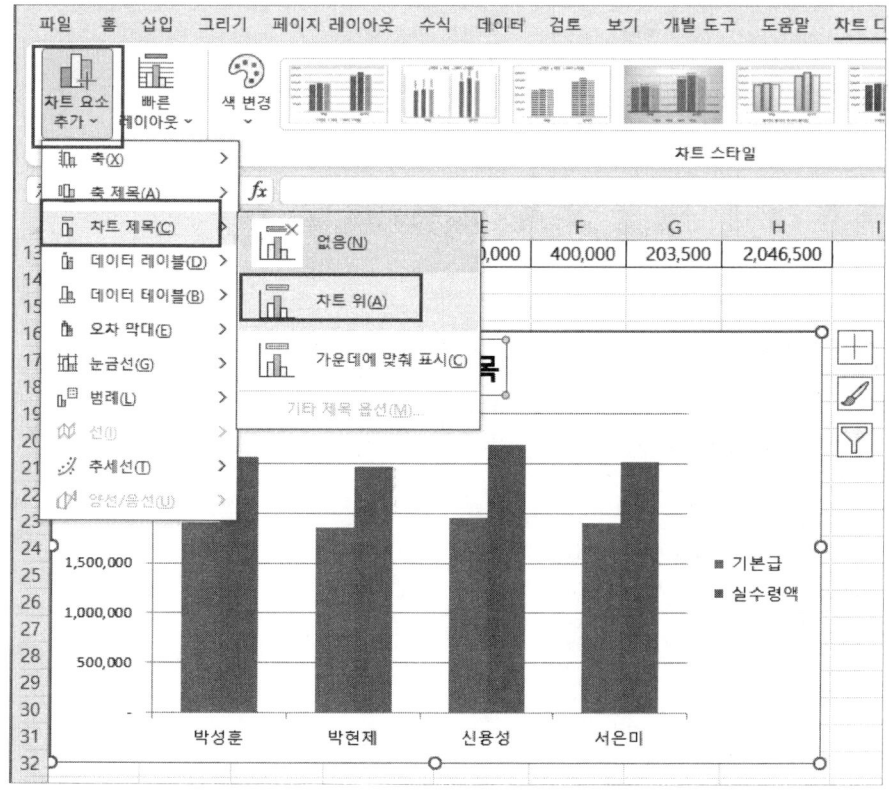

차트 제목을 입력하고 서식을 설정한다.

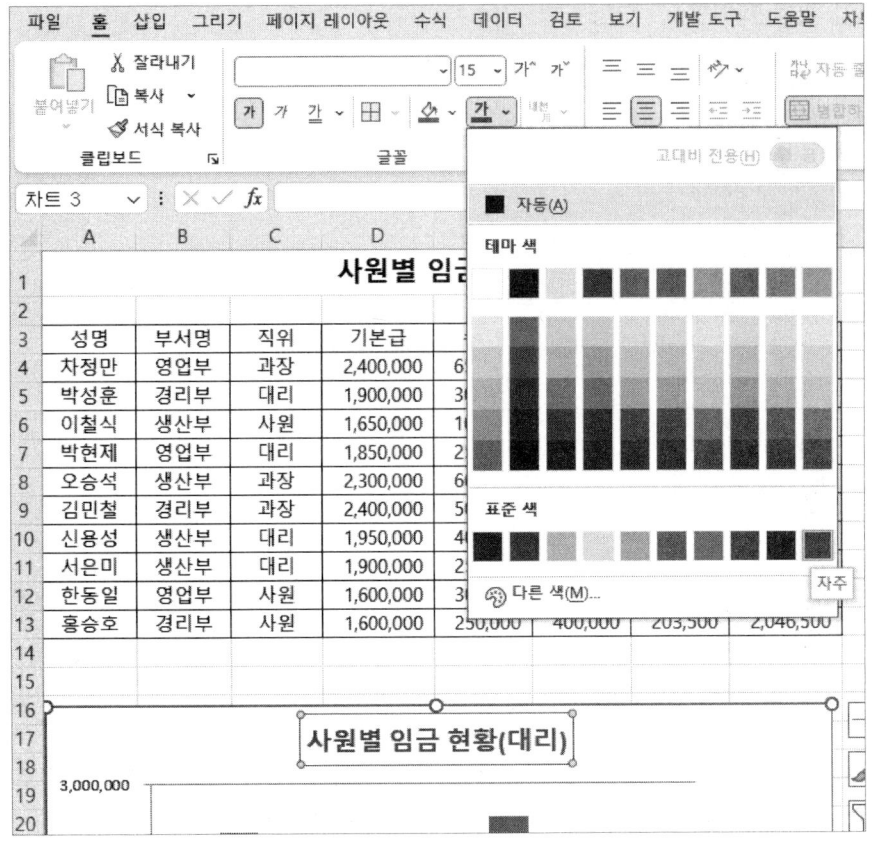

[차트디자인] 탭의 '차트요소추가'-'축제목'-'기본세로'를 차례대로 누른다.

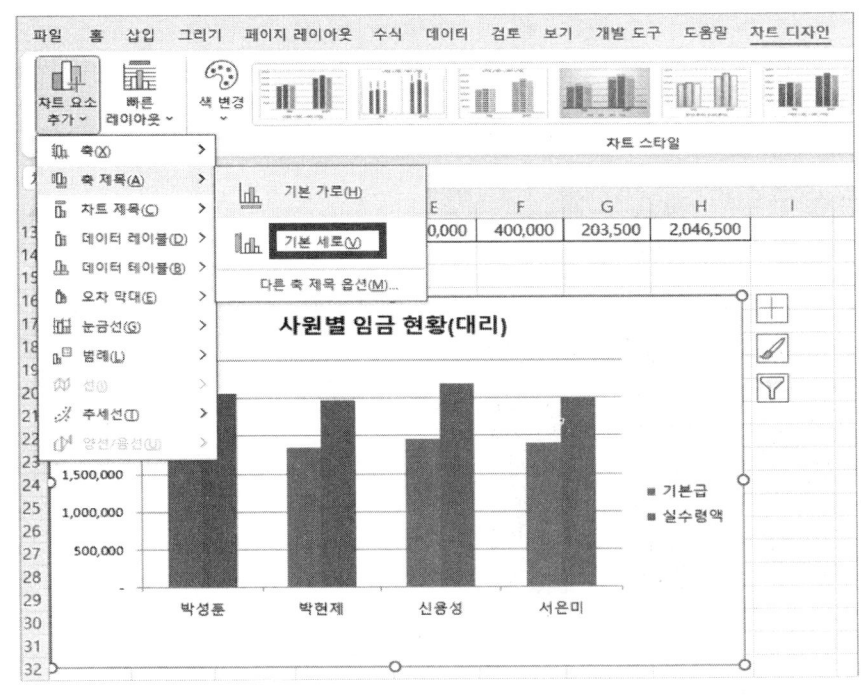

세로 축제목을 가로로 하기 위해서 [축제목서식]의 '크기 및 속성'에서 텍스트 방향을 '가로'로 한다.
축제목을 입력 한다.

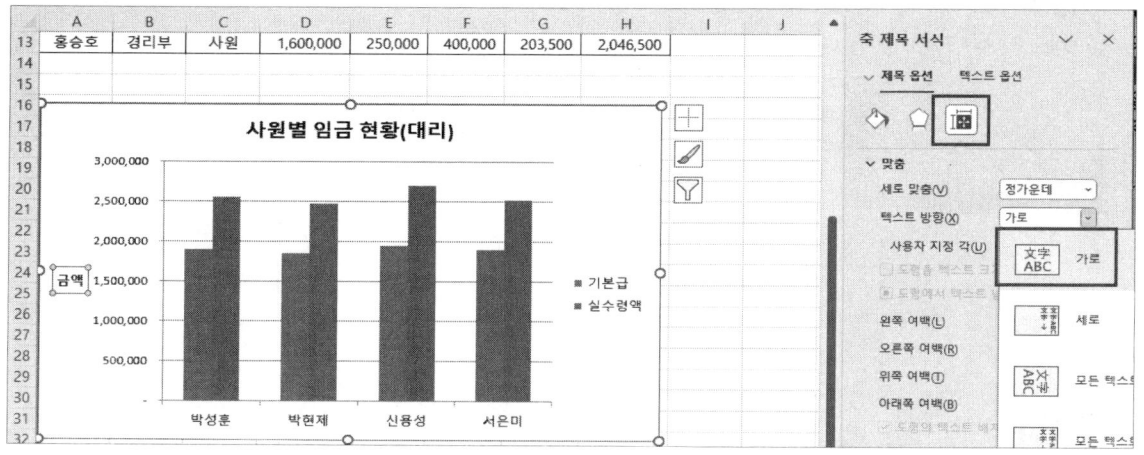

값축을 선택 후 서식 대화상자에서 '축옵션'- 단위의 기본을 '1000000'을 입력한다.

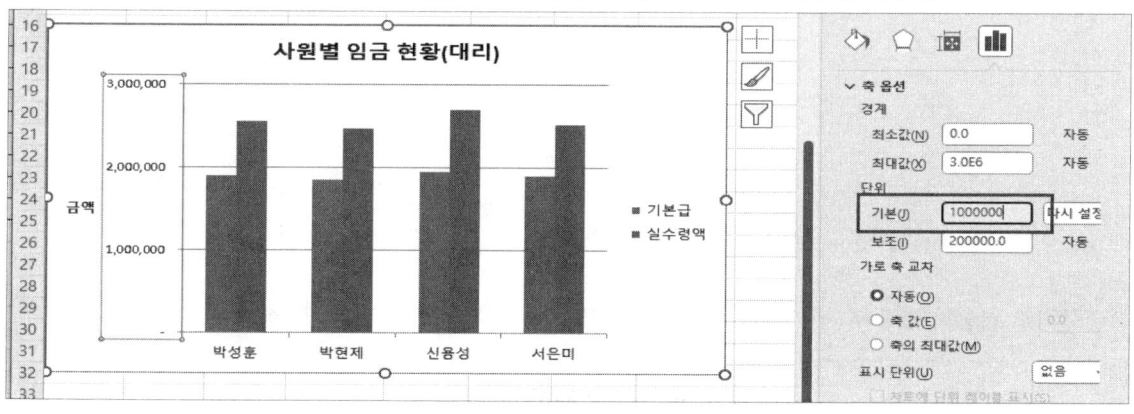

[차트디자인] 탭의 '차트 종류 변경' 아이콘을 누른다

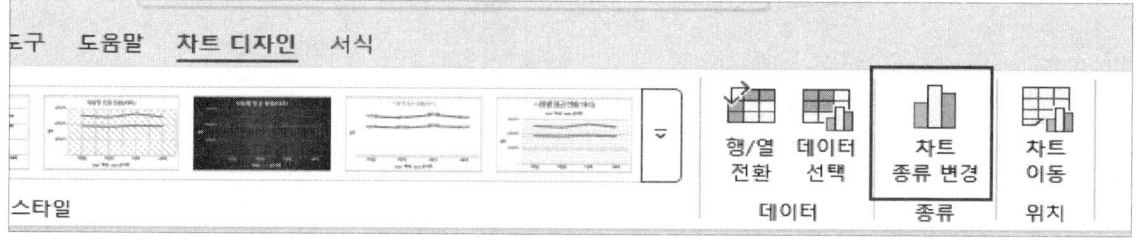

차트 종류를 표식이 있는 꺾은 선형으로 바꾼다

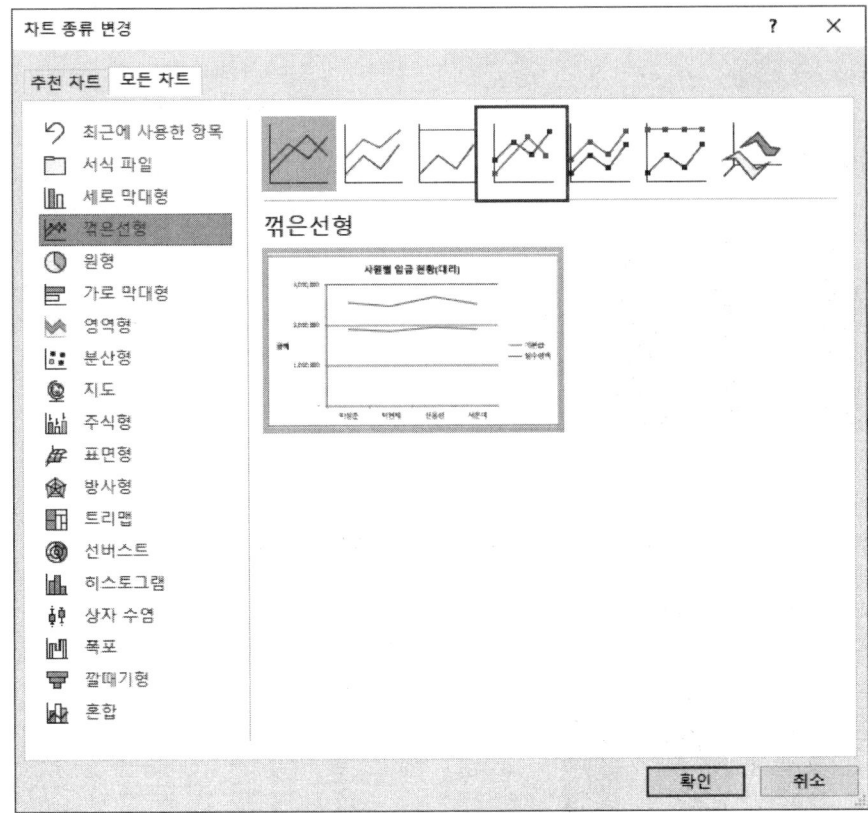

실수령액을 클릭하면 모두 선택되고, 신용성부분만 다시 클릭하면 신용성만 잡힌다.

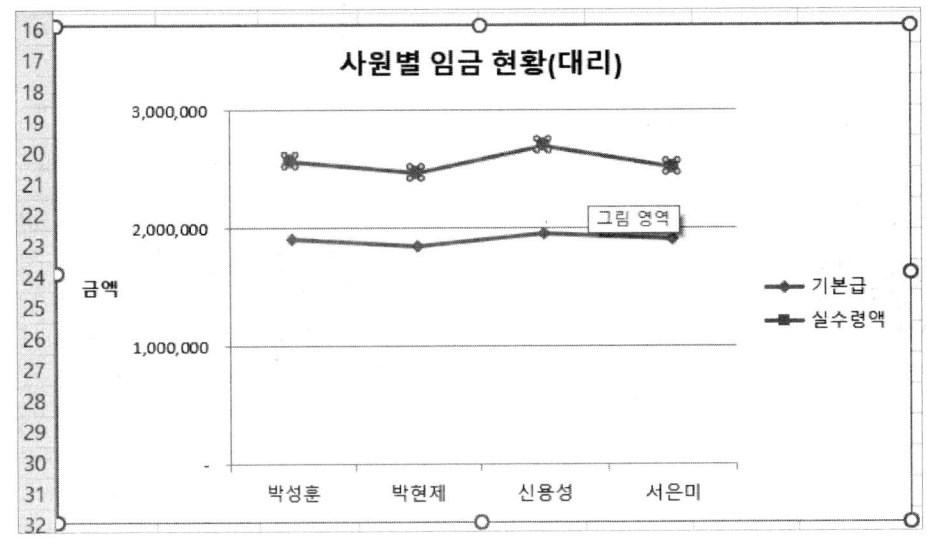

마우스 오른쪽 버튼 클릭 후 '데이터 레이블 추가'를 누른다.

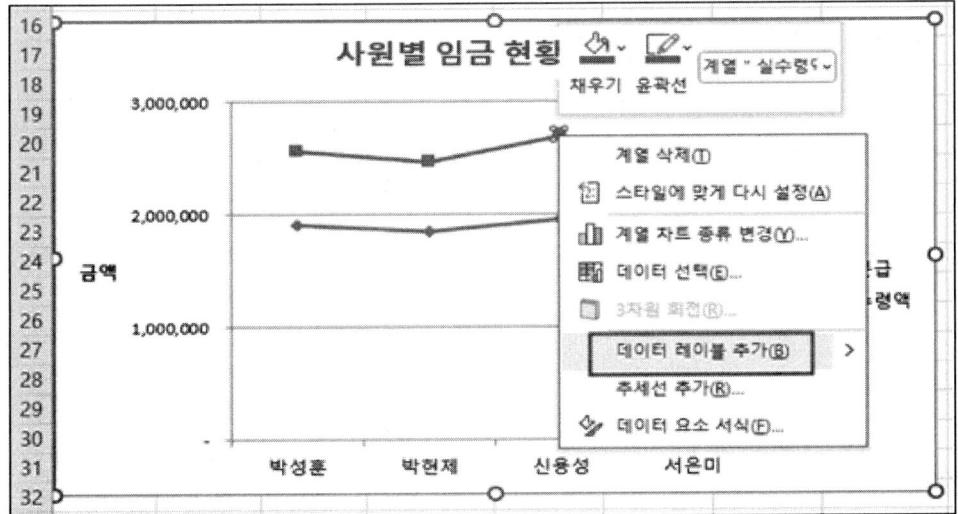

추가된 레이블을 위로 이동시킨다.

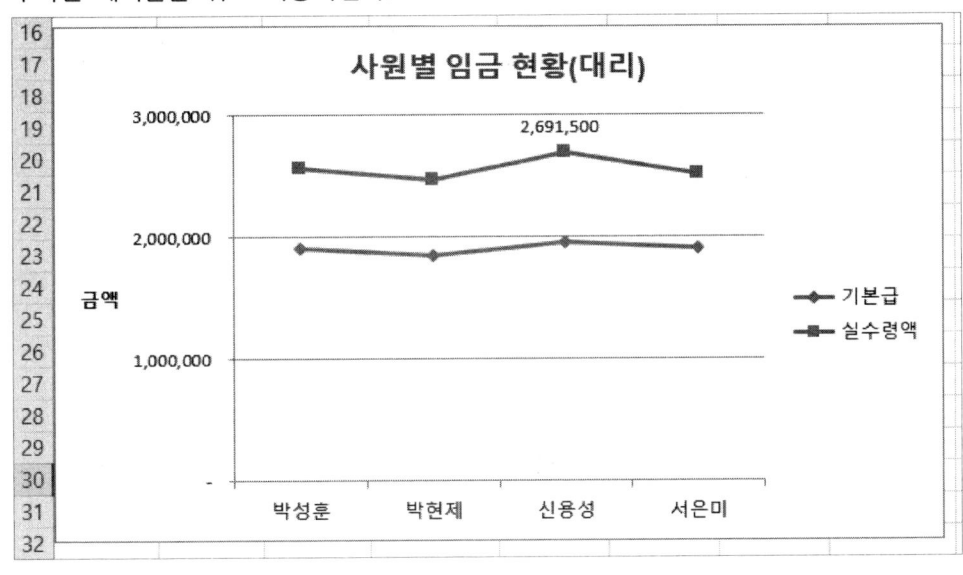

차트영역을 선택하고 '차트 영역 서식'의 '테두리'의 '둥근모서리'를 선택하고 마무리한다

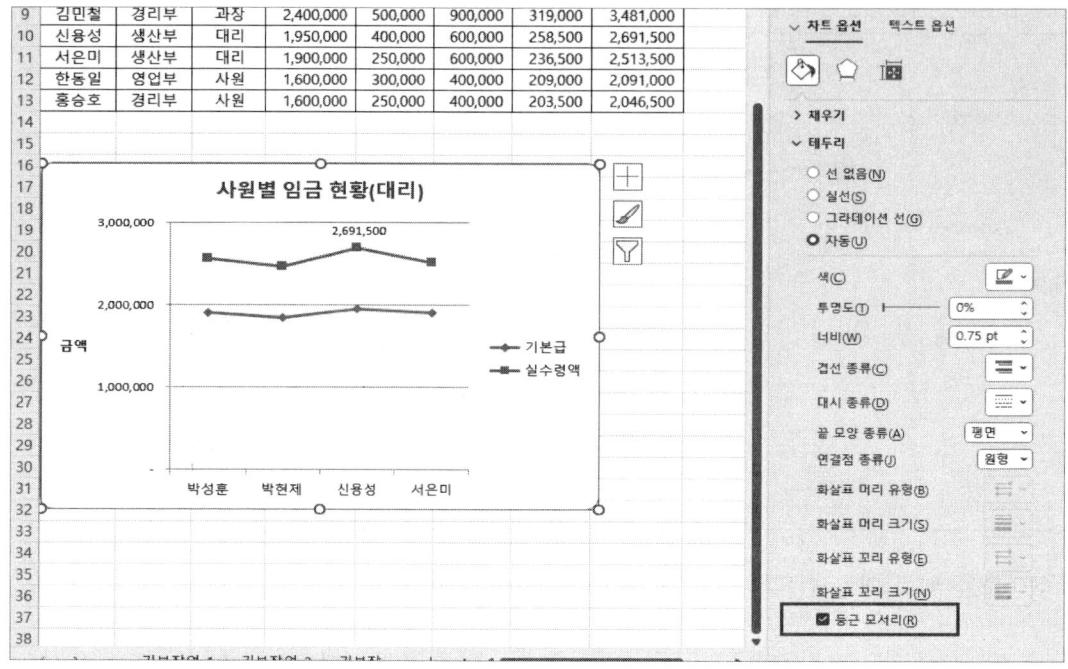

9	김민철	경리부	과장	2,400,000	500,000	900,000	319,000	3,481,000
10	신용성	생산부	대리	1,950,000	400,000	600,000	258,500	2,691,500
11	서은미	생산부	대리	1,900,000	250,000	600,000	236,500	2,513,500
12	한동일	영업부	사원	1,600,000	300,000	400,000	209,000	2,091,000
13	홍승호	경리부	사원	1,600,000	250,000	400,000	203,500	2,046,500

국 가 기 술 자 격 검 정

컴퓨터활용능력 2급 실기 모의고사 2회

프로그램명	제한시간
EXCEL	40분

수험번호 :

성   명 :

[유 의 사 항]

■ 인적 사항 누락 및 잘못 작성으로 인한 불이익은 수험자 책임으로 합니다.

■ 문제지에 표시된 급별 유형의 "문제파일"을 답안디스켓에서 찾아 열면 암호 상자가 나타나며, 해당 암호 상자에 다음의 암호를 입력하여 문제파일을 엽니다.
   ○ 암호 : 754&23

■ 작성된 답안의 파일명은 지정된 경로 및 파일명을 변경하지 않고 저장해야 합니다. 이를 준수하지 않을 시 실격처리 됩니다.
   〈답안 파일명 예〉
   ○ 2021 버전 : C:\OA\수험번호 8자리.xlsm (확장자에 유의하시오.)

■ 별도 지시사항이 없는 경우, 다음과 같이 처리하면 실격처리 됩니다.
   ○ 제시된 시트 순서를 임의로 변경한 경우
   ○ 제시된 시트 이름을 임의로 변경한 경우
   ○ 제시된 시트를 임의로 추가 또는 삭제한 경우

■ 답안은 반드시 문제에서 지시 또는 요구한 셀에 입력하여야 하며, 수험자가 임의로 셀의 위치를 변경하여 입력한 경우에는 채점 대상에서 제외됩니다.

   ※ 아울러 지시하지 않은 셀의 이동, 수정, 삭제, 변경 등으로 인해 셀의 위치가 변경된 경우에도 관련문제 모두 채점 대상에서 제외됩니다.

■ 차트의 개체가 중첩되어 있거나, 동일한 계산결과 시트가 복수로 존재할 경우에는 해당 개체나 시트는 채점 대상에서 제외됩니다.

■ 별도 지시사항이 없는 경우, 주어진 각 시트의 설정값 또는 기본설정값(Default)으로 처리하십시오.

■ 저장 시간은 별도로 주어지지 아니하므로 제한된 시간 내에 저장을 완료해야 하며, 답안파일명이 드라이브의 최상위 폴더에 "OA"로 저장이 되지 아니한 경우에는 실격처리 됩니다.

■ 본 문제에 사용된 용어는 Office 2021 기준으로 작성되었습니다.

대 한 상 공 회 의 소

1. '기본작업-1'시트에 다음의 자료를 주어진 대로 입력하시오. (5점)

	A	B	C	D	E	F
1	중소기업임금 현황					
2						2025년 6월 현재
3	회사명	업종	창업연도	사원수	평균월급여	평균근무시간
4	㈜미림정밀	기계(MACHINE)	1985년	40명	1500000	12년
5	세화공업	금속(METAL)	1977년	35명	1650000	17년
6	보라매유통	유통(DISTRIBUTION)	1989년	50명	1000000	8년
7	일신상사	유통(DISTRIBUTION)	2000년	25명	800000	2년
8	나라금속	금속(METAL)	1990년	52명	950000	6년
9	명화섬유㈜	섬유(TEXTILE)	1983년	30명	1200000	11년
10	성일기계	기계(MACHINE)	2001년	45명	750000	1년

2. '기본작업-2'시트에 대하여 다음의 지시사항을 처리하시오. (각 2점)

① [B1:J1] 영역은 '셀 병합 후 가로, 세로 가운데 맞춤', 글꼴 '바탕체', 크기 '18', 글꼴 스타일 '굵은 기울임꼴', 밑줄 '실선'으로 지정하시오.

② [D5:I16] 영역은 셀 서식의 사용자 지정 서식을 이용하여, 2자리수로 표시되도록 지정하시오. (표시 예 : 5 → 05).

③ [C5:C16] 영역의 이름을 '학생이름'으로 정의하시오.

④ [B3:J4] 영역은 글꼴 스타일 '굵게', 글꼴 색 '빨강', 셀 음영 '노랑'으로 지정하시오.

⑤ [B3:J16] 영역에 모든 테두리(⊞)를 적용하여 표시하고, [G16:J16] 영역에는 '╱' 모양의 괘선으로 채우시오.

3. '기본작업-3'시트에 대하여 다음의 지시사항을 처리하시오. (5점)

'고객별 대출현황' 표에서 대출상품[B4:B16]이 '학자금'으로 시작하는 행 전체에 대해 글꼴 색을 '녹색'으로 지정하고, '대출'로 끝나는 행 전체에 대해 글꼴 색을 '파랑'으로 지정하는 조건부 서식을 작성하시오.

▶ 조건은 수식으로 작성하시오.

문제2 계산작업(40점) '계산작업'시트에 대하여 다음 작업을 수행하고 저장하시오.

1. [표1]에서 모델명[A3:A7]의 뒤에서 세 자리와 판매단가표[B10:D11]를 이용하여 판매단가를 추출한 후 매출액[D3:D7]을 구하시오. (8점)

   ▶ 매출액 = 판매단가 × 판매량
   ▶ 판매단가표의 의미 : 모델명 뒤에서 세 자리가 'FHA'이면 판매단가가 300, 'FHB'이면 350, 'FHC'이면 400임
   ▶ HLOOKUP과 RIGHT 함수 사용

2. [표2]에서 출발일자[H3:H11]를 이용하여 출발요일[I3:I11]을 구하시오. (8점)

   ▶ WEEKDAY의 요일 계산방식은 일요일부터 시작하는 1번 방식으로 지정
   ▶ CHOOSE와 WEEKDAY 함수 사용
   ▶ 표시 예 : 일요일

3. [표3]에서 희망부서[B16:B27]가 '기획부'인 인원수[B30]를 구하시오. (8점)

   ▶ 인원수 뒤에 '명'을 표시
   ▶ DSUM, DCOUNT, DMAX 중 알맞은 함수와 & 연산자 사용

4. [표4]에서 나라[F16:F23]와 수도[G16:G23]를 합하여 지역[I16:I23]에 표시하시오. (8점)

   ▶ 모든 문자를 대문자로 표시하되, 수도명은 나라명 뒤에 ( )안에 넣어 표시
     [예 : Portugal lisbon ⇒ PORTUGAL(LISBON)]
   ▶ UPPER 함수와 & 연산자 사용

5. [표5]에서 기준일[B48]과 생년월일[C35:C46]을 이용하여 채용여부[D35:D46]를 구하시오. (8점)

   ▶ 기준일의 연도에서 생년월일의 연도를 뺀 값이 26 이상이면 '채용', 그렇지 않으면 공란으로 표시
   ▶ IF와 YEAR 함수 사용

1. '분석작업-1'시트에 대하여 다음의 지시사항을 처리하시오. (10점)

데이터 통합 기능을 이용하여 [표1], [표2], [표3]에 대한 제품명별 '1월', '2월', '3월'의 평균을 [표4]의 [H19:J25] 영역에 계산하시오.

2. '분석작업-2'시트에 대하여 다음의 지시사항을 처리하시오. (10점)

'혼수품목 매출 현황' 표에서 순이익율[H17]이 다음과 같이 변동하는 경우 순이익 합계[H15]의 변동 시나리오를 작성하시오

▶ 셀이름 정의 : [H15] 셀은 '순이익합계', [H17] 셀은 '순이익율'로 정의하시오
▶ 시나리오1 : 시나리오 이름은 '순이익 인상', 순이익율 30%로 설정하시오
▶ 시나리오2 : 시나리오 이름은 '순이익 인하', 순이익율 20%로 설정하시오
▶ 시나리오 요약 시트는 '분석작업-2' 시트의 바로 앞에 위치시키시오
※ 시나리오 요약 보고서 작성 시 정답과 일치하여야 하며, 오자로 인한 부분 점수는 인정하지 않음

1. '매크로작업' 시트의 [표1]에서 다음과 같은 기능을 수행하는 매크로를 현재 통합 문서에 작성하고 실행하시오. (각 5점)

① [G4:G12] 영역에 헬스, 수영, 에어로빅의 합계를 계산하는 매크로를 생성하고, 매크로 이름은 '합계'로 정의하시오.
　▶ '합계' 매크로는 [도형] → [기본 도형]의 '육각형(⬡)'에 지정한 후 실행하도록 하며, 텍스트는 '합계'로 입력하고, 텍스트 맞춤 가로 '가운데', 세로 '가운데'로 설정하며, 동일 시트의 [I3:J5] 영역에 위치시키시오.
② [A3:G3] 영역에 대해 글꼴 스타일 '굵게', 셀 음영색 '노랑'을 적용하는 매크로를 생성하고, 매크로 이름은 '서식'으로 정의하시오.
　▶ '서식' 매크로는 [도형] → [기본 도형]의 '다이아몬드(◇)'에 지정한 후 실행하도록 하며, 텍스트를 '서식'으로 입력하고, 텍스트 맞춤 가로 '가운데', 세로 '가운데'로 설정하며, 동일 시트의 [I7:J9] 영역에 위치시키시오.
　※ 셀 포인터의 위치에 상관없이 현재 통합 문서에서 매크로가 실행되어야 정답으로 인정됨

2. '차트작업' 시트의 차트를 지시사항에 따라 아래 그림과 같이 수정하시오. (각 2점)

※ 차트는 반드시 문제에서 제공한 차트를 사용하여야 하며, 신규로 작성 시 0점 처리됨

① 주거형태가 단독주택인 세대주의 '식비'가 차트에 표시되도록 데이터 범위를 수정하시오.

② 차트 제목은 그림과 같이 지정하고, 글꼴 '바탕체', 크기 '18'로 지정하시오.

③ X(항목) 축 제목을 글꼴 '굴림', 크기 '11'로 지정하시오.

④ '식비' 계열의 '김성환' 요소에 데이터 레이블 '값'을 지정하시오.

⑤ 차트 영역 서식에서 테두리를 '그림자'와 '모서리를 둥글게'로 지정하시오.

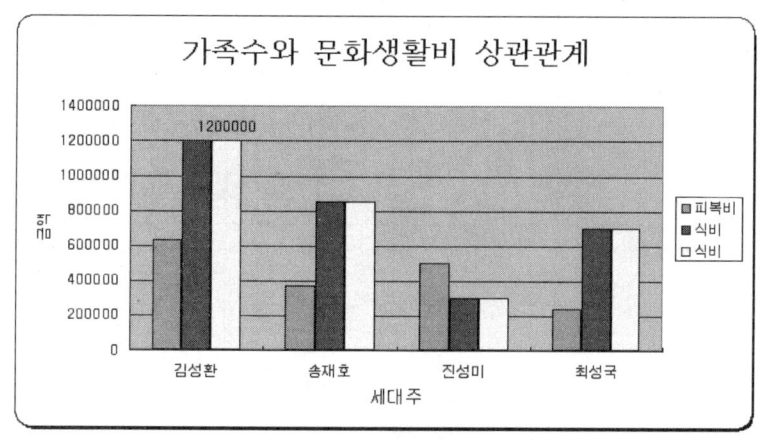

[기본작업-1]

주어진 데이터를 입력함

[기본작업-2]

일련번호	성명	출결사항						자격증 개수
		1학년	2학년	결석	지각	조퇴	결과	
1	강현철	01	03	00	00	00	00	1
2	지남식	03	02	02	01	02	02	2
3	이현식	05	03	05	03	10	00	3
4	강하나	04	05	07	15	12	04	2
5	최창섭	06	07	02	22	04	00	1
6	노명애	05	05	00	02	00	00	5
7	이관우	03	02	00	01	01	01	3
8	김상문	02	02	03	04	02	00	2
9	문성원	07	01	04	02	03	00	1
10	배공저	01	02	00	00	01	00	0
11	강진찬	03	06	04	03	02	01	1
12	조동일	04	02	자퇴				

표 제목: 학생별 생활지도자료 현황표

[기본작업-3]

고객명	대출상품	대출금액	대출기간	대출일
김민우	일반대출	₩ 15,000,000	36	2024-12-21
박아지	결혼자금	₩ 5,000,000	12	2024-05-06
임철근	자유대출	₩ 32,000,000	60	2024-05-09
왕상규	출산	₩ 6,000,000	24	2024-05-19
양미리	학자금A형	₩ 7,000,000	24	2024-12-30
천도연	일반대출	₩ 24,000,000	36	2024-07-28
유정철	자유대출	₩ 9,000,000	24	2024-02-23
노저일	출산	₩ 14,500,000	36	2024-04-20
나지만	학자금B형	₩ 5,500,000	24	2024-10-05
우태산	학자금A형	₩ 7,800,000	12	2024-06-18
태현일	자유대출	₩ 12,500,000	36	2024-06-08
도지은	자유대출	₩ 25,000,000	60	2024-08-07
만다라	일반대출	₩ 45,000,000	60	2024-07-09

표 제목: 고객별 대출현황

[계산작업]

	A	B	C	D	E	F	G	H	I
1	[표1] 디지털카메라 판매현황			(단위 : 천원)		[표2] 해외 테마 연수 여행자 명단			
2	모델명	분류	판매량	매출액		성명	여행권역	출발일자	출발요일
3	DC-01FHA	수출용	25,000	7,500,000		김현숙	중부유럽	2025-07-11	금요일
4	MP-01FHA	내수용	14,500	4,350,000		장현숙	남부유럽	2025-07-11	금요일
5	DC-01FHB	수출용	56,000	19,600,000		오남섭	중부유럽	2025-07-11	금요일
6	DC-01FHC	수출용	43,000	17,200,000		신명숙	남부유럽	2025-07-11	금요일
7	MP-01FHB	내수용	24,500	8,575,000		조현재	미국, 캐나다	2025-07-14	월요일
8						권근창	호주, 뉴질랜드	2025-07-19	토요일
9			판매단가표 (단위 : 천원)			두여랑	중부유럽	2025-07-20	일요일
10	모델명 3자리	FHA	FHB	FHC		문상화	북부유럽	2025-07-21	월요일
11	판매단가	300	350	400		고영수	북부유럽	2025-08-24	일요일
12									
13									
14	[표3] 2010 신입 사원 현황					[표4] 유럽 8개국 연평균 강수량			
15	사원번호	희망부서	입사시험 성적			나라	수도	강수량(mm)	지역
16	A1204	영업부	98			Portugal	lisbon	792	PORTUGAL(LISBON)
17	A1205	총무부	76			Spain	madrid	438	SPAIN(MADRID)
18	A1206	기획부	86			France	paris	614	FRANCE(PARIS)
19	A1207	총무부	80			England	london	695	ENGLAND(LONDON)
20	A1208	총무부	65			Sweden	stockholm	500	SWEDEN(STOCKHOLM)
21	A1209	기획부	100			Germany	berlin	589	GERMANY(BERLIN)
22	A1210	기획부	98			Netherland	amsterdam	765	NETHERLAND(AMSTERDAM)
23	A1211	영업부	85			Switzerland	bern	1000	SWITZERLAND(BERN)
24	A1212	기획부	100						
25	A1213	총무부	90						
26	A1214	기획부	85						
27	A1215	영업부	75						
28									
29	희망부서	인원수							
30	기획부	5명							
31									
32									
33	[표5] 아르바이트 모집 채용 결정(미성년자 여부 확인)								
34	성명	채용지점	생년월일	채용여부					
35	천연희	마포	1985-07-13						
36	방한성	동대문	1983-03-12	채용					
37	류철희	상계	1984-12-29	채용					
38	최혜정	마포	1966-09-09	채용					
39	김재하	마포	1985-10-04						
40	허마일	동대문	1975-12-09	채용					
41	문이수	동대문	1985-03-05						
42	고정호	상계	1983-01-03	채용					
43	마장도	상계	1989-03-07						
44	박상도	역삼	1985-05-08						
45	이문주	역삼	1984-06-25	채용					
46	강희연	역삼	1984-06-29	채용					
47									
48	기준일	2010-06-27							

[분석작업-1]

	A	B	C	D	E	F	G	H	I	J
1				지역별 1/4분기 제품별 판매현황						
2										
3	[표1] 서울지역 판매내역									
4	제품명	1월	2월	3월						
5	데스크탑	88	89	96						
6	DVD	95	94	90						
7	스캐너	90	98	87						
8	프린터	94	96	92						
9	노트북	92	93	91						
10										
11	[표2] 경기지역 판매내역									
12	제품명	1월	2월	3월						
13	넷북	100	95	99						
14	DVD	86	90	95						
15	외장하드	89	90	88						
16	노트북	79	88	90						
17	스캐너	85	94	91			[표4] 전국 판매내역			
18							제품명	1월	2월	3월
19	[표3] 부산지역 판매내역						데스크탑	88	89	96
20	제품명	1월	2월	3월			DVD	90.5	92	92.5
21	노트북	98	93	95			스캐너	88.66667	95	92
22	프린터	85	89	90			프린터	89.5	92.5	91
23	외장하드	87	88	88			노트북	89.66667	91.33333	92
24	넷북	92	91	94			넷북	96	93	96.5
25	스캐너	91	93	98			외장하드	88	89	88

[분석작업-2]

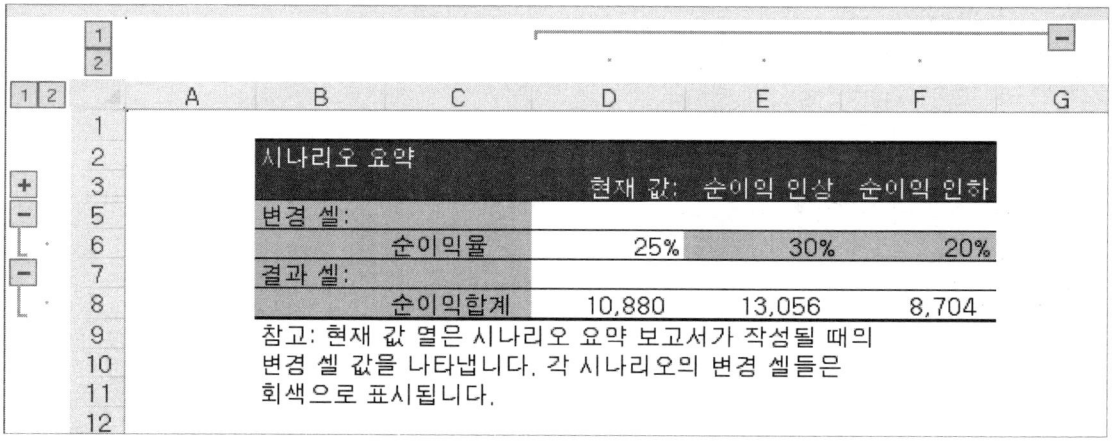

[기타작업-1] 매크로 작업

	A	B	C	D	E	F	G	H	I	J
1	[표1] 스포츠센타별 수입현황									
2										
3	스포츠센타	전화번호	수강인원	헬스	수영	에어로빅	총수입액			
4	금호스포츠	930-6624	129	₩ 2,400,000	₩ 2,800,000	₩ 1,500,000	₩ 6,700,000			
5	미도파스포츠	778-0012	150	₩ 3,200,000	₩ 3,500,000	₩ 2,000,000	₩ 8,700,000			
6	노원체육관	962-0909	98	₩ 2,000,000	₩ 1,750,000	₩ 1,250,000	₩ 5,000,000			
7	청소년수련관	465-0987	132	₩ 2,480,000	₩ 2,870,000	₩ 1,550,000	₩ 6,900,000			
8	서울스포츠	367-1123	89	₩ 1,680,000	₩ 1,820,000	₩ 1,300,000	₩ 4,800,000			
9	경동체육관	456-0123	105	₩ 2,320,000	₩ 2,730,000	₩ 1,450,000	₩ 6,500,000			
10	성동스포츠	2299-0972	78	₩ 1,600,000	₩ 1,470,000	₩ 1,000,000	₩ 4,070,000			
11	백미나스포츠	567-5890	136	₩ 3,120,000	₩ 3,430,000	₩ 1,950,000	₩ 8,500,000			
12	미성체육관	943-0705	82	₩ 1,600,000	₩ 1,750,000	₩ 1,250,000	₩ 4,600,000			

합계

서식

[기타작업-2] 차트작업

	A	B	C	D	E	F	G	H
1	주거형태별 소비지출 내역							
2								
3	세대주	주거형태	가족수	월소득	피복비	식비	문화생활비	
4	이선미	아파트	2	2000000	210000	660000	380000	
5	김성환	단독주택	5	4200000	630000	1200000	800000	
6	변아영	아파트	4	3500000	400000	1000000	620000	
7	송재호	단독주택	3	3000000	370000	850000	550000	
8	박성수	아파트	5	5500000	800000	1500000	1100000	
9	진성미	단독주택	1	1500000	500000	300000	200000	
10	최성국	단독주택	2	2500000	240000	700000	400000	

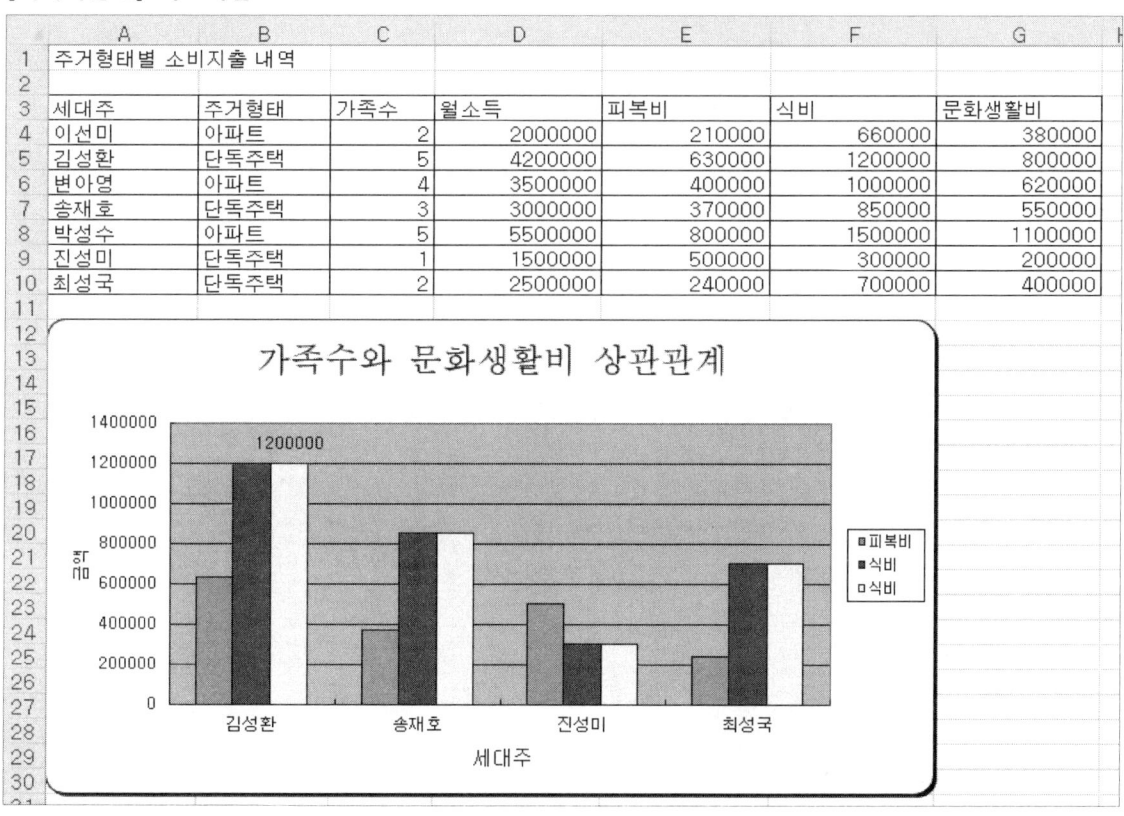

컴퓨터활용능력 2급 실기 모의고사 3회

프로그램명	제한시간
EXCEL	40분

수험번호 : _____

성   명 : _____

[유 의 사 항]

■ 인적 사항 누락 및 잘못 작성으로 인한 불이익은 수험자 책임으로 합니다.

■ 문제지에 표시된 급별 유형의 "문제파일"(2급F형.xls)을 답안디스켓에서 찾아 열면 암호 상자가 나타나며, 해당 암호 상자에 다음의 암호를 입력하여 문제파일을 엽니다.
  ○ 암호 : 9175@3

■ 작성된 답안의 파일명은 지정된 경로 및 파일명을 변경하지 마시고 저장해야 합니다. 이를 준수하지 않으면 실격처리 됩니다.
  〈답안파일명 예〉
  ○ 2021버전 : C:\OA\수험번호 8자리.xlsm   (확장자에 유의하시오)
  ■ 외부데이터 위치 : C:\OA\파일명

■ 별도 지시사항이 없는 경우, 다음과 같이 처리하면 실격처리 됩니다.
  ○ 제시된 시트 순서를 임의로 변경한 경우
  ○ 제시된 시트 이름을 임의로 변경한 경우
  ○ 제시된 시트를 임의로 추가 또는 삭제한 경우

■ 답안은 반드시 문제에서 지시 또는 요구한 셀에 입력하여야 하며, 수험자가 임의로 셀의 위치를 변경하여 입력한 경우에는 채점 대상에서 제외됩니다.
  ※ 아울러 지시하지 않은 셀의 이동, 수정, 삭제, 변경 등으로 인해 셀의 위치가 변경된 경우에도 관련문제 모두 채점 대상에서 제외됩니다.

■ 차트의 개체가 중첩되어 있거나, 동일한 계산결과 시트가 복수로 존재할 경우에는 해당 개체나 시트는 채점 대상에서 제외됩니다.

■ 별도 지시사항이 없는 경우, 주어진 각 시트의 설정값 또는 기본설정값(Default)으로 처리하십시오.

■ 저장시간은 별도로 주어지지 아니하므로 제한된 시간 내에 저장을 완료해야 합니다.

대 한 상 공 회 의 소

1. '기본작업-1' 시트에 다음의 자료를 주어진 대로 입력하시오. (5점, 부분점수 인정)

	A	B	C	D	E	F
1	5월 재고현황					
2						
3	제품명	단가	5월주문량	월말재고	재고율	6월주문량
4	세탁기	430000	100	80	0.8	50
5	전자레인지	220000	80	65	0.8	40
6	컬러TV	850000	300	46	0.15	450
7	VTR	256000	250	130	0.52	125
8	CD플레이어	95000	120	15	0.13	180
9	냉장고	932000	150	56	0.37	150
10	선풍기	110000	90	15	0.16	135
11						

2. '기본작업-2' 시트에 대하여 다음의 지시사항을 처리하시오. (각 2점)

① [A1:F1] 영역은 '셀 병합 후 가로, 세로 가운데 맞춤', 글꼴 '돋움', 크기 '16', 글꼴 스타일 '굵은 기울임꼴', 밑줄 '실선'으로 지정하시오.

② [F6:F14] 영역의 셀 서식은 '쉼표 스타일'로, 소수 첫 번째 자리까지 표시하시오.

③ [B6:B14] 영역은 '등급'으로 이름을 정의하시오.

④ [A4:A5], [B4:B5], [C4:E4], [F4:F5] 영역은 '셀 병합 후 가로 가운데 맞춤'으로 지정하시오.

⑤ [A4:F14] 영역에 모든 테두리를 적용하여 표시하시오.

3. '기본작업-3' 시트에 대하여 다음의 지시사항을 처리하시오. (5점)

- '세공품 수출입 현황' 표에서 제품단가[E4:E16]가 4500 이상이면서 입금금액[G4:G16]이 600000 이상인 행 전체에 대해 글꼴 색을 '파랑', 글꼴 스타일 '굵게'로 지정하는 조건부 서식을 작성하시오.

  ▶ 조건은 수식으로 작성하시오.

문제2 계산작업(40점) '계산작업'시트에 대하여 다음 작업을 수행하고 저장하시오.
(각 문제당 8점)

1. [표1]에서 급여총액[B3:B8]과 누진공제[C3:C8], 세율표[A12:B14]를 이용하여 세금공제액 [D3:D8]을 구하시오.

   ▶ 세금공제액 = 급여총액 × 세율 - 누진공제
   ▶ 급여총액에 대한 세율은 [A12:B14] 영역을 참조
   ▶ 세금공제액은 반올림 없이 10의 자리까지 표시
   ▶ VLOOKUP과 TRUNC 함수 사용

2. [표2]에서 총점[J3:J8]을 이용하여 1~3위는 각 순위의 숫자를, 나머지는 공백으로 순위 [K3:K8]에 표시하시오.

   ▶ 순위는 총점이 가장 높은 조가 1위
   ▶ CHOOSE와 rank.eq 함수 사용

3. [표3]에서 출발시간[B18:B24]과 정류장수[C18:C24]를 이용하여 도착예정시간[D18:D24] 을 구하시오.

   ▶ 도착예정시간 = 출발시간 + 정류장수 × 정류장 당 소요시간(4분)
   ▶ TIME, HOUR, MINUTE 함수 사용

4. [표4]에서 부서명[G15:G22]의 추가지급액[I15:I22]을 이용하여 생산부의 추가지급액의 합계 를 계산하여 [I24] 셀에 표시하시오. (8점)

   ▶ SUMIF 함수 사용

5. [표5]에서 제품[A28:A33], 공정[B28:B33], 옵션[C28:C33]을 이용하여 제품식별번호 [D28:D33]를 표시하시오.

   ▶ 제품식별번호는 '제품', '옵션', 그리고 '공정'의 마지막 숫자를 '-'으로 연결하여 대문자로 표시
   ▶ 표시 예 : 제품(aaa), 옵션(a), 공정(aa01) → AAA-A-1
   ▶ UPPER와 RIGHT 함수 사용

1. '분석작업-1' 시트에 대하여 다음의 지시사항을 처리하시오. (10점)

'영화 DVD 대여 현황' 표에서 장르별 '대여료'의 합계를 계산한 후 '연체료'의 평균을 계산하는 '부분합'을 작성하시오.

▶ '장르'에 대한 정렬 기준을 오름차순으로 정렬하시오.

2. '분석작업-2' 시트에 대하여 다음의 지시사항을 처리하시오. (10점)

'손익계산서' 표에서 순이익의 평균(F9)이 250,000,000이 되려면 연평균 성장율(I4)이 몇 %가 되어야 하는지 목표값 찾기 기능을 이용하여 계산하시오.

1. '매크로작업' 시트의 [표1]에서 다음과 같은 기능을 수행하는 매크로를 현재 통합 문서에 작성하고 실행하시오. (각 5점)

    ① [F3:F10] 영역에 실수령액을 계산하는 매크로를 생성하고, 매크로 이름은 '실수령액'으로 정의하시오.
       ▶ 실수령액 = 기본급 + 보조지원비 + 가계지원비 - 세금
       ▶ '실수령액' 매크로는 [도형] → [기본 도형]의 '타원'에 지정한 후 실행하도록 하며, 텍스트는 '실수령액'으로 입력하고, 텍스트 맞춤 가로 '가운데', 세로 '가운데'로 설정하며, 동일 시트의 [B12:C13] 영역에 위치시키시오.
    ② [A2:F2] 영역에 대해 글꼴 스타일 '기울임꼴', 셀 음영색 '노랑'을 적용하는 매크로를 생성하고, 매크로 이름은 '서식지정'으로 정의하시오.
       ▶ '서식지정' 매크로는 [도형] → [사각형]의 '직사각형'에 지정한 후 실행하도록 하며, 텍스트는 '서식지정'으로 입력하고, 텍스트 맞춤 가로 '가운데', 세로 '가운데'로 설정하며, 동일 시트의 [D12:E13] 영역에 위치시키시오.
       ※ 커서가 어느 위치에 있어도 매크로가 실행되어야 정답으로 인정됨

2. '차트작업' 시트의 차트를 지시사항에 따라 아래 그림과 같이 수정하시오.(각 2점)

    ※ 차트는 반드시 문제에서 제공한 차트를 사용하여야 하며, 신규로 작성 시 0점 처리됨
    ① 차트에서 2021년 계열이 표시되지 않도록 데이터 범위를 변경하시오.
    ② 차트 제목은 그림과 같이 지정하고, 글꼴 '궁서체', 글꼴 스타일 '굵은 기울임꼴', 밑줄 '실선', 크기 14로 지정하시오.
    ③ '2023년' 계열의 '부상자수' 요소에 데이터 레이블 '값'을 지정하시오.
    ④ Y(값) 축의 표시 단위는 '천'으로 지정하고, 차트에 단위 레이블을 표시하시오.
    ⑤ 범례는 아래쪽에 배치하시오.

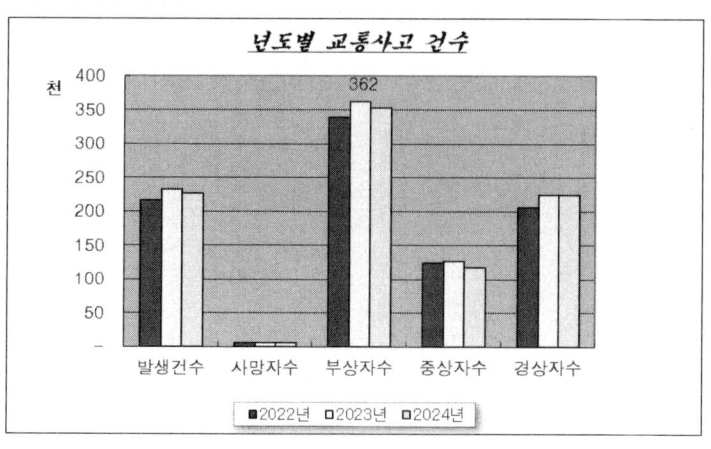

[기본작업-1]

주어진대로 입력함

[기본작업-2]

	A	B	C	D	E	F
1	2025년 상반기 게임 DVD 판매 현황					
2						
3						2025-03-31
4	장르	등급	상반기 판매량			평균판매량
5			1월	2월	3월	
6	액션	15세이용가	1,254	1,257	3,100	1,870.3
7	시뮬레이션	15세이용가	2,351	1,358	2,400	2,036.3
8	스포츠	전체이용가	1,000	2,658	2,511	2,056.3
9	어드벤처	12세이용가	2,348	2,177	2,375	2,300.0
10	RPG	15세이용가	1,658	3,111	2,681	2,483.3
11	레이싱	전체이용가	3,521	2,578	3,810	3,303.0
12	슈팅	전체이용가	2,485	2,469	2,698	2,550.7
13	퍼즐	12세이용가	3,214	2,938	1,257	2,469.7
14	아케이드	12세이용가	1,111	1,685	1,874	1,556.7

[기본작업-3]

	A	B	C	D	E	F	G
1	세공품 수출입 현황						
2							
3	날짜	코드	제품명	구분	제품단가	수량	입금금액
4	2025-07-22	S200	은타일	수입	4,000	144	576,000
5	2025-07-23	S200	은타일	수출	4,000	135	540,000
6	2025-07-24	S200	은타일	수출	4,000	125	500,000
7	2025-08-09	C100	세공품	수출	4,500	117	526,500
8	2025-09-10	C100	세공품	수입	4,500	115	517,500
9	2025-08-06	G111	금도료	수출	5,500	124	682,000
10	2025-09-09	G111	금도료	수입	5,500	133	731,500
11	2025-10-09	S200	은타일	수출	4,000	145	580,000
12	2025-10-10	G111	금도료	수입	5,500	135	742,500
13	2025-10-11	S200	은타일	수출	4,000	166	664,000
14	2025-11-11	C100	세공품	수출	4,500	155	697,500
15	2025-10-29	G111	금도료	수입	5,500	67	368,500
16	2025-11-02	S200	은타일	수출	4,000	54	216,000

[계산작업]

[표1] 직원급여내역

사원명	급여총액	누진공제	세금공제액
이지연	24,578,500	1,400,000	2,286,770
한가람	36,498,520	2,900,000	2,574,770
오두열	36,548,720	2,900,000	2,582,300
안치연	48,685,000	5,800,000	3,937,000
명기영	61,572,700	9,000,000	6,393,170
나미인	48,357,100	5,800,000	3,871,420

세율표

급여총액	세율
20,000,000	15%
40,000,000	20%
60,000,000	25%

[표3] 버스운행시간표

도착지	출발시간	정류장	도착예정시간
시청	10:15	5	10:35
망원동	9:30	6	9:54
서교동	10:05	4	10:21
상암동	9:45	5	10:05
명등포역	9:45	6	10:09
신촌역	10:15	4	10:31
남대문	9:30	3	9:42

[표5] 완제품 생산 현황표

제품	공정	옵션	제품식별번호
abc	ps01	g	ABC-G-1
rpg	ps02	k	RPG-K-2
dga	ps03	j	DGA-J-3
lew	ps04	w	LEW-W-4
kei	ps05	c	KEI-C-5
cle	ps06	r	CLE-R-6

[표2] 조별단합대회 경기 결과표

조	발야구	줄다리기	계주	총점	순위
생산1팀	90	50	80	220	3
경영1팀	70	80	50	200	
영업1팀	100	90	90	280	1
생산2팀	50	100	100	250	2
경영2팀	80	70	60	210	
영업2팀	60	60	70	190	

[표4] 외국인 근로자 급여내역표

성명	부서명	기본급	추가지급액	실수령액
쏘완	영업부	1,600,000	600,000	2,200,000
예얀	자재부	1,800,000	750,000	2,550,000
크리스	자재부	2,000,000	800,000	2,800,000
그레펜	영업부	1,600,000	500,000	2,100,000
루티	영업부	1,800,000	700,000	2,500,000
마봉	생산부	2,200,000	750,000	2,950,000
가이온	자재부	2,400,000	800,000	3,200,000
알리	생산부	2,000,000	600,000	2,600,000

생산부 추가지급액	1,350,000

[분석작업-1]

영화 DVD 대여 현황

명화명	장르	성명	대여료	연체료	대출일	반납일
퍼펙트월드	드라마	최철근	1,500	600	07-18	07-24
쇼생크탈출	드라마	양해일	2,500	400	08-15	08-20
시네마천국	드라마	김민수	1,000	–	06-07	06-10
포레스트 검프	드라마	우한미	1,000	–	06-25	06-28
드라마 평균				250		
드라마 요약			6,000			
쿵푸팬더	애니메이션	정은경	1,500	–	06-15	06-18
뮬란	애니메이션	김성희	2,500	–	08-02	08-04
토이스토리	애니메이션	여진희	1,500	400	07-25	07-30
이웃집 토토로	애니메이션	신유연	2,000	600	07-29	08-04
애니메이션 평균				250		
애니메이션 요약			7,500			
친구	액션	김은조	1,000	800	06-08	06-15
레옹	액션	한미민	2,000	800	07-03	07-10
글레디에이터	액션	유명조	2,000	400	08-17	08-22
와호장롱	액션	최명숙	1,500	600	08-20	08-26
액션 평균				650		
액션 요약			6,500			
엑스맨	판타지	한성기	1,500	–	06-07	06-09
반지의제왕	판타지	어수한	1,000	800	06-18	06-25
해리포터	판타지	황경엽	1,500	–	07-06	07-09
판타지 평균				267		
판타지 요약			4,000			
전체 평균				360		
총합계			24,000			

[분석작업-2]

	A	B	C	D	E	F	G	H	I
1				손익계산서					
2						2025년 6월 21일			
3	년도	매출액	영업비	관리비	세금	순이익		세율	18%
4	2021년	221,062,500	1,000,000	2,500,000	55,265,625	162,296,875		연평균 성장율	22%
5	2022년	269,017,672	1,000,000	3,000,000	67,254,418	197,763,254			
6	2023년	327,375,777	1,500,000	3,000,000	81,843,944	241,031,833			
7	2024년	398,393,529	2,000,000	4,000,000	99,598,382	292,795,147			
8	2025년	484,817,188	2,500,000	5,000,000	121,204,297	356,112,891			
9	평균	340,133,333	1,600,000	3,500,000	85,033,333	250,000,000			
10									

[기타작업-1] 매크로작업

	A	B	C	D	E	F
1	6월 임금명세표					
2	성명	기본급	보조지원비	가계지원비	세금	실수령액
3	김사진	3,600,000	500,000	600,000	540,000	4,160,000
4	유현옥	3,000,000	500,000	500,000	450,000	3,550,000
5	강민철	3,200,000	500,000	500,000	480,000	3,720,000
6	최강순	2,600,000	500,000	300,000	390,000	3,010,000
7	김요열	2,500,000	500,000	300,000	375,000	2,925,000
8	윤정희	2,700,000	500,000	300,000	405,000	3,095,000
9	한상훈	2,000,000	500,000	200,000	300,000	2,400,000
10	박근희	2,100,000	500,000	200,000	315,000	2,485,000
11						
12			실수령액		서식지정	
13						
14						

[기타작업-2] 차트작업

	A	B	C	D	E	F	G
1			년도별 교통사고 건수				
2						단위:명	
3	년도	발생건수	사망자수	부상자수	중상자수	경상자수	
4	2021년	211,662	6,166	335,962	127,643	200,861	
5	2022년	215,822	5,870	338,962	124,182	205,222	
6	2023년	231,990	5,838	361,875	126,378	223,992	
7	2024년	226,878	5,505	352,458	116,902	223,665	

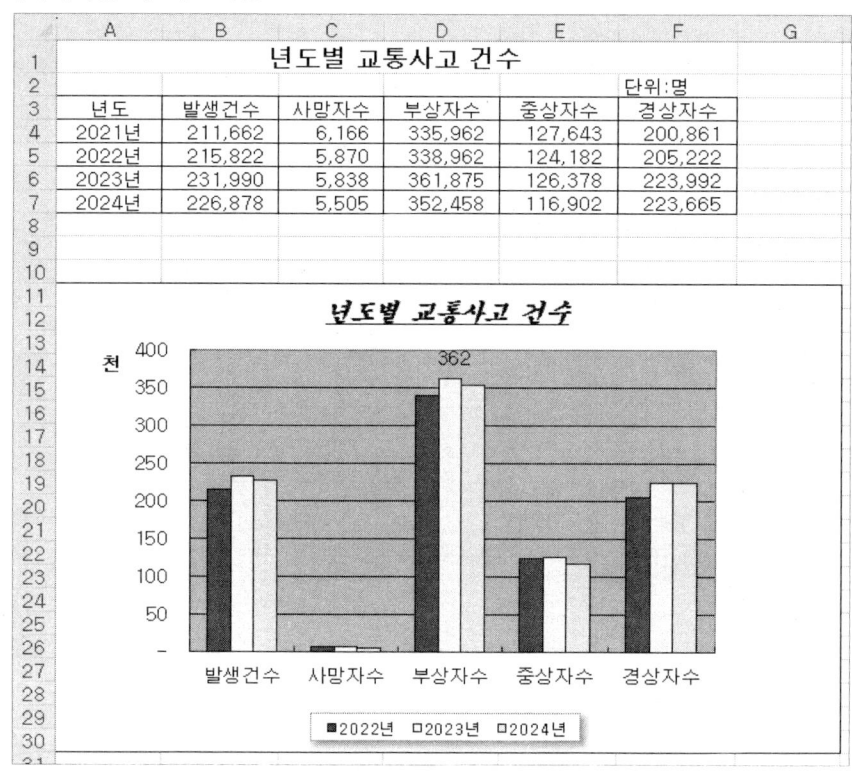

국 가 기 술 자 격 검 정

컴퓨터활용능력 2급 실기 모의고사 4회

프로그램명	제한시간
EXCEL	40분

수험번호 :

성 명 :

[유 의 사 항]

■ 인적 사항 누락 및 잘못 작성으로 인한 불이익은 수험자 책임으로 합니다.

■ 문제지에 표시된 급별 유형의 "문제파일"(2급F형.xls)을 답안디스켓에서 찾아 열면 암호 상자가 나타나며, 해당 암호 상자에 다음의 암호를 입력하여 문제파일을 엽니다.
　　○ 암호 :

■ 작성된 답안의 파일명은 지정된 경로 및 파일명을 변경하지 마시고 저장해야 합니다. 이를 준수하지 않으면 실격처리 됩니다.
　〈답안파일명 예〉
　　○ 2021버전 : C:\OA\수험번호 8자리.xlsm (확장자에 유의하시오)
　　■ 외부데이터 위치 : C:\OA\파일명

■ 별도 지시사항이 없는 경우, 다음과 같이 처리하면 실격처리 됩니다.
　　○ 제시된 시트 순서를 임의로 변경한 경우
　　○ 제시된 시트 이름을 임의로 변경한 경우
　　○ 제시된 시트를 임의로 추가 또는 삭제한 경우

■ 답안은 반드시 문제에서 지시 또는 요구한 셀에 입력하여야 하며, 수험자가 임의로 셀의 위치를 변경하여 입력한 경우에는 채점 대상에서 제외됩니다.
　　※ 아울러 지시하지 않은 셀의 이동, 수정, 삭제, 변경 등으로 인해 셀의 위치가 변경된 경우에도 관련문제 모두 채점 대상에서 제외됩니다.

■ 차트의 개체가 중첩되어 있거나, 동일한 계산결과 시트가 복수로 존재할 경우에는 해당 개체나 시트는 채점 대상에서 제외됩니다.

■ 별도 지시사항이 없는 경우, 주어진 각 시트의 설정값 또는 기본설정값(Default)으로 처리하십시오.

■ 저장시간은 별도로 주어지지 아니하므로 제한된 시간 내에 저장을 완료해야 합니다

대 한 상 공 회 의 소

문제1 기본작업(20점) 주어진 시트에 대하여 다음 작업을 수행하고 저장하시오.

1. '기본작업-1' 시트에 다음의 자료를 주어진 대로 입력하시오. (5점, 각 셀마다 부분점수 인정)

	A	B	C	D	E	F
1	㈜ 아디두스 컴퍼니 인사기록					
2						
3	사원코드	부서명	사원명	주민등록번호	경력	연락처
4	nede-01	인사부	지대승	800621-1234567	8년 6개월	010-6859-9857
5	pars-02	영업부	박수해	820101-2352345	7년 3개월	010-3598-5274
6	salo-01	자재부	김애선	891009-2459872	1년 5개월	010-3879-5178
7	kand-03	생산부	최완성	870305-1387267	3년 2개월	010-6845-2987
8	coki-02	기술부	강정호	850815-1298684	6년 8개월	010-9988-6844
9	head-01	경리부	최민경	881225-2685445	2년 1개월	010-6857-2247
10	pure-01	기획부	윤철성	830730-1287598	4년 10개월	010-5834-7077

2. '기본작업-2' 시트에 대하여 다음의 지시사항을 처리하시오. (각 2점)

① [A1:G1] 영역은 '병합하고 가운데 맞춤', 글꼴 '굴림체', 크기 16, 글꼴 스타일 '굵게', 밑줄 '이중 실선'으로 지정하시오.

② [A14:C14] 영역은 '병합하고 가운데 맞춤'을, [A3:G3] 영역은 글꼴 '궁서체', 크기 12, 글꼴 색 '노랑' 채우기 색 '파랑', '가운데 맞춤'으로 지정하시오.

③ [D4:D14], [F4:G14] 영역은 사용자 지정 서식을 이용하여 천 단위 구분 기호와 숫자 뒤에 "원"을 표시하시오.(표시 예 : 1000000 → 1,000,000원).

④ [C4:C8] 영역을 '아시아'로 이름을 정의하시오.

⑤ [A3:G14] 영역은 '모든 테두리'를 적용하여 표시하시오.

3. '기본작업-3' 시트에 대하여 다음의 지시사항을 처리하시오. (5점)

다음의 텍스트 파일을 열어, 생성된 데이터를 '기본작업-3' 시트의 [B4:J14] 영역에 붙여넣으시오.

▶ 외부 데이터 파일명은 '퀴즈점수.txt'임

▶ 외부데이터는 공백으로 구분되어 있음

▶ 열 너비는 조정하지 않음

1. [표1]에서 주민등록번호[D3:D9]를 이용하여 생년월일[E3:E9]를 구하시오. (8점)

   ▶ 생년월일의 '연도'는 1900+주민등록번호 1~2번째 자리, '월'은 주민등록번호 3~4번째 자리, '일'은 주민등록번호 5~6번째 자리
   ▶ NOW, DATE, AND, OR, MID 중 알맞은 함수 사용

2. [표2]에서 국어점수[I3:I9]가 90 이상이면서 영어점수[J3:J9] 또는 수학점수[K3:K9]가 80 이상이면 분류[L3:L10]에 '우수'를, 이 외에는 공백으로 표시하시오. (8점)

   ▶ IF, AND, OR 함수 사용

3. [표3]에서 획득점수[C13:C21]과 등급표[B24:E25]를 이용하여 자격증등급[D13:D21]을 구하시오. 단, 획득점수가 등급표에 존재하지 않는 경우 자격증등급에 '불합격'이라고 표시하시오. (8점)

   ▶ 등급표의 의미 : 점수가 200~299이면 'D', 300~399이면 'C', 400~499이면 'B', 500 이상이면 'A'를 적용함
   ▶ HLOOKUP, VLOOKUP, IF, IFERROR, INDEX 중 알맞은 함수 사용

4. [표4]에서 제품명[I13:I23]이 컴퓨터이면서 판매량[K13:K23]이 70 이상인 대리점수를 [L25] 셀에 표시하시오. (8점)

   ▶ SUMIF, SUMIFS, COUNTIF, COUNTIFS 중 알맞은 함수 사용

5. [표5]에서 평균[E29:E36]을 기준으로 순위를 구하여 1~3위는 "선발", 나머지는 공백으로 최종 결과[F29:F36]에 표시하시오. (8점)

   ▶ IF와 rank.eq 함수 사용

1. '분석작업-1' 시트에 대하여 다음의 지시사항을 처리하시오. (10점)

데이터 통합 기능을 이용하여 [표1], [표2], [표3]에 대한 제품명별, '총생산량', '불량품', '출고량'의 평균을 '소형 가전제품 생산현황(3/4분기까지)'표의 [I13:K19] 영역에 계산하시오.

2. '분석작업-2' 시트에 대하여 다음의 지시사항을 처리하시오. (10점, 부분점수 없음)

'사원별 급여 지급 현황' 표에서 상여금비율[B17]이 다음과 같이 변동하는 경우 직위가 '대리'인 사원들의 '실지급액'의 변동 시나리오를 작성하시오.

▶ 셀 이름 정의 : [B17] 셀은 '상여금비율', [H5] 셀은 '백만원', [H7] 셀은 '정상인', [H9] 셀은 '조만 근'으로 정의하시오.

▶ 시나리오1 : 시나리오 이름은 '비율증가', 상여금비율을 60%로 설정하시오.

▶ 시나리오2 : 시나리오 이름은 '비율인하', 상여금비율을 40%로 설정하시오.

▶ 위 시나리오에 의한 '시나리오 요약' 보고서는 '분석작업-2' 시트 바로 앞에 위치시키시오.

※ 시나리오 요약 보고서 작성 시 정답과 일치하여야 하며, 오자로 인한 부분점수는 인정하지 않음

문제4 기타작업(20점)　'기타작업'시트에 대하여 다음 작업을 수행하고 저장하시오.

1. '매크로작업' 시트의 [표1]에서 다음과 같은 기능을 수행하는 매크로를 현재 통합 문서에 작성하고 실행 하시오. (각 5점)

　① [H4:H13] 영역에 출장비 총합계를 계산하는 '총합계' 매크로를 생성하시오.
　　▶ [도형] → [사각형]의 '직사각형'을 동일 시트의 [B15:C16] 영역에 생성한 후
　　　텍스트를"총합계"로 입력하고, 도형을 클릭할 때 '총합계' 매크로가 실행되도록 설정하시오.
　② [A3:H3] 영역에 대하여 글꼴 색 '진한 빨강', 배경색 '노랑'을 적용하는 '서식' 매크로를 생성하시오.
　　▶ [도형] → [기본 도형]의 '빗면'을 동일 시트의 [E15:F16] 영역에 생성한 후 텍스트를 "서식"
　　　으로 입력하고, 도형을 클릭할 때 '서식' 매크로가 실행되도록 설정하시오.
　　※ 셀 포인터의 위치에 상관없이 현재 통합 문서에서 매크로가 실행되어야 정답으로 인정됨

2. '차트작업' 시트의 차트를 지시사항에 따라 아래 그림과 같이 수정하시오. (각 2점)

　※ 차트는 반드시 문제에서 제공한 차트를 사용하여야 하며, 신규로 작성 시 0점 처리됨
　① 식품명이 '건과일'인 데이터가 차트에 표시되도록 데이터 범위를 추가하고, '판매가(t)' 데이터 계열의 차트 종류를 '표식이 있는 꺾은 선형'으로 변경하시오.
　② 차트 제목을 그림과 같이 입력하고, 글꼴 '궁서체',크기 19로 지정하시오.
　③ '판매가(t)' 데이터 계열 중 '쿠키' 만 데이터 레이블 '값'을 표시하시오.
　④ 세로(값) 축의 주 단위는 10,000,000으로 지정하시오.
　⑤ 차트 영역의 테두리 스타일은"`둥근 모서리`'로 지정하시오.

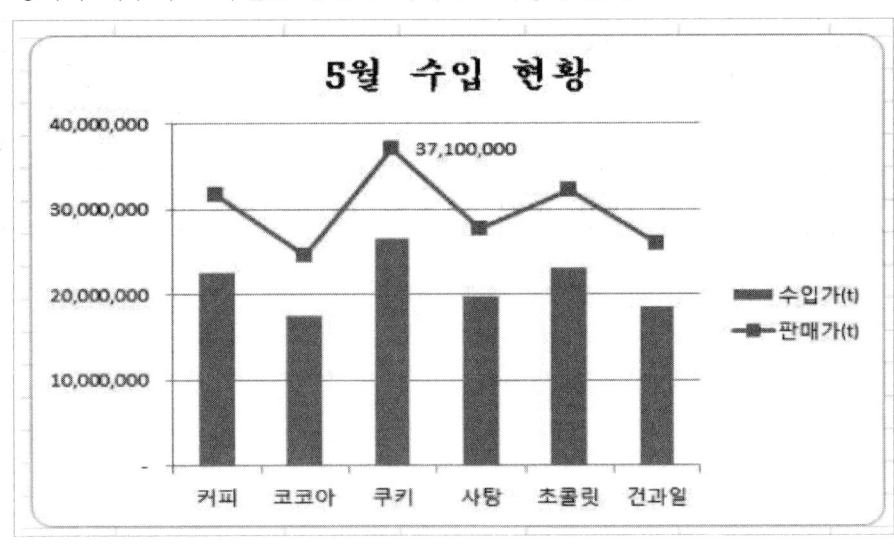

정답

[기본작업-1]
주어진대로 데이터를 입력함

[기본작업-2]

	A	B	C	D	E	F	G
1			나라별 과일 수입 현황				
2							
3	과일명	수입일자	수입국	구입액(BOX)	수입량	세액(BOX)	총액
4	망고	2012-06-01	베트남	30,000원	250	3,900원	6,525,000원
5	자몽	2012-06-05	필리핀	28,000원	200	3,640원	4,872,000원
6	파인애플	2012-06-05	베트남	18,000원	300	2,340원	4,698,000원
7	멜론	2012-06-10	대만	26,000원	200	3,380원	4,524,000원
8	바나나	2012-07-01	필리핀	10,000원	700	1,300원	6,090,000원
9	오렌지	2012-06-10	미국	20,000원	600	2,600원	10,440,000원
10	청포도	2012-06-20	이스라엘	15,000원	500	1,950원	6,525,000원
11	체리	2012-07-08	터키	16,000원	300	2,080원	4,176,000원
12	블루베리	2012-07-10	미국	15,000원	400	1,950원	5,220,000원
13	석류	2012-07-10	터키	20,000원	350	2,600원	6,090,000원
14	합계			198,000원	3800	25,740원	59,160,000원

[기본작업-3]

	A	B	C	D	E	F	G	H	I	J
1										
2		환경학과 퀴즈점수 현황								
3										
4		학번	이름	퀴즈A	퀴즈B	퀴즈C	퀴즈D	퀴즈E	합계	평균
5		201205123	김소예	26	29	28	27	26	136	27.2
6		201205130	최헌기	29	27	28	30	28	142	28.4
7		201205103	신영숙	26	30	24	28	30	138	27.6
8		201205113	김상진	24	28	26	30	30	138	27.6
9		201205105	장애라	25	25	24	29	28	131	26.2
10		201205118	신문고	26	28	25	28	30	137	27.4
11		201205124	심은섭	29	28	28	27	29	141	28.2
12		201205019	유미라	29	27	29	28	28	141	28.2
13		201205115	이근상	27	28	29	27	28	139	27.8
14		201205135	양승영	26	25	28	30	24	133	26.6
15										

[계산작업]

[표1] 동호회 회원관리표

지역	이름	성별	주민등록번호	생년월일
망원동	이희은	여	880325-2315487	1988년 03월 25일
서교동	정미지	여	871031-2165351	1987년 10월 31일
서교동	최찬웅	남	850513-1234875	1985년 05월 13일
합정동	이재민	남	861111-1258743	1986년 11월 11일
망원동	김치국	남	840205-1238795	1984년 02월 05일
합정동	천대명	남	881219-1425836	1988년 12월 19일
서교동	고우리	여	830909-2345913	1983년 09월 09일

[표2] 중간고사 성적 현황

이름	성별	국어	영어	수학	분류
김유성	남	94	88	90	우수
강현욱	남	68	84	75	
장진수	남	92	78	77	
신경희	여	91	90	91	우수
한인애	여	94	98	89	우수
나여인	여	88	88	87	
박신현	남	90	57	79	

[표3] 자격증등급 분류표

수험번호	성명	획득점수	자격증등급
120368	이리오	189	불합격
120625	함상모	538	A
120615	진한석	425	B
120248	김희체	249	D
120357	설수인	485	B
120316	우수아	359	C
120395	김범도	199	불합격
120574	이수정	352	C
120458	박순심	586	A

[등급표]

점수	200	300	400	500
등급	D	C	B	A

[표4] 대리점별 제품 판매 현황

대리점	제품코드	제품명	판매가	판매량	판매금액
서울	CT-1025	컴퓨터	750,000	68	51,000,000
광주	TR-0823	3DTV	1,200,000	48	57,600,000
부산	NG-1201	냉장고	1,000,000	68	68,000,000
대전	CT-1025	컴퓨터	750,000	72	54,000,000
서울	TR-0823	3DTV	1,200,000	81	97,200,000
부산	CT-1025	컴퓨터	750,000	75	56,250,000
대전	TR-0823	3DTV	1,200,000	77	92,400,000
부산	TR-0823	3DTV	1,200,000	57	68,400,000
서울	NG-1201	냉장고	1,000,000	48	48,000,000
대전	NG-1201	냉장고	1,000,000	67	67,000,000
광주	CT-1025	컴퓨터	750,000	49	36,750,000

컴퓨터 판매 우수 대리점	2

[표5] 멀리뛰기 대표선수 선발 결과

이름	1차시기	2차시기	3차시기	평균	최종결과
강철식	752	768	797	772.3	
김달려	749	758	752	753.0	
박시규	762	755	745	754.0	
이문고	812	803	822	812.3	선발
최형민	835	840	855	843.3	선발
김백중	795	810	812	805.7	
황마열	838	824	818	826.7	선발
문경후	728	735	749	737.3	

[분석작업-1]

[표1] 1/4분기 소형 가전제품 생산현황

제품명	1일생산량	생산일수	총생산량	불량품	출고량
미니오븐	100	60	6,000	24	5,976
전기밥솥	150	60	9,000	36	8,964
믹서기	200	60	12,000	48	11,952
전자레인지	120	60	7,200	29	7,171
미니냉장고	80	60	4,800	19	4,781
가습기	200	60	12,000	48	11,952
선풍기	180	60	10,800	43	10,757

[표3] 3/4분기 소형 가전제품 생산현황

제품명	1일생산량	생산일수	총생산량	불량품	출고량
미니오븐	100	64	6,400	26	6,374
전기밥솥	150	64	9,600	39	9,561
믹서기	200	64	12,800	52	12,748
전자레인지	120	64	7,680	31	7,649
미니냉장고	80	64	5,120	21	5,099
가습기	200	64	12,800	52	12,748
선풍기	180	64	11,520	47	11,473

[표2] 2/4분기 소형 가전제품 생산현황

제품명	1일생산량	생산일수	총생산량	불량품	출고량
미니오븐	100	62	6,200	22	6,178
전기밥솥	150	62	9,300	33	9,267
믹서기	200	62	12,400	43	12,357
전자레인지	120	62	7,440	26	7,414
미니냉장고	80	62	4,960	17	4,943
가습기	200	62	12,400	43	12,357
선풍기	180	62	11,160	39	11,121

소형 가전제품 생산현황(3/4분기까지)

제품명	총생산량	불량품	출고량
미니오븐	6,200	24	6,176
전기밥솥	9,300	36	9,264
믹서기	12,400	48	12,352
전자레인지	7,440	29	7,411
미니냉장고	4,960	19	4,941
가습기	12,400	48	12,352
선풍기	11,160	43	11,117

[분석작업-2]

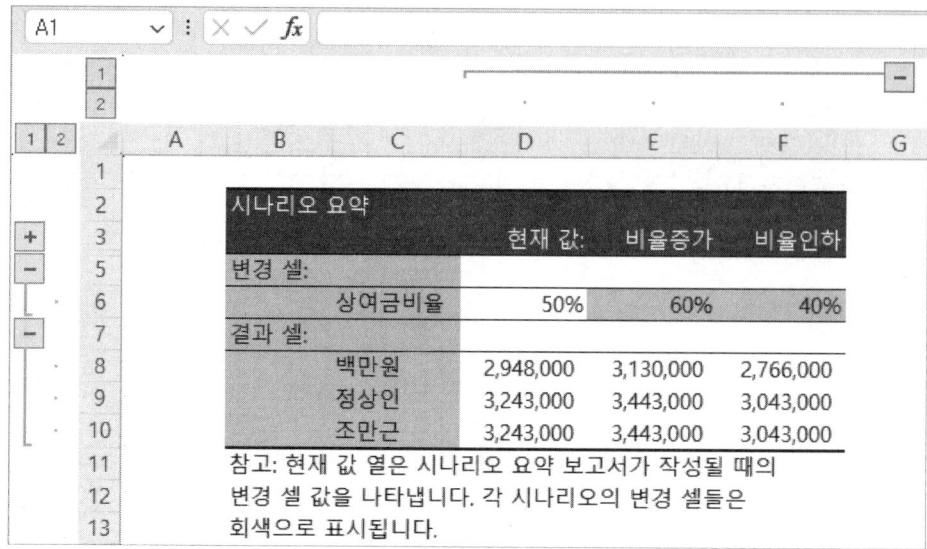

[기타작업-1] 매크로작업

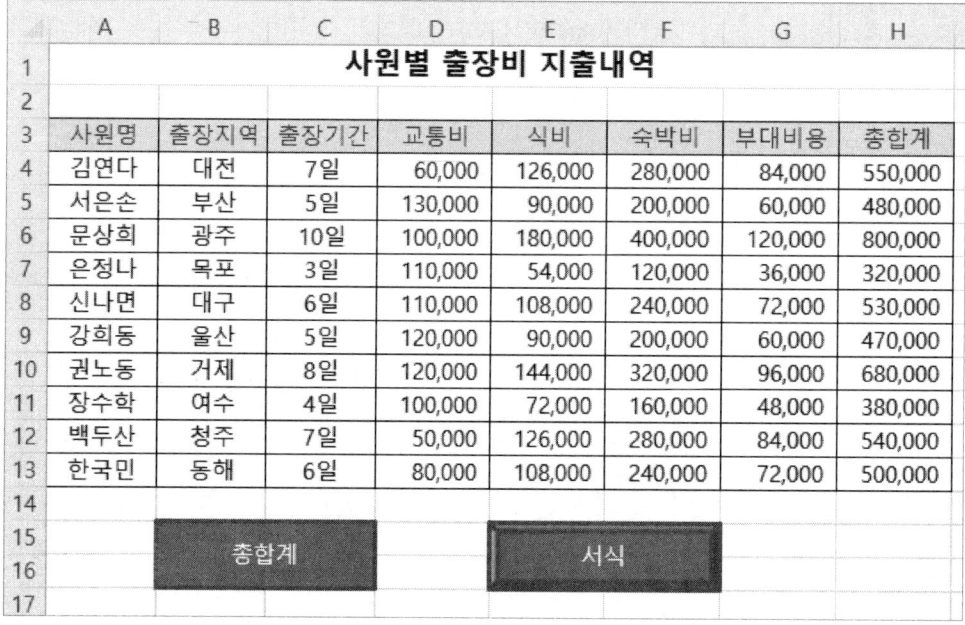

	A	B	C	D	E	F	G	H
1				사원별 출장비 지출내역				
2								
3	사원명	출장지역	출장기간	교통비	식비	숙박비	부대비용	총합계
4	김연다	대전	7일	60,000	126,000	280,000	84,000	550,000
5	서은손	부산	5일	130,000	90,000	200,000	60,000	480,000
6	문상희	광주	10일	100,000	180,000	400,000	120,000	800,000
7	은정나	목포	3일	110,000	54,000	120,000	36,000	320,000
8	신나면	대구	6일	110,000	108,000	240,000	72,000	530,000
9	강희동	울산	5일	120,000	90,000	200,000	60,000	470,000
10	권노동	거제	8일	120,000	144,000	320,000	96,000	680,000
11	장수학	여수	4일	100,000	72,000	160,000	48,000	380,000
12	백두산	청주	7일	50,000	126,000	280,000	84,000	540,000
13	한국민	동해	6일	80,000	108,000	240,000	72,000	500,000

[기타작업-2] 차트작업

	A	B	C	D	E	F	G
1			기호식품 수입 현황				
2							
3	수입업체	식품명	수입국	수입월	수입량(t)	수입가(t)	판매가(t)
4	한종무역	커피	에티오피아	5월	7,000	22,650,000	31,710,000
5	대망식품	원당(설탕)	인도	6월	12,000	15,850,000	22,190,000
6	세계식품	코코아	코트디부아르	5월	8,000	17,500,000	24,500,000
7	망오통상	오렌지주스	미국	6월	10,000	16,800,000	23,520,000
8	쿠키코리아	쿠키	이탈리아	5월	6,000	26,500,000	37,100,000
9	유기농식품	견과류	터키	6월	10,000	17,000,000	23,800,000
10	슈가무역	사탕	영국	5월	5,000	19,740,000	27,636,000
11	전문통상	초콜릿	스위스	5월	8,000	23,050,000	32,270,000
12	맛나식품	건과일	태국	5월	7,000	18,500,000	25,900,000

5월 수입 현황

컴퓨터활용능력 2급 실기 모의고사 5회

프로그램명	제한시간
EXCEL	40분

수험번호 : _____

성   명 : _____

[유 의 사 항]

■ 인적 사항 누락 및 잘못 작성으로 인한 불이익은 수험자 책임으로 합니다.

■ 문제지에 표시된 급별 유형의 "문제파일"(2급F형.xls)을 답안디스켓에서 찾아 열면 암호 상자가 나타나며, 해당 암호 상자에 다음의 암호를 입력하여 문제파일을 엽니다.
   ○ 암호 : 4320@9

■ 작성된 답안의 파일명은 지정된 경로 및 파일명을 변경하지 마시고 저장해야 합니다.
  이를 준수하지 않으면 실격처리 됩니다.
  〈답안파일명 예〉
   ○ 2021버전 : C:₩OA₩수험번호 8자리.xlsm (확장자에 유의하시오)
   ■ 외부데이터 위치 : C:₩OA₩파일명

■ 별도 지시사항이 없는 경우, 다음과 같이 처리하면 실격처리 됩니다.
   ○ 제시된 시트 순서를 임의로 변경한 경우
   ○ 제시된 시트 이름을 임의로 변경한 경우
   ○ 제시된 시트를 임의로 추가 또는 삭제한 경우

■ 답안은 반드시 문제에서 지시 또는 요구한 셀에 입력하여야 하며, 수험자가 임의로 셀의 위치를 변경하여 입력한 경우에는 채점 대상에서 제외됩니다.
   ※ 아울러 지시하지 않은 셀의 이동, 수정, 삭제, 변경 등으로 인해 셀의 위치가 변경된 경우에도 관련문제 모두 채점 대상에서 제외됩니다.

■ 차트의 개체가 중첩되어 있거나, 동일한 계산결과 시트가 복수로 존재할 경우에는 해당 개체나 시트는 채점 대상에서 제외됩니다.

■ 별도 지시사항이 없는 경우, 주어진 각 시트의 설정값 또는 기본설정값(Default)으로 처리하십시오.

■ 저장시간은 별도로 주어지지 아니하므로 제한된 시간 내에 저장을 완료해야 합니다.

대 한 상 공 회 의 소

1. '기본작업-1' 시트에 다음의 자료를 주어진 대로 입력하시오. (5점, 각 셀마다 부분점수 인정)

	A	B	C	D	E	F
1	거래처 연락 현황					
2	거래처코드	거래처	대표자	업태	전화번호	거래기간
3	K1001	상공출판	이민군	출판인쇄	010-6070-3967	3년
4	K1002	상공유통시스템	양미리	도소매	010-4934-8463	2년
5	K1003	보험공제조합	군장신	비영리	010-4684-6878	5년
6	K1004	백성은행	이유만	금융	010-8684-5462	3년
7	K1005	유명정보통신	신상주	정보서비스	010-4354-8763	4년
8	S1001	한신출판	김치국	출판인쇄	010-7384-1387	5년
9	S1002	아시아OA유통	최치수	도소매	010-5070-6248	6년
10	S1003	국민광고기획	배기양	광고	010-5070-2984	3년
11	S1004	임금은행	박은형	금융	010-6397-5846	5년
12	S1005	천사테크노시스템	강신수	정보서비스	010-6847-8479	4년

2. '기본작업-2' 시트에 대하여 다음의 지시사항을 처리하시오. (각 2점)

① [A1:G1] 영역은 '병합하고 가운데 맞춤', 글꼴 '굴림체', 크기 '14', 글꼴 스타일 '굵게', 밑줄 '이중실선'으로 지정하시오

② 데이터 영역의 첫 행과 [A4:C12] 영역은 '가로 가운데 맞춤'을, [A13:D13] 영역은 '병합하고 가운데 맞춤'을 지정하시오.

③ [G3] 셀의 "퇴직금"을 한자 "退職金"으로 바꾸시오.

④ [E4:G13] 영역은 사용자 지정 셀 서식을 천 단위 구분 기호와 숫자 뒤에 "원"을 표시하시오(표시 예 : 1000000 → 1,000,000원)

⑤ 데이터 영역의 첫 행은 채우기 색 '노랑', 글꼴 색 '파랑'으로 지정하고, [A3:G13] 영역은 '모든 테두리'를 적용하여 표시하시오

3. '기본작업-3' 시트의 [E15:J22] 영역을 복사하여 [B2]셀에 연결하여 붙여 넣으시오. (5점)

▶ 단, 원본 데이터는 삭제하지 마시오

문제2 계산작업(40점) '계산작업'시트에 대하여 다음 작업을 수행하고 저장하시오.
(각 문제당 8점)

1. [표1]에서 영어점수의 전체평균[D3:E8]과 개인별 영어점수의 평균차 [F3:F8]를 구하시오.(8점)

▶ AVERAGE, DAVERAGE, SUMIF 중 알맞은 함수를 선택하여 사용

2. [표2]에서 주차장[J3:J8] 평가가 우수(○)한 휴게소의 월매출액의 평균[L10]을 구하시오. (8점)

▶ ○은 엑셀의 특수 기호임
▶ SUMIF와 COUNTIF 함수 사용

3. [표3]에서 거주지[A12:A20]가 도시인 청소년의 평균 키[D23]를 구하시오. (8점)

▶ [C22:C23] 영역에 조건을 지정
▶ 평균 키는 소수점 이하 첫째 자리에서 올림하고, 숫자 뒤에 "CM"을 표시(표시 예 : 160CM)
▶ DSUM, DAVERAGE, ROUND, ROUNDUP, ROUNDDOWN 중 알맞은 함수를 선택하여 사용

4. [표4]에서 1차, 2차, 3차검사 결과가 각각 4 이상이고, 1~3차검사 결과의 평균이 5 이상이면 "치료", 그렇지 않으면 "주의"를 진단결과[L14:L23]에 표시하시오. (8점)

▶ IF, AND, AVERAGE 함수 사용

5. [표5]에서 총점[D27:D35]을 기준으로 수상내역[E27:E35]을 표시하시오 (8점)

▶ 수상내역표의 의미 : 순위가 1위면 "대상", 2위면 "금상", 3위면 "은상", 4~5위면 "동상", 6~7위면 "장려상", 이외에는 "참가상"을 적용함
▶ 총점이 높은 사람이 1위
▶ VLOOKUP, HLOOKUP, rank.eq, CHOOSE 중 알맞은 함수를 선택하여 사용

1. '분석작업-1' 시트에 대하여 다음의 지시사항을 처리하시오. (10점)
   '부서별 급여 현황' 표를 이용하여 성명은 '보고서 필터', 부서명은 '행 레이블', 직위는 '열 레이블'로 처리하고, '값'에 기본급과 실수령액의 합계를 계산한 후 'Σ 값'을 '행 레이블'로 설정하는 피벗 테이블을 작성하시오.

   ▶ 피벗 테이블 보고서는 동일 시트의 [A18] 셀에서 시작하시오.
   ▶ 피벗 테이블 보고서의 행의 총합계는 표시하지 않고, 빈 셀은 '*' 기호로 표시할 것

2. '분석작업-2' 시트에 대하여 다음의 지시사항을 처리하시오. (10점)
   '2/4분기 아이스크림 판매 현황' 표에서 '제품명'별로 '판매량'의 합계와 '판매금액'의 평균이 나타나도록 '부분합'을 작성하시오.

   ▶ '제품명'에 대한 정렬기준은 오름차순으로 하시오.
   ▶ 합계와 평균은 표시되는 순서에 상관없이 처리하시오.

1. '매크로작업'시트의 [표]에서 다음과 같은 기능을 수행하는 매크로를 현재 통합문서에 작성하고 실행하시오.(각 5점)

① [E3:E9] 영역에 대하여 구성비를 계산하는 '구성비' 매크로를 생성하시오.

▶ 구성비는 '판매금액/판매금액 합계'로 계산

▶ [도형] → [기본 도형]의 '웃는 얼굴'을 동일 시트의 [G2:G4] 영역에 생성한 후 도형을 클릭할 때 구성비 매크로가 실행되도록 설정하시오.

② [A2:E2] 영역에 대하여 셀 배경색 '파랑'을 적용하는 '서식' 매크로를 생성하시오.

▶ [도형] → [기본 도형]의 '달'을 동일 시트의 [G6:G8] 영역에 생성한 후 도형을 클릭할 때 '서식' 매크로가 실행되도록 설정하시오.

※ 셀 포인터의 위치에 상관없이 현재 통합 문서에서 매크로가 실행되어야 정답으로 인정됨

2. '차트작업'시트에서 다음 지시사항에 따라 그림과 같이 수정하시오(각 2점)

① '제조회사별'로 '에어컨'과 '세탁기'가 차트에 표시되도록 데이터 범위를 지정하고, 차트 종류는 '묶은 원통형'으로 하시오.

② 차트 제목을 그림과 같이 입력하고 크기 16, 글꼴 색 '노랑', 채우기 색 '파랑'으로 지정하시오.

③ 세로(값) 축 제목을 그림과 같이 입력하시오.

④ '세탁기' 데이터 계열 중 '상성전자'만 채우기 색을 '노랑'으로 지정하고, 데이터 레이블 '값'을 표시하시오.

⑤ 차트는 동일 시트의 [A12:H26] 영역에 위치하고, 테두리를 '둥근 모서리'로 지정하시오.

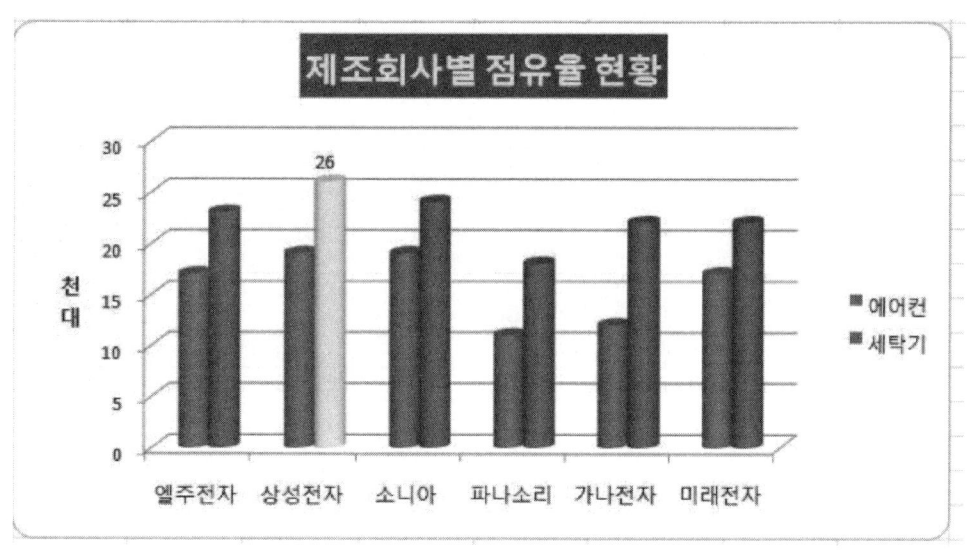

[기본작업-1]
주어진 데이터를 입력함

[기본작업-2]

	A	B	C	D	E	F	G
1				사원별 퇴직금 내역			
2							
3	부서	성명	직책	근속기간	기본급	수당	退職金
4	영업부	김정화	부장	23	3,600,000원	1,000,000원	92,800,000원
5	영업부	송구완	과장	19	3,000,000원	700,000원	64,000,000원
6	영업부	김충렬	대리	7	2,400,000원	500,000원	21,800,000원
7	인사부	최민준	부장	24	3,800,000원	1,000,000원	101,200,000원
8	인사부	서강석	과장	13	2,800,000원	700,000원	43,400,000원
9	인사부	이감찬	대리	8	2,100,000원	500,000원	21,800,000원
10	생산부	김혜영	부장	22	3,500,000원	1,000,000원	87,000,000원
11	생산부	이재석	과장	15	2,900,000원	700,000원	50,500,000원
12	생산부	윤재욱	대리	6	2,000,000원	500,000원	17,000,000원
13	평균				2,900,000원	733,333원	55,500,000원

[기본작업-3]

	A	B	C	D	E	F	G	H	I	J
1										
2		매입처	담당자	상품명	상품단가	입고수량	입고금액			
3		은하상사	이성실	볼펜	10000	15	150000			
4		동성상사	유민승	포스트잇	12000	20	240000			
5		휴먼상사	신은소	A4용지	22000	8	176000			
6		은하상사	이성실	볼펜	10000	18	180000			
7		동성상사	유민승	포스트잇	12000	24	288000			
8		휴먼상사	신은소	A4용지	22000	10	220000			
9		휴먼상사	신은소	A4용지	22000	15	330000			
10										
11										
12										
13										
14										
15					매입처	담당자	상품명	상품단가	입고수량	입고금액
16					은하상사	이성실	볼펜	₩ 10,000	15	₩ 150,000
17					동성상사	유민승	포스트잇	₩ 12,000	20	₩ 240,000
18					휴먼상사	신은소	A4용지	₩ 22,000	8	₩ 176,000
19					은하상사	이성실	볼펜	₩ 10,000	18	₩ 180,000
20					동성상사	유민승	포스트잇	₩ 12,000	24	₩ 288,000
21					휴먼상사	신은소	A4용지	₩ 22,000	10	₩ 220,000
22					휴먼상사	신은소	A4용지	₩ 22,000	15	₩ 330,000

[계산작업]

[표1] 영어경시대회 점수분포

이름	학교명	학년	독해	청취	평균차
신성한	성포중	2학년	86	79	7
김은혜	청인중	3학년	98	94	-6
강심장	중앙중	3학년	95	85	0
노고리	서해중	3학년	87	88	2
안심해	군자중	2학년	92	91	-2
허영심	매향중	3학년	91	89	0

[표3] 거주지별 청소년 성장분포

거주지	이름	성별	나이	키	몸무게
농촌	이재능	남	16	171	62
도시	전천우	남	15	167	66
도시	윤미윤	여	16	159	50
농촌	여민홍	여	16	161	50
어촌	성일화	남	15	170	57
도시	김선호	남	16	174	60
어촌	임상희	여	15	162	48
농촌	고한숙	여	15	163	52
어촌	김회식	남	15	166	60

거주지	도시 청소년 키 평균
도시	167CM

[표5] 미술대회 수상내역

이름	창의성	예술성	총점	수상내역
김시준	88	90	178	장려상
최미령	98	94	192	금상
지승훈	84	93	177	장려상
이성부	79	87	166	참가상
윤성천	86	77	163	참가상
조희미	91	90	181	동상
김은소	95	90	185	은상
최예진	96	97	193	대상
박시운	90	90	180	동상

[표2] 휴게소 평가 (단위 : 천 원)

휴게소명	청결도	주차장	서비스	월매출액
금강	○	○	○	₩ 5,465,000
천안	○		○	₩ 3,681,000
안성		○	○	₩ 4,400,000
오창	○	○	○	₩ 6,600,000
입장	○	○		₩ 3,824,000
화성	○		○	₩ 4,867,000

주차장 우수 휴게소의 월매출액 평균	₩ 5,072,250

[표4] 치과 고객 현황

고객코드	1차검사	2차검사	3차검사	진단결과
A001	3	3	4	주의
A002	2	5	5	주의
A003	4	4	6	주의
A004	2	3	3	주의
A005	2	2	5	주의
A006	5	5	7	치료
A007	5	6	6	치료
A008	1	2	2	주의
A009	1	1	3	주의
A010	5	5	5	치료

수상내역 표

순위	수상
1	대상
2	금상
3	은상
4	동상
6	장려상
8	참가상

[분석작업-1]

부서별 급여 현황

	부서명	직위	성명	성별	기본급	성과금	세금	실수령액
3	생산부	부장	최영감	남	₩ 3,500,000	₩ 900,000	₩ 420,000	₩ 3,980,000
4	영업부	사원	박가이	남	₩ 2,200,000	₩ 300,000	₩ 264,000	₩ 2,236,000
5	생산부	대리	이승은	여	₩ 2,400,000	₩ 500,000	₩ 288,000	₩ 2,612,000
6	생산부	사원	김성산	남	₩ 2,000,000	₩ 300,000	₩ 240,000	₩ 2,060,000
7	기획부	부장	강오선	여	₩ 3,600,000	₩ 900,000	₩ 432,000	₩ 4,068,000
8	기획부	사원	이재신	남	₩ 2,200,000	₩ 300,000	₩ 264,000	₩ 2,236,000
9	영업부	대리	한이주	남	₩ 2,600,000	₩ 500,000	₩ 312,000	₩ 2,788,000
10	영업부	과장	한송이	여	₩ 3,000,000	₩ 700,000	₩ 360,000	₩ 3,340,000
11	기획부	대리	장나주	여	₩ 2,500,000	₩ 500,000	₩ 300,000	₩ 2,700,000

16	성명	(모두) ▼

18		열 레이블 ▼			
19	행 레이블 ▼	과장	대리	부장	사원
20	기획부				
21	합계 : 기본급	*	2500000	3600000	2200000
22	합계 : 실수령액	*	2700000	4068000	2236000
23	생산부				
24	합계 : 기본급	*	2400000	3500000	2000000
25	합계 : 실수령액	*	2612000	3980000	2060000
26	영업부				
27	합계 : 기본급	3000000	2600000 *		2200000
28	합계 : 실수령액	3340000	2788000 *		2236000
29	전체 합계 : 기본급	3000000	7500000	7100000	6400000
30	전체 합계 : 실수령액	3340000	8100000	8048000	6532000

[분석작업-2]

	A	B	C	D	E	F
1			**2/4분기 아이스크림 판매 현황**			
2	지역	대리점코드	제품명	판매가격	판매량	판매금액
3	강원도	G001	누구바	800	398,500	318,800,000
4	서울	S003	누구바	800	613,500	490,800,000
5	충북	C003	누구바	800	425,800	340,640,000
6	부산	B004	누구바	800	540,000	432,000,000
7			누구바 평균			395,560,000
8			누구바 요약		1,977,800	
9	서울	S002	더위사랑	1,500	631,500	947,250,000
10	강원도	G002	더위사랑	1,500	438,700	658,050,000
11	부산	B002	더위사랑	1,500	632,000	948,000,000
12	충북	C004	더위사랑	1,500	524,800	787,200,000
13			더위사랑 평균			835,125,000
14			더위사랑 요약		2,227,000	
15	부산	B001	빵빠레오	1,500	452,600	678,900,000
16	충북	C001	빵빠레오	1,500	519,800	779,700,000
17	서울	S004	빵빠레오	1,500	475,800	713,700,000
18	강원도	G004	빵빠레오	1,500	426,800	640,200,000
19			빵빠레오 평균			703,125,000
20			빵빠레오 요약		1,875,000	
21	서울	S001	수크리바	1,000	554,100	554,100,000
22	충북	C002	수크리바	1,000	468,500	468,500,000
23	부산	B003	수크리바	1,000	572,000	572,000,000
24	강원도	G003	수크리바	1,000	357,900	357,900,000
25			수크리바 평균			488,125,000
26			수크리바 요약		1,952,500	
27			전체 평균			605,483,750
28			총합계		8,032,300	

[기타작업-1] 매크로 작업

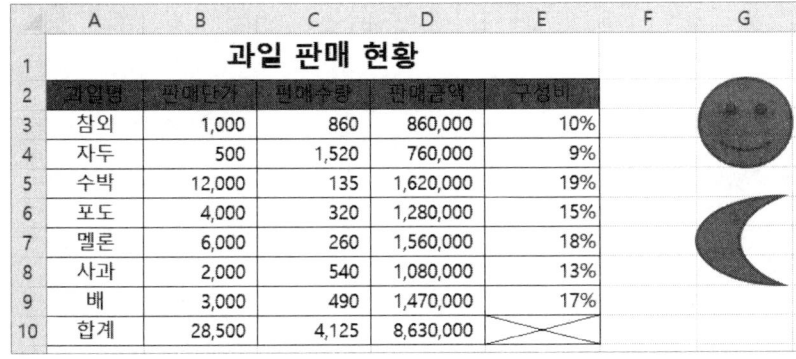

	A	B	C	D	E	F	G
1			**과일 판매 현황**				
2	과일명	판매단가	판매수량	판매금액	구성비		
3	참외	1,000	860	860,000	10%		
4	자두	500	1,520	760,000	9%		
5	수박	12,000	135	1,620,000	19%		
6	포도	4,000	320	1,280,000	15%		
7	멜론	6,000	260	1,560,000	18%		
8	사과	2,000	540	1,080,000	13%		
9	배	3,000	490	1,470,000	17%		
10	합계	28,500	4,125	8,630,000			

[기타작업-2] 차트작업

	A	B	C	D	E	F	G	H
1			전자제품 점유율 현황					
2						단위 : 천대		
3	제조회사	TV	노트북	에어컨	냉장고	세탁기		
4	엘주전자	23	24	17	24	23		
5	상성전자	25	22	19	23	26		
6	소니아	16	18	19	22	24		
7	파나소리	9	12	11	19	18		
8	가나전자	11	13	12	24	22		
9	미래전자	18	15	17	23	22		

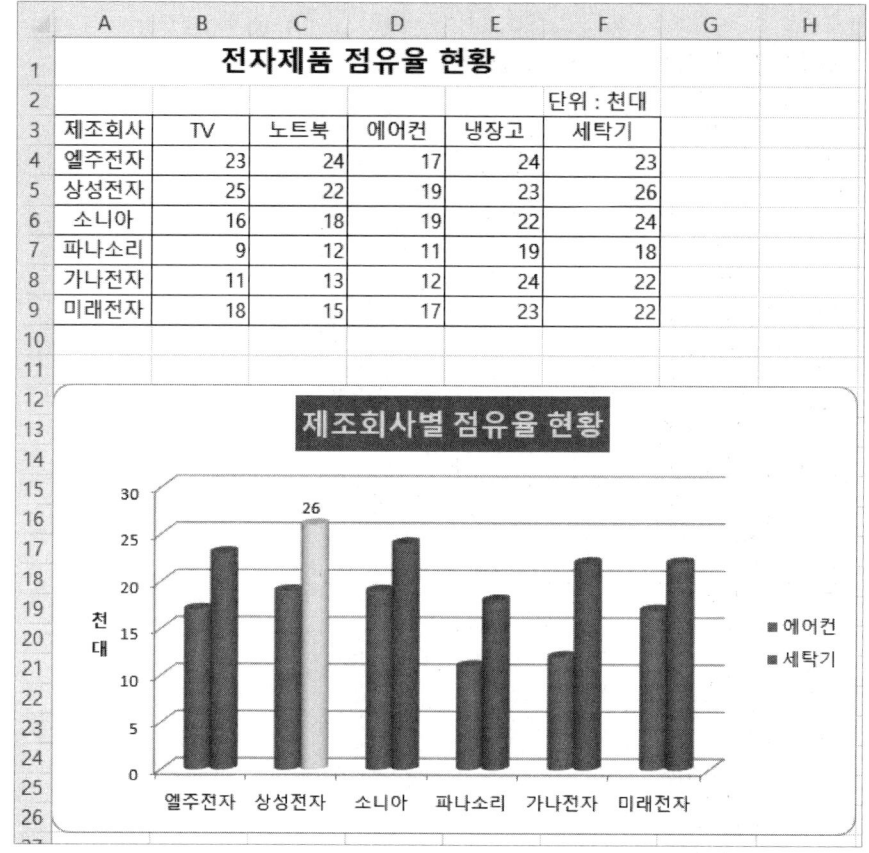

338

국 가 기 술 자 격 검 정

컴퓨터활용능력 2급 실기 모의고사 6회

프로그램명	제한시간	수험번호 :
EXCEL	40분	성 명 :

[유 의 사 항]

■ 인적 사항 누락 및 잘못 작성으로 인한 불이익은 수험자 책임으로 합니다.

■ 문제지에 표시된 급별 유형의 "문제파일"(2급F형.xls)을 답안디스켓에서 찾아 열면 암호 상자가 나타나며, 해당 암호 상자에 다음의 암호를 입력하여 문제파일을 엽니다.
   ○ 암호 : 2320$8

■ 작성된 답안의 파일명은 지정된 경로 및 파일명을 변경하지 마시고 저장해야 합니다. 이를 준수하지 않으면 실격처리 됩니다.
   〈답안파일명 예〉
   ○ 2021버전 : C:\OA\수험번호 8자리.xlsm   (확장자에 유의하시오)
   ■ 외부데이터 위치 : C:\OA\파일명

■ 별도 지시사항이 없는 경우, 다음과 같이 처리하면 실격처리 됩니다.
   ○ 제시된 시트 순서를 임의로 변경한 경우
   ○ 제시된 시트 이름을 임의로 변경한 경우
   ○ 제시된 시트를 임의로 추가 또는 삭제한 경우

■ 답안은 반드시 문제에서 지시 또는 요구한 셀에 입력하여야 하며, 수험자가 임의로 셀의 위치를 변경하여 입력한 경우에는 채점 대상에서 제외됩니다.
   ※ 아울러 지시하지 않은 셀의 이동, 수정, 삭제, 변경 등으로 인해 셀의 위치가 변경된 경우에도 관련문제 모두 채점 대상에서 제외됩니다.

■ 차트의 개체가 중첩되어 있거나, 동일한 계산결과 시트가 복수로 존재할 경우에는 해당 개체나 시트는 채점 대상에서 제외됩니다.

■ 별도 지시사항이 없는 경우, 주어진 각 시트의 설정값 또는 기본설정값(Default)으로 처리하십시오.

■ 저장시간은 별도로 주어지지 아니하므로 제한된 시간 내에 저장을 완료해야 합니다.

대 한 상 공 회 의 소

1. '기본작업-1' 시트에 다음의 자료를 주어진 대로 입력하시오. (5점)

	A	B	C	D	E	F
1	고객 예탁금 현황					
2						
3	고객번호	이름	은행계좌번호	계약기간	계약금액	등록ID
4	aq-312	김한수	302-11-222209	36	1826200	11-#-kim
5	ax-034	장동민	302-11-222210	60	2825000	23-$-jang
6	hk-053	김광민	456-21-123456	36	3043700	31-&-kim
7	go-052	이나미	978-21-654789	12	2145000	73-*-lee
8	dd-409	강미선	093-09-825101	12	3217500	80-#-kang
9	mt-043	조미영	395-09-825802	36	1826200	90-*-cho
10	po-525	이은주	939-09-825803	60	2825000	46-$-pos

2. '기본작업-2' 시트에 대하여 다음의 지시사항을 처리하시오. (각 2점)

① [A1:E1] 영역은 '병합하고 가운데 맞춤', 글꼴 '궁서체', 크기 '16', 글꼴 스타일 '굵게'로 지정하시오

② 제목 "전국(전국) 강수량"에서 괄호 안의 "전국"을 한자 "全國"으로 바꾸시오.

③ [A3:E3] 영역을 '가로 가운데 맞춤', 셀 스타일을 '40%-강조색5'로 지정하시오.

④ [B4:E15] 영역은 사용자 지정 셀 서식을 천 단위 구분 기호와 숫자 뒤에 "ml"를 표시하시오(표시
예 :1500 → 1,500ml).

⑤ [A3:E15] 영역에 모든 테두리를 적용하여 표시하시오.

3. '기본작업-3' 시트에 대하여 다음의 지시사항을 처리하시오. (5점)

- '부서별 인적사항' 표에서 성별이 '여'이고, 직책이 '대리'인 데이터를 고급 필터를 사용하여 검색
하시오.

▶ 고급 필터 조건은 [B14:D16] 범위 내에 알맞게 입력하시오.

▶ 고급 필터 결과 복사 위치는 동일 시트의 [B18] 셀에서 시작하시오.

1. [표1]에서 구분(B3:B11)이 '가정용'인 전기요금(D3:D11)의 평균을 [C14] 셀에 표시하시오. (8 점)

   ▶ 전기요금의 평균은 백의 자리에서 내림하여 천 단위까지 표시(예 : 123,456 → 123,000)

   ▶ AVERAGE, DAVERAGE, ROUNDUP, ROUNDDOWN 중 알맞은 함수를 선택하여 사용

2. [표2]에서 각 월별 판매량(H3:H11, J3:J11)이 월별 목표량(G3:G11, I3:I11) 이상일 경우 '보너스', 나머지는 공란으로 포상(K3:K11) 영역에 표시하시오. (8점)

   ▶ IF와 AND 함수 사용

3. [표3]에서 판매량(G15:G21)과 판매가(H15:H21), 할인율표(G24:K25)를 이용하여 판매금액(I15:I21)을 구하시오. (8점)

   ▶ 판매금액 : 판매량 × 판매가 × (1-할인율)
   ▶ 할인율 : 판매가가 300000~599999이면 5%, 600000~899999이면 8%, 900000~1199999이면 12%, 1200000~1499999이면 15%, 1500000 이상이면 18%를 적용함
   ▶ VLOOKUP, HLOOKUP, INDEX 중 알맞은 함수를 선택하여 사용

4. [표4]에서 점수(C18:C25)를 기준으로 1위는 '대상', 2위는 '금상', 3위는 '은상', 4위는 '동상', 나머지는 공백으로 결과(D18:D25)에 표시하시오. (8점)

   ▶ 순위는 점수가 가장 높은 사람이 1위
   ▶ CHOOSE와 RANK.EQ 함수 사용

5. [표5]에서 직급(C29:C36)이 대리인 사원의 급여(D29:D36)의 평균[F36]을 구하시오. (8점)

   ▶ 대리 급여 평균은 천 단위에서 올림하여 만 단위까지 표시(예 : 123,456 → 130,000)
   ▶ ROUNDUP, SUMIF, COUNTIF 함수 사용

1. '분석작업-1' 시트에 대하여 다음의 지시사항을 처리하시오. (10점)

'급여 현황' 표에서 '직위'별로 '본봉', '직무수당'의 합계와 '근속수당'의 평균이 나타나도록 '부분합'을 작성하시오.

▶ '직위'에 대한 정렬 기준을 오름차순으로 정렬하시오.

▶ 합계와 평균은 표시되는 순서에 상관없이 처리하시오.

2. '분석작업-2' 시트에 대하여 다음의 지시사항을 처리하시오. (10점)

'사원별 제품 판매 현황' 표에서 수익률[F16]이 다음과 같이 변동되는 경우 순매출액 합계[F14]의 변동 시나리오를 작성하시오.

▶ 셀이름 정의 : [F14] 셀은 '순매출액합계', [F16] 셀은 '수익률'로 정의하시오.

▶ 시나리오1 : 시나리오 이름은 '수익률증가', 수익률 70%로 설정하시오.

▶ 시나리오2 : 시나리오 이름은 '수익률감소', 수익률 50%로 설정하시오.

▶ 시나리오 요약 시트는 '분석작업-2' 시트의 바로 앞에 위치시키시오.

※ 시나리오 요약 보고서 작성 시 정답과 일치하여야 하며, 오자로 인한 부분 점수는 인정하지 않음

1. '매크로작업'시트의 [표]에서 다음과 같은 기능을 수행하는 매크로를 현재 통합문서에 작성하고 실행하시오.(각 5점)

① [D13:F13] 영역에 대하여 평균을 계산하는 '평균' 매크로를 생성하시오.
▶ [도형] → [기본 도형]의 '빗면'을 동일 시트의 [H3:I4] 영역에 생성한 후 텍스트를 '평균'으로 입력하고, 도형을 클릭할 때 '평균' 매크로가 실행되도록 설정하시오.

② [A3:F3] 영역에 대해 셀 배경색 '노랑'을 적용하는 '서식' 매크로를 생성하시오.
▶ [도형] →[기본 도형]의 '웃는 얼굴'을 동일 시트의 [H6:I7] 영역에 생성한 후 도형을 클릭할 때 '서식' 매크로가 실행되도록 설정하시오.

※ 셀 포인터의 위치에 상관없이 현재 통합 문서에서 매크로가 실행되어야 정답으로 인정됨

2. '차트작업'시트에서 다음 지시사항에 따라 그림과 같이 작성하시오.(각 2점)

① 수입월별로 '수량'과 '수입금액'이 차트에 표시되도록 데이터 범위를 지정하시오.
② 차트 제목을 그림과 같이 입력하고, 글꼴 '굴림체', 크기 16, 글꼴 스타일 '기울임꼴'로 지정하시오.
③ '수입금액' 계열의 차트 종류를 '표식이 있는 꺾은선형'으로 변경하고, '보조 축'으로 지정하시오.
④ '수량' 계열 중 '4월'에만 데이터 레이블 '값'이 표시되도록 하고, 위치는 '가운데', 글꼴 스타일을 '굵게'로 지정하시오.
⑤ 차트는 동일 시트의 [A12:E24] 영역에 위치하고, 범례는 아래쪽에 배치한 후 도형 스타일 '미세 효과강조5'로 지정하시오.

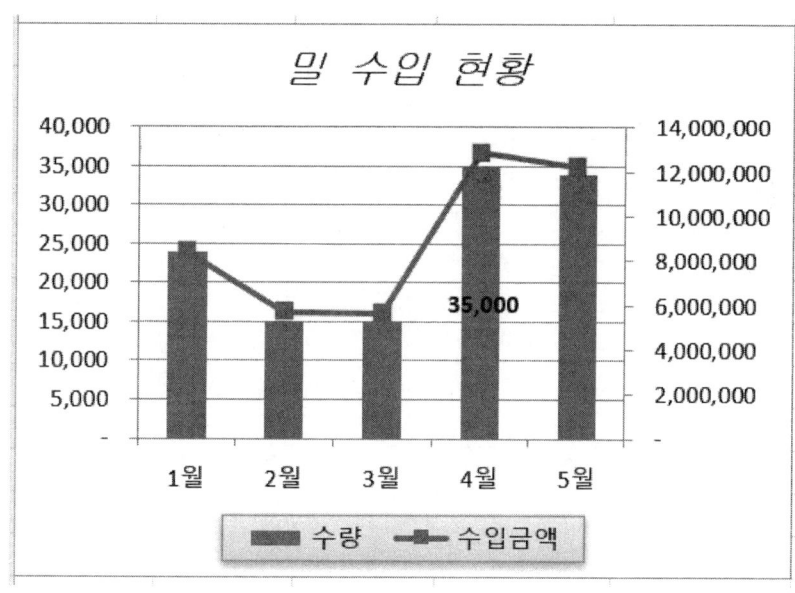

[기본작업-1]
주어진 데이터를 입력함

[기본작업-2]

	A	B	C	D	E
1		전국(全國) 강수량			
2					
3	지역	2019년	2020년	2021년	2022년
4	서울	1,386ml	1,187ml	1,733ml	1,567ml
5	부산	1,171ml	1,249ml	2,397ml	1,980ml
6	대구	878ml	1,087ml	1,377ml	1,678ml
7	인천	1,145ml	1,590ml	1,473ml	1,780ml
8	광주	1,130ml	1,511ml	1,430ml	1,345ml
9	대전	829ml	1,708ml	1,455ml	1,534ml
10	속초	1,164ml	1,345ml	1,722ml	1,055ml
11	서산	987ml	1,425ml	1,827ml	1,056ml
12	여수	1,023ml	1,238ml	2,078ml	1,879ml
13	포항	1,121ml	913ml	1,577ml	1,530ml
14	울릉도	1,046ml	994ml	1,917ml	1,789ml
15	제주	1,389ml	1,189ml	2,526ml	2,981ml

[기본작업-3]

	A	B	C	D	E	F	G
1				부서별 인적사항			
2							
3		사원번호	이름	성별	직책	호봉	자격증
4		1001	최예인	여	대리	3	컴활용2급
5		1002	윤영근	남	과장	2	컴활용2급
6		1003	이유림	여	부장	1	워드2급
7		2004	이수안	여	대리	4	부기1급
8		2005	최두완	남	대리	2	부기1급
9		2006	이열심	남	과장	4	워드2급
10		3007	김예소	여	사원	3	정보기사
11		3008	이향기	여	사원	2	사무자동화
12		3009	김근성	남	대리	3	컴활용1급
13							
14		성별	직책				
15		여	대리				
16							
17							
18		사원번호	이름	성별	직책	호봉	자격증
19		1001	최예인	여	대리	3	컴활용2급
20		2004	이수안	여	대리	4	부기1급

[계산작업]

[표1] 전기 사용 현황

코드번호	구분	사용량	전기요금
A001	영업용	678	135,600
D001	가정용	534	106,800
F001	산업용	1,234	246,800
F002	산업용	1,090	218,000
D002	가정용	689	137,800
A002	영업용	532	106,400
D003	가정용	966	193,200
F003	산업용	1,345	269,000
A003	영업용	775	155,000

구분	가정용 전기요금 평균
가정용	145,000

[표2] 월별 판매현황

부서명	1월 목표량	1월 판매량	2월 목표량	2월 판매량	포상
판매1팀	2,600	2,865	2,600	2,280	
판매2팀	3,500	3,333	3,500	2,050	
판매3팀	2,900	3,010	2,900	2,860	
판매4팀	2,800	3,123	2,800	3,040	보너스
판매5팀	3,100	3,301	3,100	3,029	
판매6팀	3,200	3,160	3,200	2,999	
판매7팀	2,700	2,998	2,700	2,883	보너스
판매8팀	2,800	3,003	2,800	3,512	보너스
판매9팀	2,300	2,643	2,300	2,639	보너스

[표3] 전자제품 판매현황

제품명	판매량	판매가	판매금액
컴퓨터	23	650,000	13,754,000
프린터	43	300,000	12,255,000
스캐너	12	350,000	3,990,000
카메라	58	880,000	46,956,800
냉장고	25	1,650,000	33,825,000
TV	38	1,200,000	38,760,000
노트북	43	1,000,000	37,840,000

<할인율표>

판매가	300000	600000	900000	1200000	1500000
할인율	5%	8%	12%	15%	18%

[표4] 미술 대회 결과

성명	학년	점수	결과
배순용	1	85	
이길순	3	78	
하길주	2	91	은상
이선호	2	88	
강성수	3	95	금상
김보견	1	98	대상
천수만	1	77	
이성수	3	90	동상

[표5] 급여 현황

성명	성별	직급	급여
김은소	여	부장	3,657,800
이건우	남	대리	2,473,600
황진주	여	사원	2,190,800
이상희	남	사원	2,273,500
신의수	여	과장	3,209,400
우양섭	남	대리	2,650,000
이윤주	여	대리	2,495,800
김민서	여	과장	3,199,000

대리 급여 평균
2540000

[분석작업-1]

	A	B	C	D	E	F	G	H
1	**급여 현황**							
2								
3	사원번호	이름	직위	근속년수	본봉	직무수당	근속수당	급여합계
4	85-008	김진수	과장	12	840000	250000	400000	2890000
5	90-008	홍록기	과장	13	800000	300000	300000	5400000
6			**과장 평균**				350000	
7			**과장 요약**		1640000	550000		
8	88-011	구정민	대리	8	860000	200000	400000	2840000
9	89-012	김찬우	대리	7	880000	200000	300000	2700000
10	91-045	강동성	대리	6	770000	200000	350000	6480000
11			**대리 평균**				350000	
12			**대리 요약**		2510000	600000		
13	81-006	이현성	부장	17	900000	400000	400000	3440000
14	88-005	서경석	부장	16	940000	400000	400000	5710000
15			**부장 평균**				400000	
16			**부장 요약**		1840000	800000		
17	95-012	박인수	사원	3	630000	100000	200000	1830000
18	96-022	김용만	사원	4	600000	100000	200000	1720000
19	98-120	장인성	사원	3	570000	100000	150000	5043333
20			**사원 평균**				183333.3	
21			**사원 요약**		1800000	300000		
22	75-004	신동엽	이사	19	1040000	500000	400000	3820000
23	84-009	이은구	이사	22	980000	500000	400000	18685000
24			**이사 평균**				400000	
25			**이사 요약**		2020000	1000000		
26			**전체 평균**				325000	
27			**총합계**		9810000	3250000		

[분석작업-2]

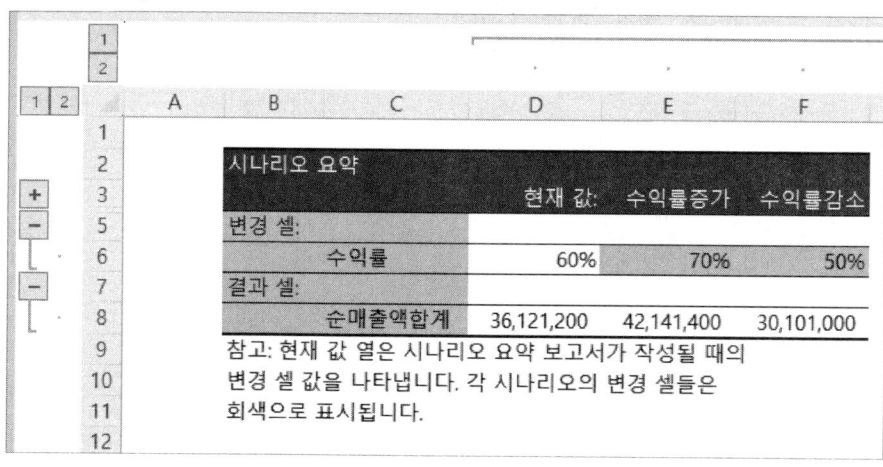

	A	B	C	D	E	F
2	시나리오 요약					
3				현재 값:	수익률증가	수익률감소
5	변경 셀:					
6		수익률		60%	70%	50%
7	결과 셀:					
8		순매출액합계		36,121,200	42,141,400	30,101,000
9	참고: 현재 값 열은 시나리오 요약 보고서가 작성될 때의					
10	변경 셀 값을 나타냅니다. 각 시나리오의 변경 셀들은					
11	회색으로 표시됩니다.					

346

[기타작업-1] 매크로 작업

	A	B	C	D	E	F	G	H	I
1				임금명세표					
2									
3	이름	직위	상여율	기본급	상여금	총급여액			평균
4	김한규	대리	20%	150,000	30,000	180,000			
5	장인성	과장	30%	230,000	69,000	299,000			
6	박인수	부장	40%	260,000	104,000	364,000			
7	이나미	과장	40%	220,000	88,000	308,000			
8	강미선	부장	50%	270,000	135,000	405,000			
9	조미영	과장	40%	230,000	92,000	322,000			
10	이은주	대리	30%	180,000	54,000	234,000			
11	장은진	대리	30%	190,000	57,000	247,000			
12	김은수	부장	50%	265,000	132,500	397,500			
13		평균		221,667	84,611	306,278			

[기타작업-2] 차트작업

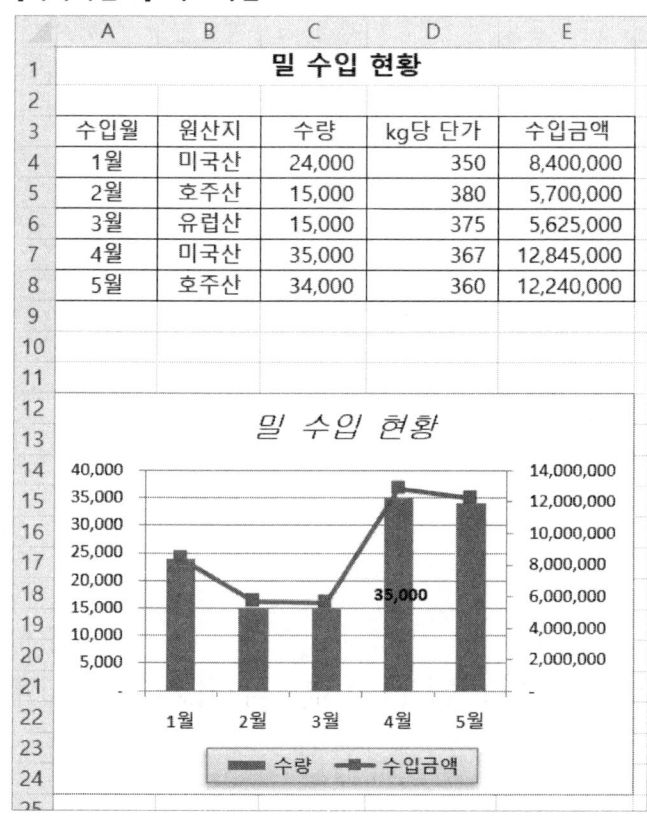

	A	B	C	D	E
1			밀 수입 현황		
2					
3	수입월	원산지	수량	kg당 단가	수입금액
4	1월	미국산	24,000	350	8,400,000
5	2월	호주산	15,000	380	5,700,000
6	3월	유럽산	15,000	375	5,625,000
7	4월	미국산	35,000	367	12,845,000
8	5월	호주산	34,000	360	12,240,000

컴퓨터활용능력(필기＋실기) 한권으로 끝내기

편 저 자	윤영혜 편저
제 작 유 통	메인에듀(주)
초 판 발 행	2026년 01월 02일
초 판 인 쇄	2026년 01월 02일
마 케 팅	메인에듀(주)
주 소	서울시 강동구 천중로 23, 3층
전 화	1544-8513
정 가	33,000원

I S B N 979-11-89357-92-4